建筑设计提高

——“联合教学”教与学

主编 北京工业大学建筑与城市规划学院

北京建筑工程学院建筑与城市规划学院

参编 重庆大学建筑城规学院

东南大学建筑学院

哈尔滨工业大学建筑学院

清华大学建筑学院

浙江大学建筑工程学院

北方工业大学建筑工程学院

北京交通大学建筑与艺术系

北京林业大学园林学院

中国矿业大学建筑工程学院

中央美术学院建筑学院

机 械 工 业 出 版 社

本书收录了北京地区建筑院校及特邀建筑院校的“高年级建筑设计”的联合教学的研究成果。其特点是全方位反映了当今我国各建筑院校在联合教学方面的多元化探索，并力图突出各院校的教学特色。内容主要以联合教学的设计选题、组织方式、学生完成作业的过程及成果来体现教学思路。

本书适合于建筑学专业高年级的学生阅读，同时也可为相关专业的教师提供教学参考。

图书在版编目（CIP）数据

建筑设计提高：“联合教学”教与学/北京工业大学建筑与城市规划学院，北京建筑工程学院建筑与城市规划学院主编. —北京：机械工业出版社，2012.6

ISBN 978-7-111-38309-3

Ⅰ.①建… Ⅱ.①北… ②北… Ⅲ.①建筑设计—教学研究—高等学校 Ⅳ.①TU2

中国版本图书馆CIP数据核字（2012）第091723号

机械工业出版社（北京市百万庄大街22号 邮政编码100037）
策划编辑：赵 荣 责任编辑：赵 荣
责任校对：常天培 封面设计：张 静
责任印制：乔 宇
北京汇林印务有限公司印刷
2012年6月第1版第1次印刷
210mm×220mm・7.4印张・220千字
标准书号：ISBN 978-7-111-38309-3
定价：49.00元

凡购本书，如有缺页、倒页、脱页，由本社发行部调换

电话服务
社服务中心：（010）88361066
销售一部：（010）68326294
销售二部：（010）88379649
读者购书热线：（010）88379203

网络服务
门户网：http://www.cmpbook.com
教材网：http://www.cmpedu.com

编写人员名单

（院校顺序按字母排序）

主编院校

北京工业大学建筑与城市规划学院

戴　俭　陈　喆　孙　颖　赵之枫

北京建筑工程学院建筑与城市规划学院

刘临安　陈静勇　马　英　欧阳文　李春青　俞天琦

特邀院校

重庆大学建筑城规学院

邓蜀阳　龙　灏　卢　峰　张兴国　赵万民　杜春兰　杨宇振　王　琦等18人

东南大学建筑学院

张　慧　鲍　莉

哈尔滨工业大学建筑学院

徐洪澎　李国友　吴健梅　梁　静　胡秋颖

清华大学建筑学院

徐卫国　周正楠　黄蔚欣

浙江大学建筑工程学院

贺　勇

北京地区院校

北方工业大学建筑工程学院

贾　东　张　勃　卜德清

北京交通大学建筑与艺术系

韩林飞

北京林业大学园林学院

秦　岩　郑小东　董　璁　郦大方　任莅棣

中国矿业大学建筑工程学院

曹　颖　段　勇　李晓丹　王小莉　张曦沐　张晓非　赵立志　郑利军

中央美术学院建筑学院

程启明　周宇舫

前　　言

2011年仲夏，北京工业大学建筑与城市规划学院和北京建筑工程学院再一次召集北京地区的建筑院校举办了“北京地区建筑学专业教学交流研讨会”。自2009年第一次举办以来这是第三次举办了。这一次会议的主题是以“高年级建筑设计课”为基点，探讨建筑设计课及延伸到研究生培养的相关教学方式与问题。

参会的各校带来了近几年高年级及研究生的教学成果，大家通过主题发言、交流讨论和作业观摩等方式进行了广泛的交流和研讨。会议同时还邀请到了清华大学、天津大学和东南大学的教师，他们就有关高年级的教学与研究作了经验介绍。

在国家中长期教育规划和“十二五”高等教育规划中，均强调创新型人才和实践型人才培养的紧迫性。建筑学高年级是实现国家教育规划的关键，会上大家就能力培养的目标、方式方法、效果以及联合办学的内容进行了深入讨论，并结合教育部推出的“卓越工程师培养计划”与专业评估等问题各抒己见。从大家热烈的讨论中不难看出，各个学校对教改的重视，各具特色的教学探索正蔚然成风。

本书收录了这次研讨会中各位学者的发言和各校高年级建筑设计联合教学的最新成果。各校的联合教学开展各具特色，有些是国内建筑类院校与设计单位联合进行建筑设计联合教学，也有些是国内建筑类院校之间进行建筑学联合毕业设计教学，还有些是国内外建筑类院校之间联合进行workshop教学的成果。广泛的交流与共享，促进了师生对社会热点问题、城市热点问题、学术前沿问题的思考与研究，开拓了学生视野，培养了学生的社会责任感和设计创新能力。

感谢特邀院校清华大学建筑学院、东南大学建筑学院、重庆大学建筑学院、哈尔滨工业大学建筑学院、浙江大学建筑系对本次会议的大力支持，使北京地区院校师生可以分享特邀院校特色鲜明的联合教学经验和学生的优秀建筑设计作品。

由于本书版面相对统一的需求，主办方与出版社的编辑多次协商，在保障各校作品完整性的基础上略作调整，请各兄弟院校谅解。个别院校没有提交建筑设计作品的PSD资料，由于清晰度问题，致使一些优秀作品没能收录此书，对此我们深感遗憾。

总之，通过本次研讨会，大家交流了经验，共享了成果，为进一步深化教学改革和推动北京地区建筑学专业本科教育特色化的发展提供了动力。

祝北京地区建筑学教育越办越好！

陈喆

2012年6月

目　录

（院校顺序按字母排序）

北京地区院校

主编院校 »

北京工业大学

建筑与城市规划学院

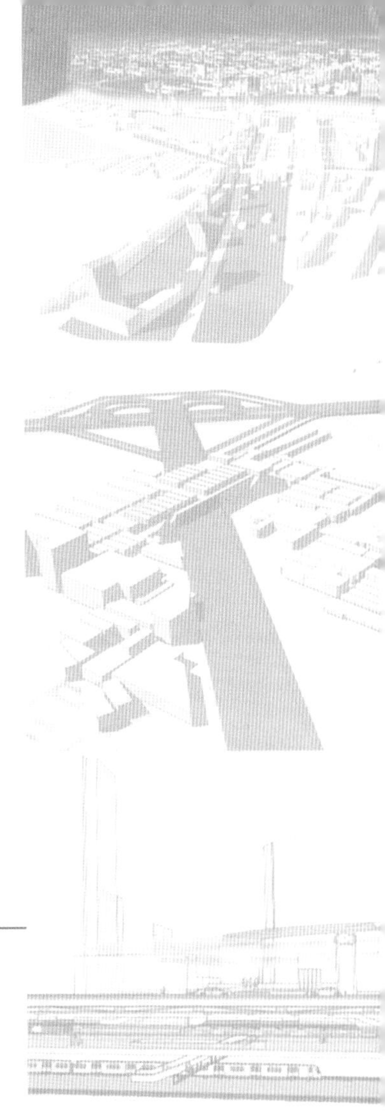

新起点、新认识、新目标、新局面

——关于国际交流与合作发展的体会与思考

北京工业大学建筑与城市规划学院

戴　俭

1. 北京工业大学建筑与城市规划学院以往国际交流工作的认识与定位

从2003年4月北京工业大学建筑与城市规划学院成立以来，在学院整体发展中，学院对于国际交流始终基于这样的基本认识和定位，即学院在人才培养、科研、社会服务等方面原有基础薄弱，应充分利用国外的相关资源，使之成为我院快速发展和提升核心竞争力和影响力的重要手段；要把人才培养、科学研究、社会服务、国际交流合作作为学院发展的四个支柱。由于国际交流对人才培养、科学研究、社会服务三方面均具有平行支撑的作用，因此对于它的定位始终是作为主体板块，而非从属分支来考虑。为此学院设专门经费、专门人员、领导负责管理推进。

2. 已开展工作概况

学院自2003年成立以来，已与15所大学签订了合作协议，详见表1。

表1　北京工业大学建筑与城市规划学院和国际合作教学一览表

北美洲	美国的辛辛那提大学、依阿华大学、加拿大科技大学
大洋洲	澳大利亚的墨尔本大学、南澳大学
欧洲	荷兰代尔夫特工业大学、法国图努兹大学、意大利米兰工业大学、德国卡尔斯鲁厄大学、瑞典可持续发展东南大学联合体
亚洲	日本京都大学、韩国的延世大学、国立全南大学、仁荷大学、蔚山大学

3. 交流与合作模式

学院的国际交流活动主要按学生培养板块、教师交流、科研合作、国外来华留学生培养四个板块有效开展。

（1）学生培养板块

学院建立了长短期模式，积极推进人才的国际化培养。

1）长期模式：

“4+2”模式：联合培养，本硕连读 。

目前我校与美国两所大学正在开展建筑学、城市规划“4+2”培养模式的教学，即“4+1+1”模式。在国内北京工业大学学习4年，在国外学习2年。最后一年毕业设计在国外完成，并与国外一年级研究生的学习重叠，通过后获我校学士学位，再通过1年学习，获得国外硕士学位。其优点 是可以为特别优秀的学生提供国内外相结合的优良的教育资源，并可提前两年获得硕士学位，相当于本硕连读，可以吸引更多优秀的本科生来校学习。

“4+2+3”模式：联合培养，本、硕、博连读。攻读博士学位。

我院建筑学和城市规划专业本科学制均为5年，研究生3年。

2）短期培养模式：

一年期或半年期模式：主要是学生对等互派，目前主要是与法国图努斯大学建筑系开展交流。

15天~30天：目前主要是以Summer school为主的短期模式。此外还有学生短期来华交流。

（2）教师交流板块

1）长期模式：

一年期，主要是参加国家公派访问学者计划； 半年期，与国外合作单位互派教师参加STUDIO，指导学生设计和规划课。

2）短期模式：

3个月；

15天~1个月 “Summer school” 模式； 7~10天，国际会议、讲座、国际竞赛。

（3）科研合作板块

积极推进以学院科研方向团队为主体、以科研课题为纽带的国际合作科研模式：

1）小城镇与新农村方向（与瑞典南部大学联盟小城镇规划研究所合作）。

2）旧区更新与保障住宅可持续设计方向（与欧亚联盟IFoU——城市更新研究团队合作）。

3）绿色建筑及其环境研究方向（与新西兰大学联合体绿色建筑研究所合作）。

4）住宅建筑设计方向（与日本积水住宅研究所合作）。

5）历史建筑及其环境保护与再利用研究方向（与日本京都大学、联合国教科文组织文保中心合作）。

6）设立外国专家工作室，为在学院长短期工作的外国专家提供基本工作条件。

（4）国外来华留学生培养板块。

学院十分重视外国留学生来华攻读学位工作，在遵守国家相关规定基础上，专门制定了适合于这些外国留学生特点和需求的教学计划。目前学生来自17国家：韩国、越南、柬埔寨、印度尼西亚、蒙古、土库曼斯坦、安哥拉、利比里亚、多米尼克、马达加斯加、赞比亚、喀麦隆、安哥拉、刚果（布）、安提瓜、格林纳达、乍得，以及中国香港地区。 在读学位的本科生、研究生通常保持在35~45名，其中多数为自费生，这在全国建筑院校是较多的。

4. 经验与体会

学院通过加强国际交流与合作，实现了教学水平与科研能力的双重提升。

国际交流与合作的选题聚焦在学院、政府、企业共同关心的焦点问题。围绕这些焦点、热点问题开展前期初步研究与实践，探索在国际化背景下产学研相结合的新途径，并最终启动政府、企业关心的城市规划设计研究和实践课题，从而达到服务社会的目的。

通过国际交流与合作这个平台为师生提供了国际学术交流的有效平台，同时也推动了教学、研究和设计（实践）的有机结合，对社会发展面临的亟待解决问题的关注与初步研究也为教师进一步启动相关科学研究提供了途径。

“卓越工程师培养计划”的实践与思考

陈　喆

“卓越工程师培养计划”是教育部根据我国现阶段工科高等教育存在的问题和国家产业发展与调整对人才的需求提出的高等学校工科教育改革试点的一个重要课题。在教育部2009年颁布的“卓越工程师培养计划” 通则中强调校企联合培养的必要性，提出了大学生应在相应企业接受工程实践教育累计一年的时间要求，其目的就是促进高校培养出适合社会需求的合格的实践性人才。

1. “卓越工程师培养计划”方案的制订

建筑学专业作为国家最早提出认证与评估的专业，与企业合作开展实践教学体系建设有着良好扎实的基础。我校建筑学是在1998年通过全国高等学校专业指导委员会评估的院校，结合本次教育部“卓越工程师培养计划”的要求，我们研究制定的培养计划，得到了教育部专家的认可，成为首批“卓越工程师培养计划”试点专业，我们的主要做法如图1：

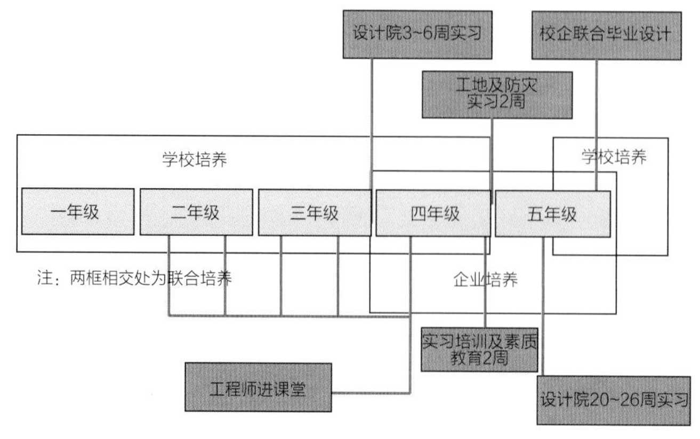

图1　培养计划

（1）目标

以建筑设计院的从业标准培养学生的工程实践能力和素质。

（2）方式

1）工程师进课堂（提供建筑师工程项目库）。

2）学生到企业参加工程设计（20~26周建筑师业务实践实习，提供工位和相对固定的导师）。

3）工程教育等培训（提供与企业新职工相近的岗前培训）。

4）校企联合辅导毕业设计。

5）工地及建筑现场参观。

6） 推荐优秀学生校外导师。

2. 特色与特点

1）培养方案完善、易于操作，方案中采取的方法、做法、管理措施绝大部分经过多年的实践验证，且效果良好。

2）培养方案突出各个环节的管理、控制和考评：在尊重、重视企业的重要作用前提下，强化、深化学校的教学质量管理与考评体系。突出客体（企业）、强化主体（学校）。

3）培养方案具有扎实稳定的校企合作基础：北京建筑设计院与我院联合建立的实习基地在2008年成为北京市挂牌的首批校外人才培养基地。

3. 思考与探索

1）“卓越工程师培养计划”是在实践教学环节简单地加时、加量吗？理论教学是加强还是弱化？如何更有效地进行理论教学？为此我们提出了加强实践教学的体系化和层次化建设，同时强调“三基”及其他理论课程的教学效益，使理论和实践教学更为有机协调，如图2。

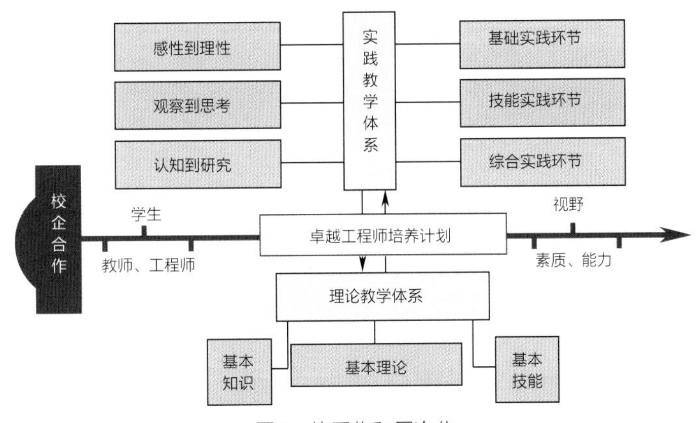

图2　体系化和层次化

2）教师工程素质的培养问题？我们通过搭建产学研一体化平台，通过校企合作等方式，使青年教师、高年级本科生和硕士生能有一个提高工程素质和实践能力的长效平台，如图3。

3）我校“卓越工程师培养计划”的定位？结合我校教学水平和师生情况，我们的定位是通过“卓越工程师培养计划”培养的学生应具备“创新能力、工程素质和国际视野”。

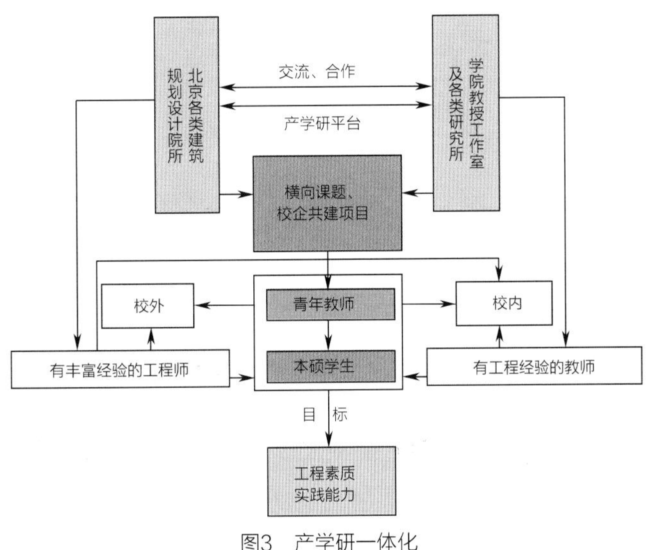

图3　产学研一体化

国际合作教学概况

近年来，学院依托地处北京的地缘优势，积极参与探索国际合作教学的新模式，参与了多国城市规划及建筑学合作科研与教育平台——国际城市论坛(International Forum of Urbanism，简称IFoU)。

依托国际城市论坛这一多国城市规划及建筑学合作科研与教育平台，我院已形成国际间校际互访和短期合作培养学生的国际合作教学新模式。通过为期十天左右的夏季工作营举办国际合作设计活动，近4年来年完成了多项国际合作教学项目，形成了多元文化的教学主体、多元视角的教学内容和多元层次的教学体系三个方面的教学特色。

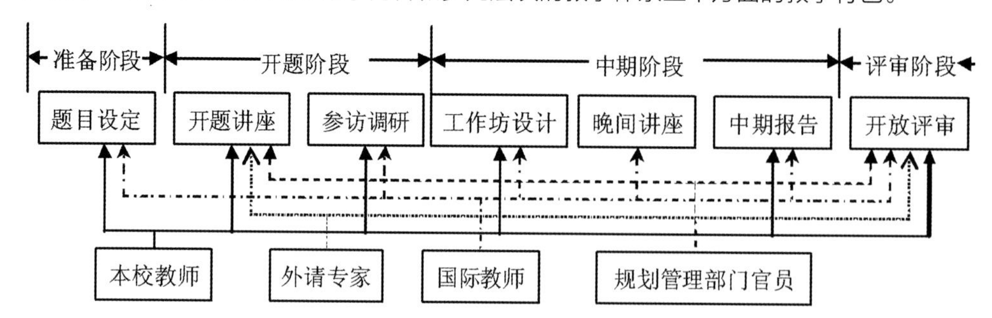

发展历史

历次活动一览表如下。

属地		2007 昆明	2008 北京	2008 香港	2009 代尔伏特	2010 北京
中国	Beijing University of Technology 北京工业大学	2/3	5/13	1/5	4/10	5/19
荷兰	Berlage Institute Rotterdam 鹿特丹贝尔拉格建筑学院	—	—	3/15	—	—
中国 香港地区	Chinese University of Hong Kong 香港中文大学	—	—	4/20	1/4	2/6
韩国	Chonnam National University 韩国国立全南大学	—	1/4	—	—	1/6
荷兰	Delft University of Technology 荷兰代尔伏特工业大学	3/6	3/5	5/13	5/8	1/1
韩国	Inha University 韩国仁荷大学	—	1/4	—	—	—
韩国	Kunguk University 韩国建国大学	—	1/2	—	—	—
中国	Kunming University of Science and Technology 昆明理工大学	2/5	—	—	—	—
新加坡	National University of Singapore 新加坡国立大学	—	—	—	1/4	0/1
中国	Southwest University of Science and Technology 西南科技大学	1/6	—	—	—	—
中国 台湾地区	Taiwan University Taipei 台湾大学	1/8	—	—	1/4	—
中国 香港地区	The University of Hong Kong 香港大学	—	—	2/8	—	—
中国	Tsinghua University 清华大学	—	—	—	1/4	—
中国 台湾地区	Tunghai University 东海大学	1/8	—	—	—	—
澳大利亚	University of South Australia 南澳大利亚大学	—	—	—	—	1/1
西班牙	UPC Barcelona 加泰罗尼亚理工大学	—	—	—	0/1	1/5
合计		10/36	11/28	15/61	13/35	11/39

参与高校

时间	总主题	分主题
2007 中国 昆明	泸沽湖聚落保护规划设计	1.在面临当地文化传统破坏、水环境污染等严重问题下探求泸沽湖地区的可持续发展和文化保护
		2.与周边社会团体协作解决地区保护问题
		3.通过合理的旅游业和生态农业转型，研究经济发展策略
2008 中国 北京	北京旧城弹性更新策略和设计——以三里河公共住房地区为例	1.在城市发展的视角下研究城市复原
		2.以增强社会凝聚力为目标研究住房发展策略
		3.研究加强邻里和社区发展的策略
		4.研究以城市设计为导向的城市更新区可持续发展
		5.研究建筑设计和建筑技术的可持续性发展
2008 中国 香港	在珠三角发展背景下研究香港地区的再发展	1.在城市过度增长的情况下和全球生态危机的视野下研究空间干预对环境可持续发展的影响
		2.从经济角度研究空间干预对香港经济地位和区域竞争力的影响
		3.从社会角度研究空间干预对改善社会分化和衰落以及提高城市社会整合性的研究
		4.从文化角度研究空间干预如何发展城市和区域的独特性
2009 荷兰 代尔伏特	荷兰 Randstad（兰斯塔德）地区的发展研究	1.Randstad 地区多中心城市的协同发展研究
		2.Amsterdam 和其卫星城 Almere 的联合发展研究
		3.提高 Randstad “绿心”（greenheart）的利用率和市场性研究（或“绿心”内城市发展研究）
		4.在气候、生活环境和可达性背景下研究海岸地区如何发展以促进城市化进程
		5.研究如何通过城市集中化改善住区生活质量---以 Kop van Feijenoord 提升为 Kop van Zuid 地区新中心为例
2010 中国 北京	向北京学习——重新发现全球城市中的城市设计：北京中心城东南地区城市设计研究	1.城市形态与整合研究
		2.人流中心与公共空间研究
		3.住宅区更新与社区空间研究
		4.城市扩张与城中村研究
		5.城市快速路的重新设计

活动主题

属地	学校
土耳其	Faculty of Architecture, ISTANBUL TECHNICAL UNIVERSITY, Turkey
英国	Manchester School of Architecture, MANCHESTER METROPOLITAN UNIVERSITY, UK
美国	Georgia Tech College of Architecture, GEORGIA INSTITUTE OF TECHNOLOGY, USA
中国	College of Architecture and Urban Planning, BEIJING UNIVERSITY OF TECHNOLOGY, China
中国	School of Architecture, TSINGHUA UNIVERSITY BEIJING, China
西班牙	Escola Tècnica Superior d'Arquitectura de Barcelona, UNIVERSITAT POLITÈCNICA CATALUNYA, Spain
委内瑞拉	Escuela de Arquitectura, UNIVERSIDAD SIMÓN BOLÍVAR, Caracas, Venezuela
中国 台湾地区	Department of Architecture, NATIONAL CHENG KUNG UNIVERSITY TAIWAN, Tainan, Taiwan
中国 台湾地区	Department of Architecture, NATIONAL TAIWAN UNIVERSITY, Taipei, Taiwan

最新活动（2011年summer school）

2007年　2008年　2009年　2010年

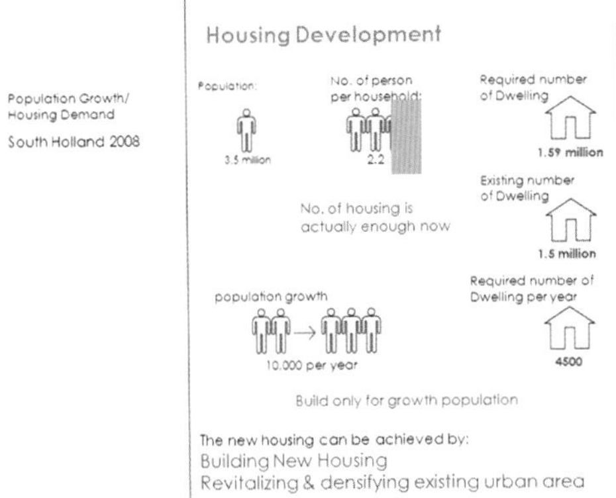

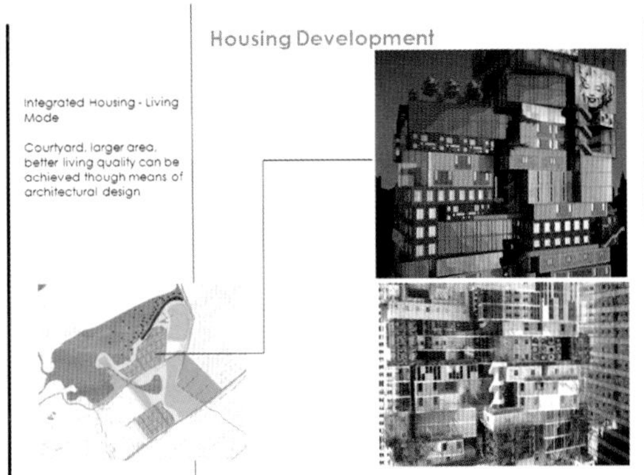

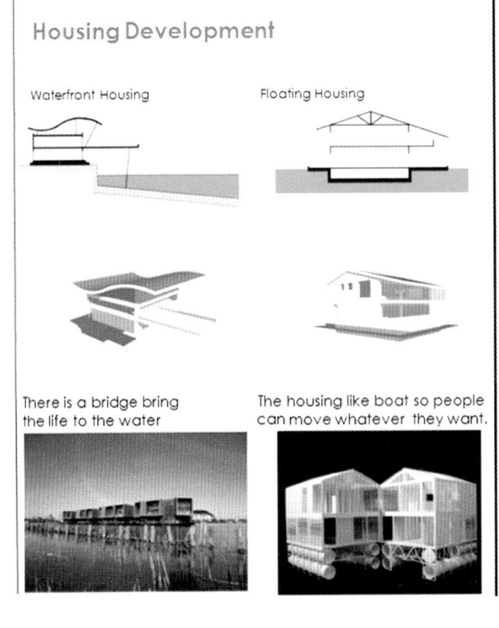

Design
Recreation of the Green Heart
Spot 3
Housing Development

人口增长和城市发展需求促使地区进行集约化的住宅建设，为了保持生态环境的和谐发展，需要整合现代化居住环境。

这个主题主要是以如何提高海牙的Scheveningen海滩的活力作为主要的研究方向。

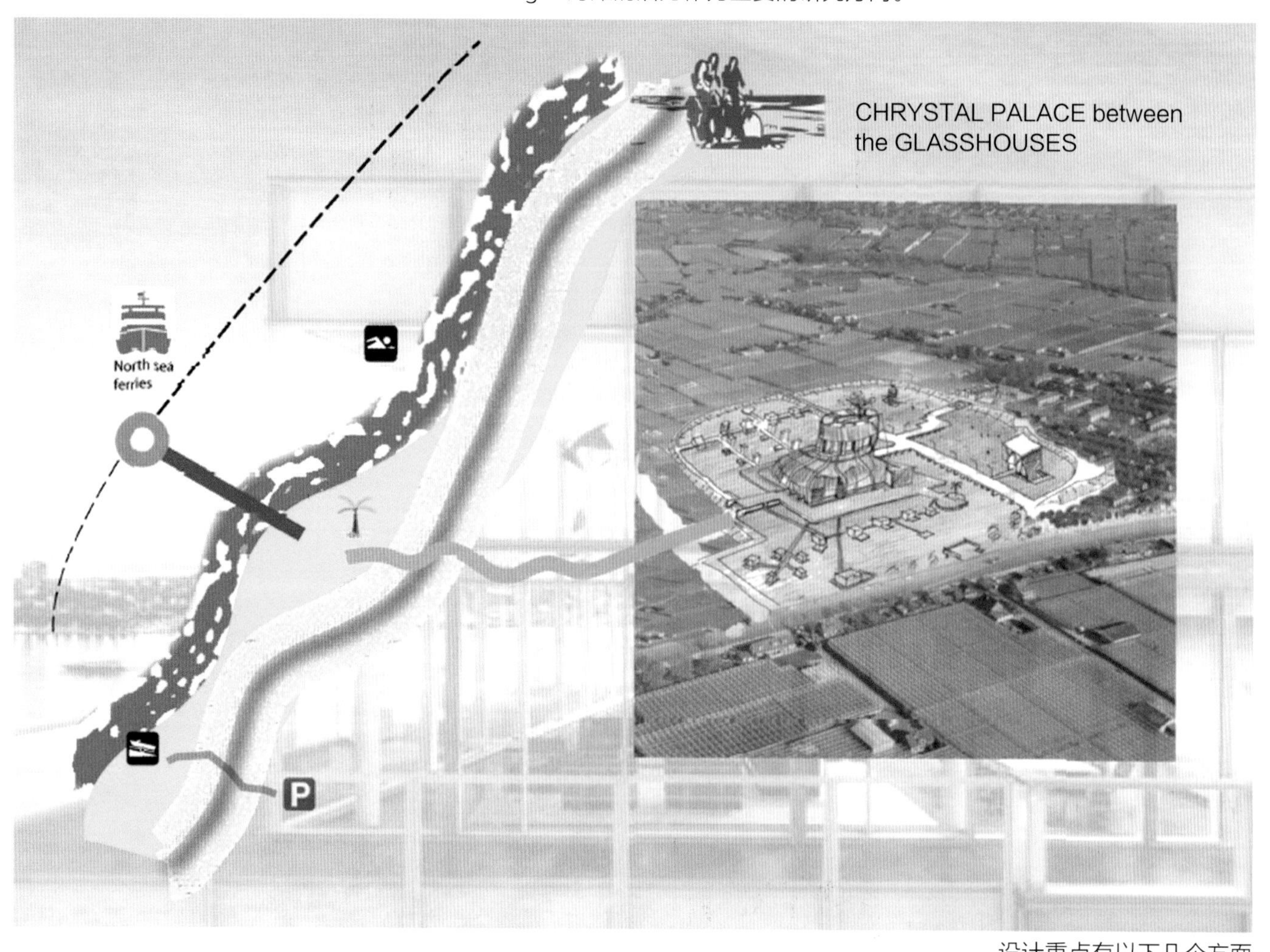

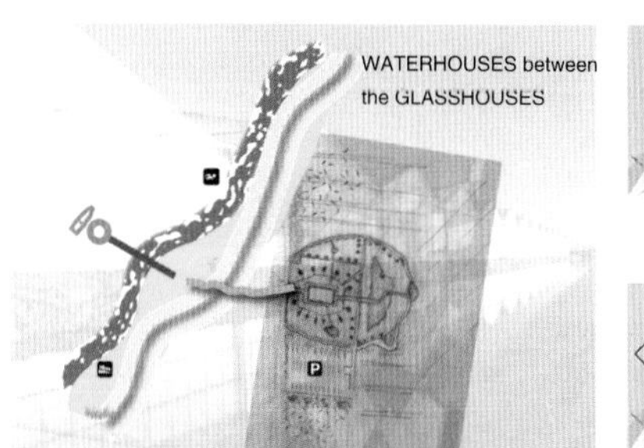

设计重点有以下几个方面：

（1）如何加强海牙和Scheveningen海滩的联系以及海牙和荷兰其他主要城市之间的联系。

（2）如何改善Scheveningen海滩本身的活力。

（3）海牙和Scheveningen海滩这片区域今后的发展。

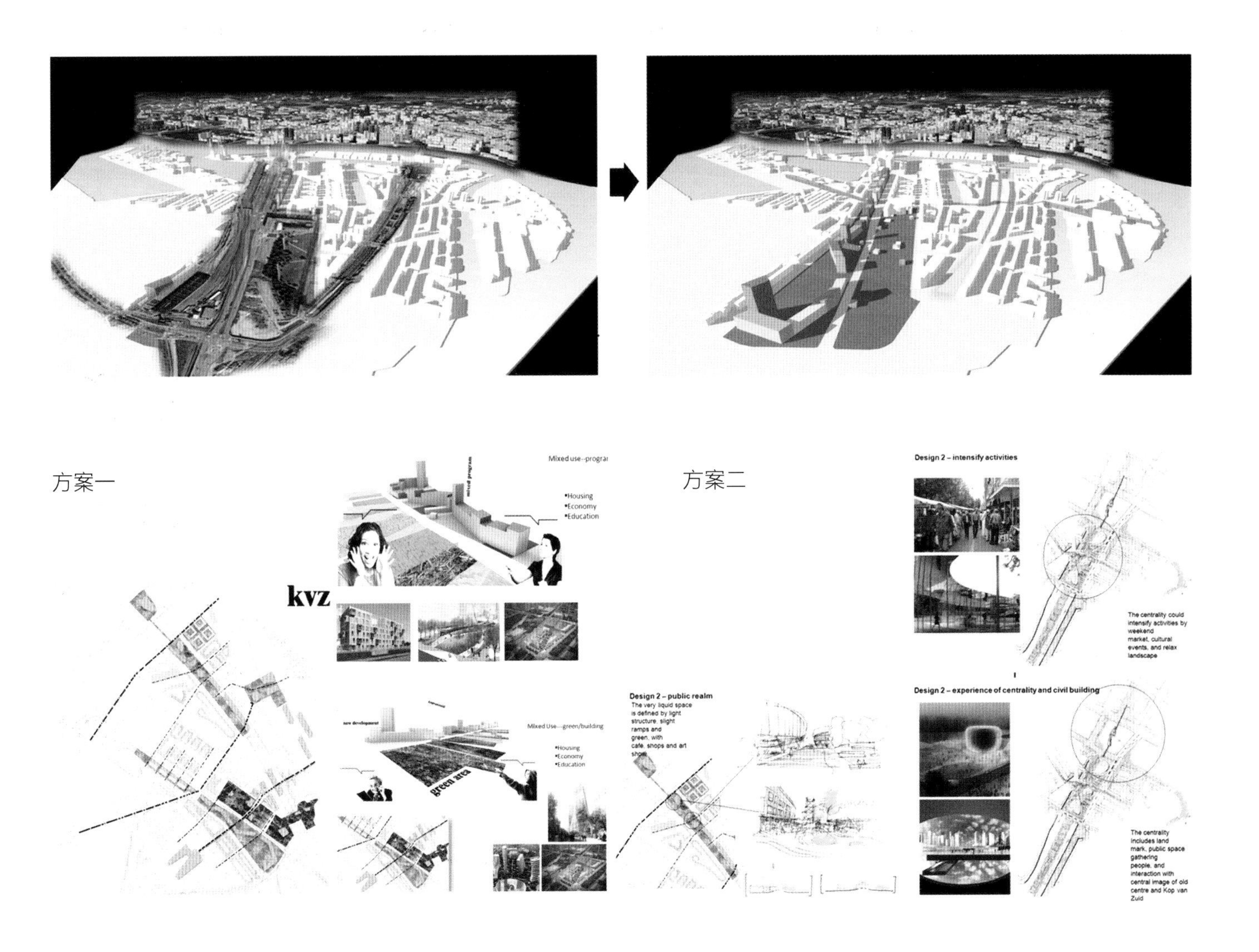

Kop van Zuid还保留很多历史性的工业建筑，这些纪念性的建筑与城市结构密不可分。Kop van Zuid人口构成复杂，有很多移民，收入差距较大，所以社会差异是很大的问题。Kop van Zuid和鹿特丹中心的联系是南北向的，这些交通方式将Kop van Zuid内部割裂成几个部分，需要东西向的交通进行联系。

方案一：进行混合项目、混合人群的设计，通过对居住、经济和教育的结合设计，实现地区的可持续发展。

方案二：基于城市和地区结合，用设计来引导一个更为内向的功能空间和新型社区。

北京中心城东南地区城市形态与整合设计

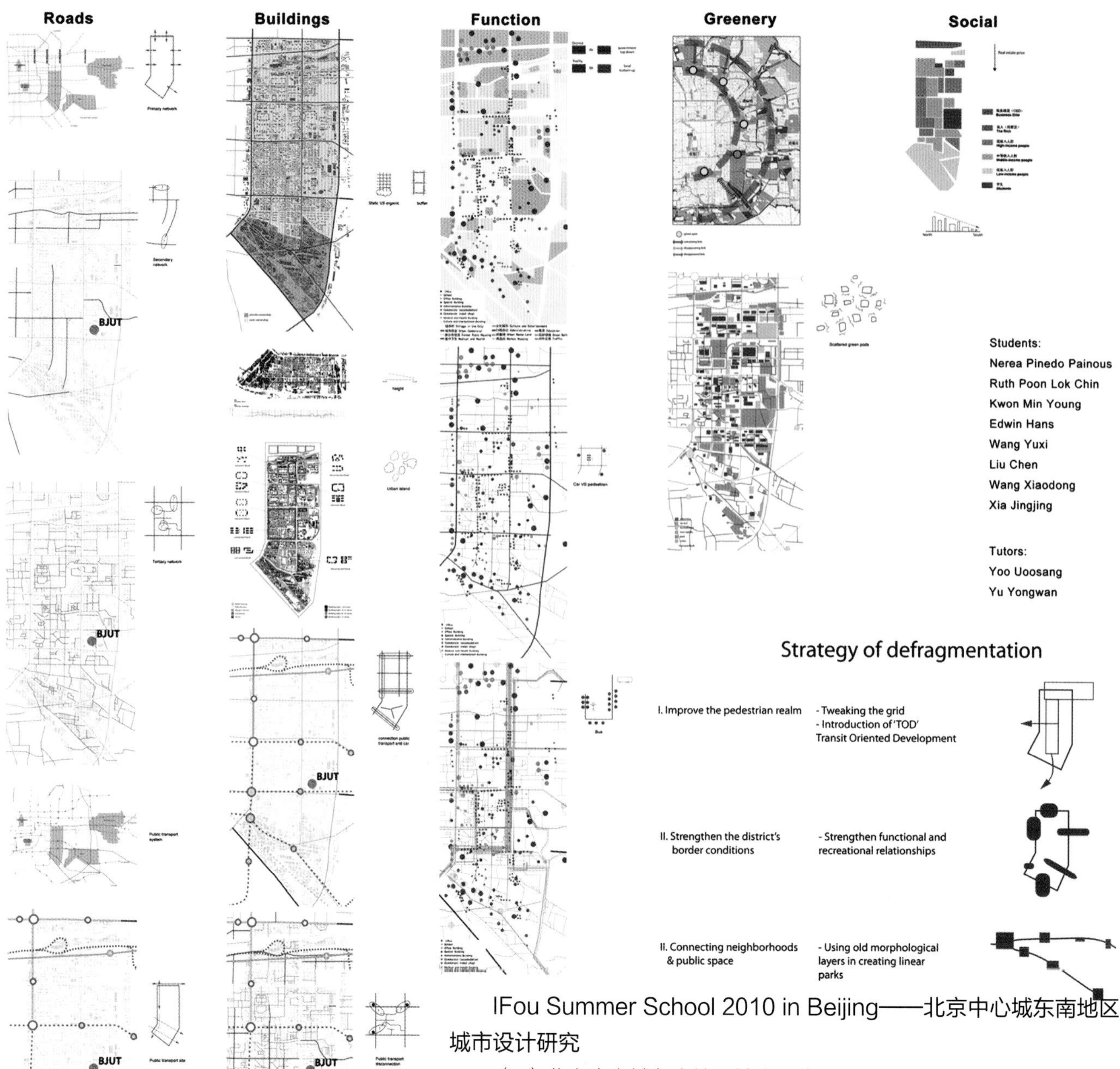

IFou Summer School 2010 in Beijing——北京中心城东南地区城市设计研究

（1）北京中心城东南地区城市形态与整合

本小组的研究与设计关注北京中心城东南地区的整体城市空间和形态。考虑如何在城市快速发展过程中保持城市功能形态的协调，创造有活力的城市公共空间。针对城市不同功能尺度提出相应的整合策略。

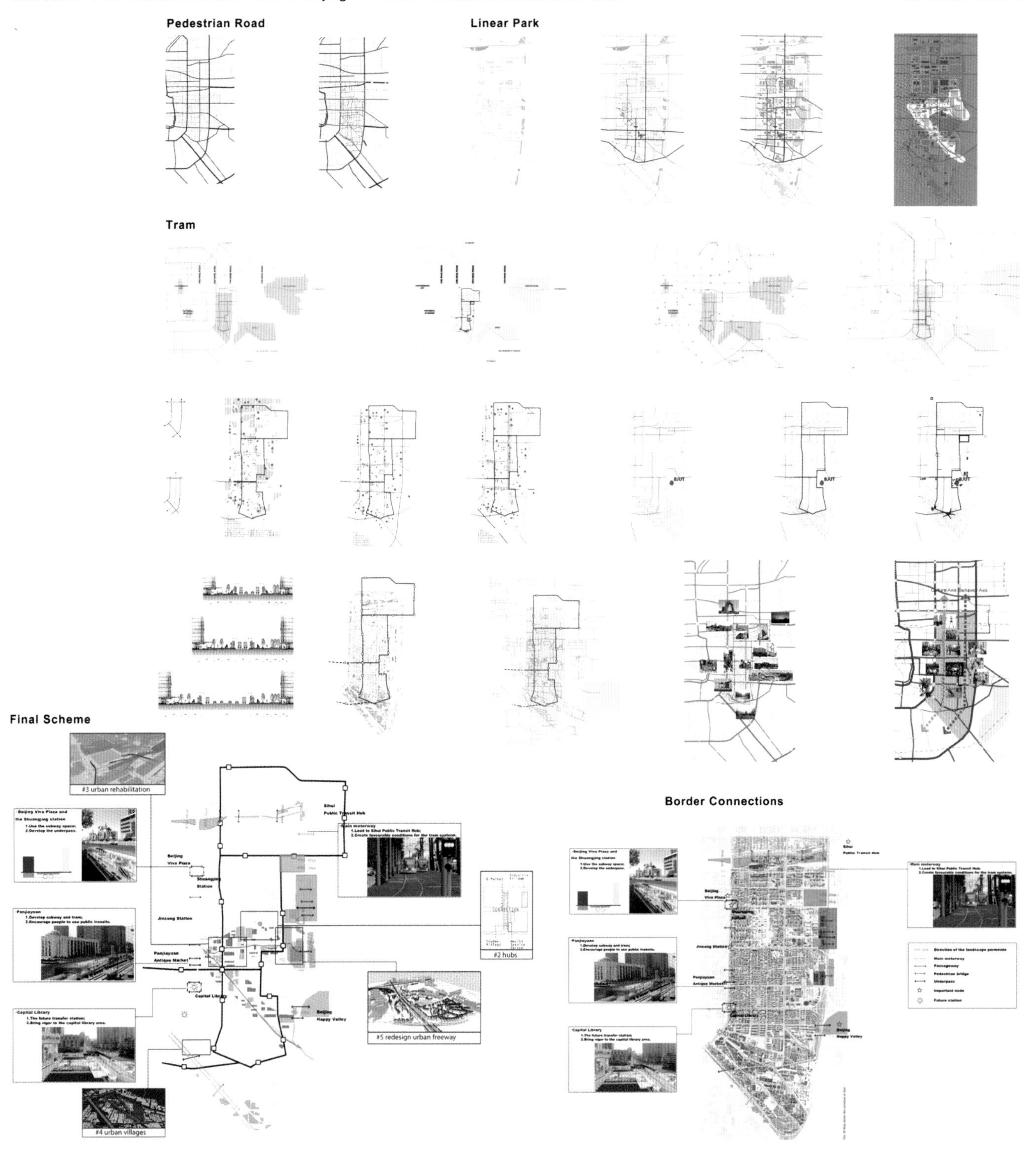
Pedestrian Road
Linear Park
Tram
Final Scheme
#3 urban rehabilitation
#2 hubs
#5 redesign urban freeway
#4 urban villages
Border Connections

南磨房地区城市设计研究

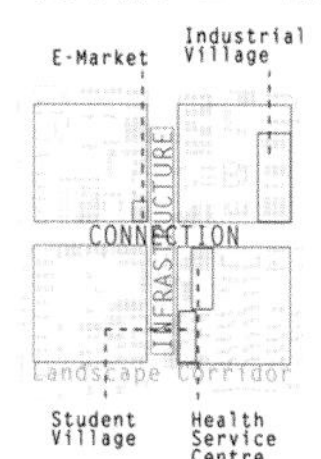

Infrastructure capable of providing the population with new sevices whilst bridging fragmented urban areas

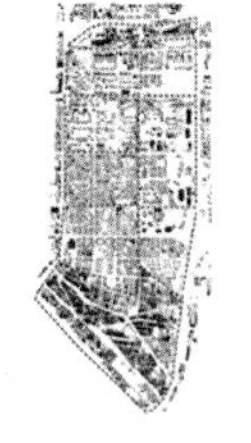

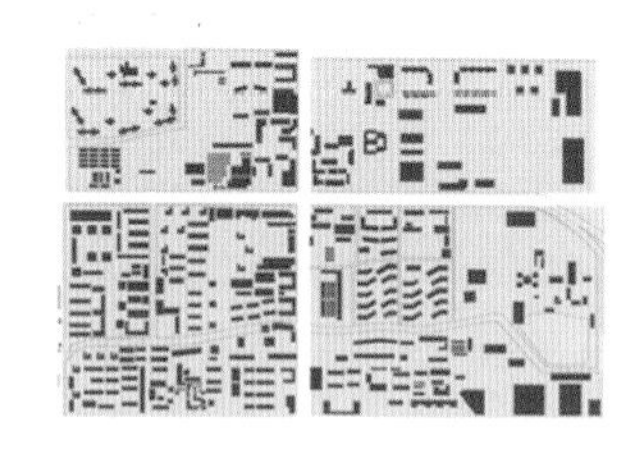

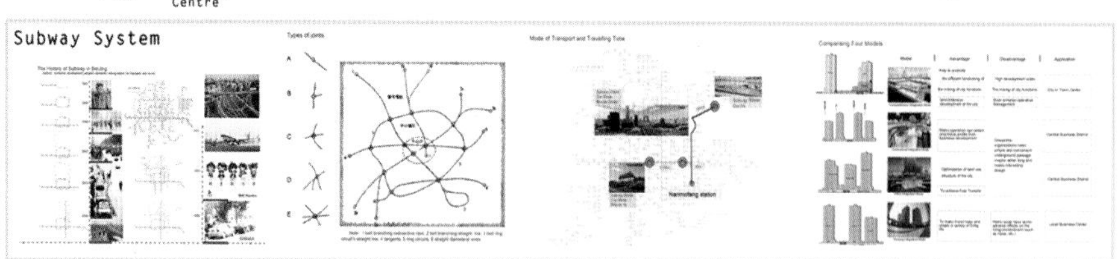

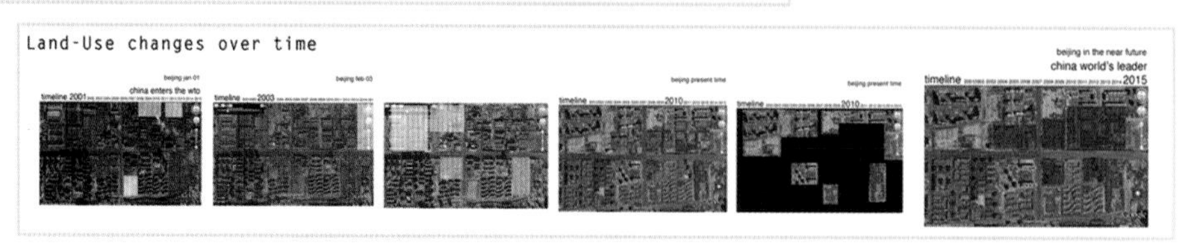

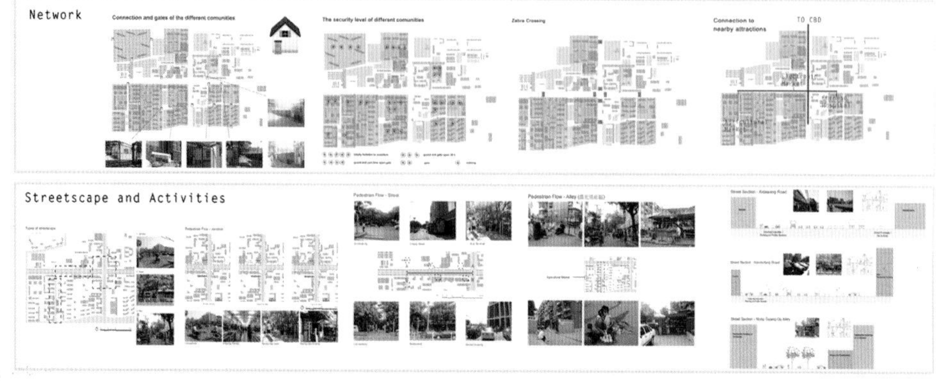

（2）人流中心与公共空间

本小组的设计研究基地位于西大望路和南磨房路两条城市主干道的交叉路口处，2015年通车的地铁14号线将在此设立站点。在尊重现有城市肌理的前提下，以TOD模式为引导，考虑未来轨道交通节点的设计带动周边的发展和新旧功能的整合，同时营造新的城市公共空间。

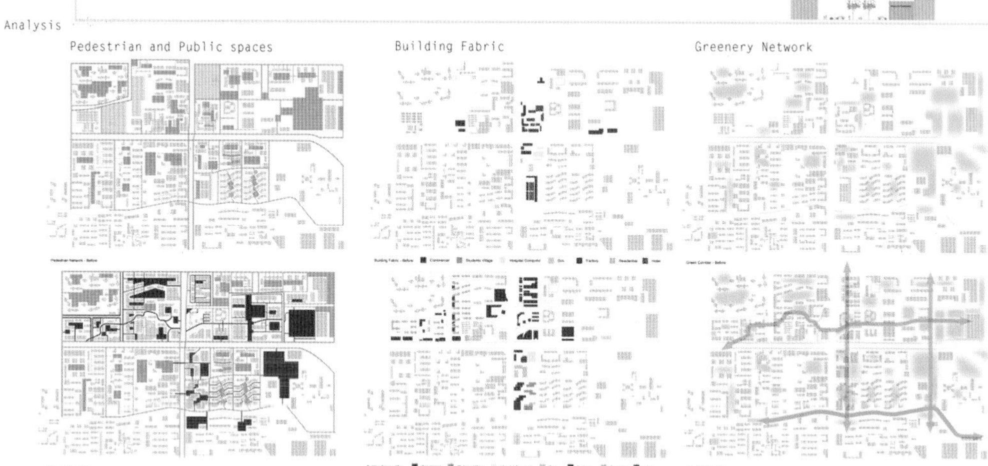

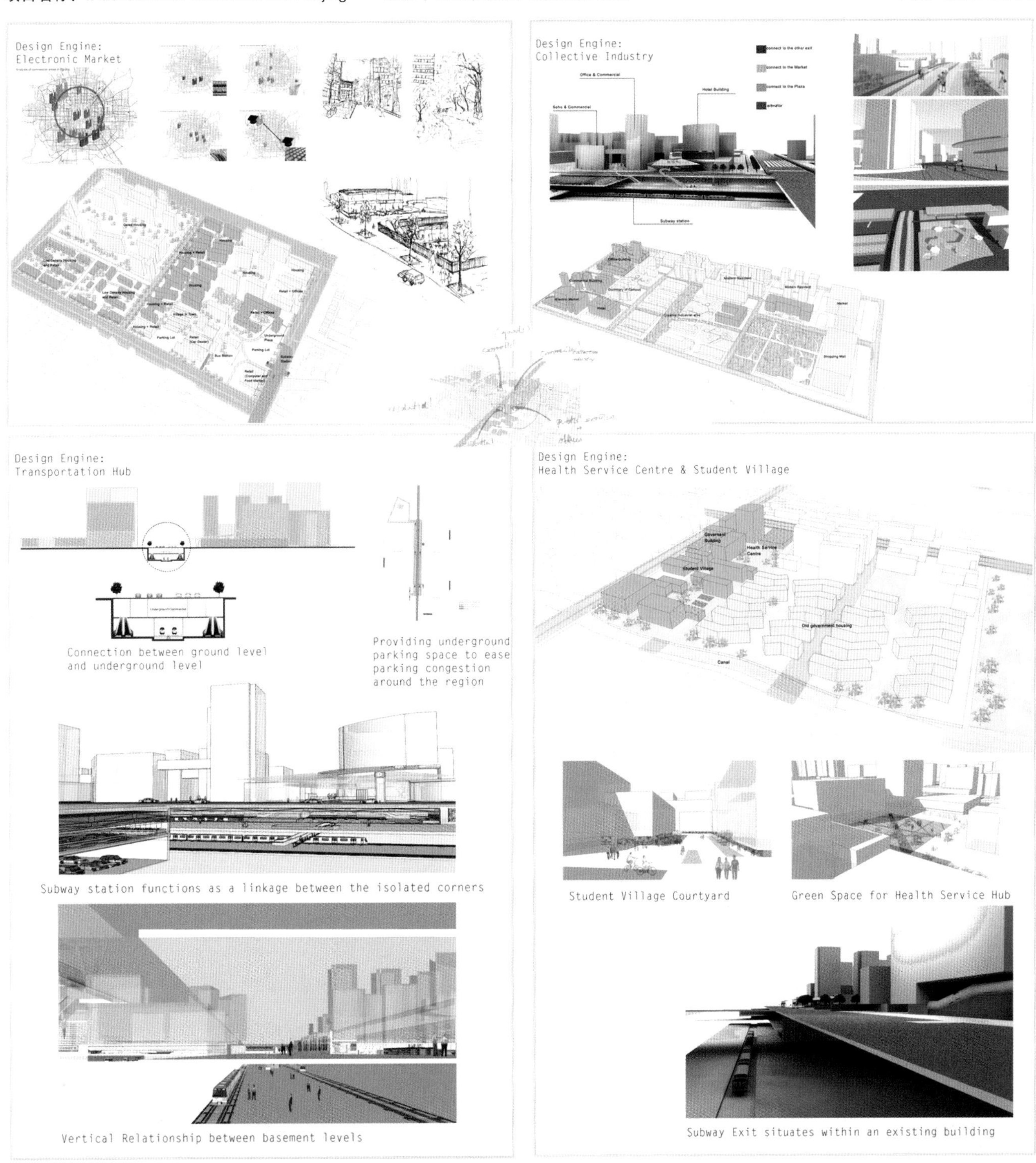
Design Engine:
Electronic Market
Design Engine:
Collective Industry
Design Engine:
Transportation Hub
Connection between ground level and underground level
Providing underground parking space to ease parking congestion around the region
Subway station functions as a linkage between the isolated corners
Vertical Relationship between basement levels
Design Engine:
Health Service Centre & Student Village
Student Village Courtyard
Green Space for Health Service Hub
Subway Exit situates within an existing building

武圣里社区更新设计

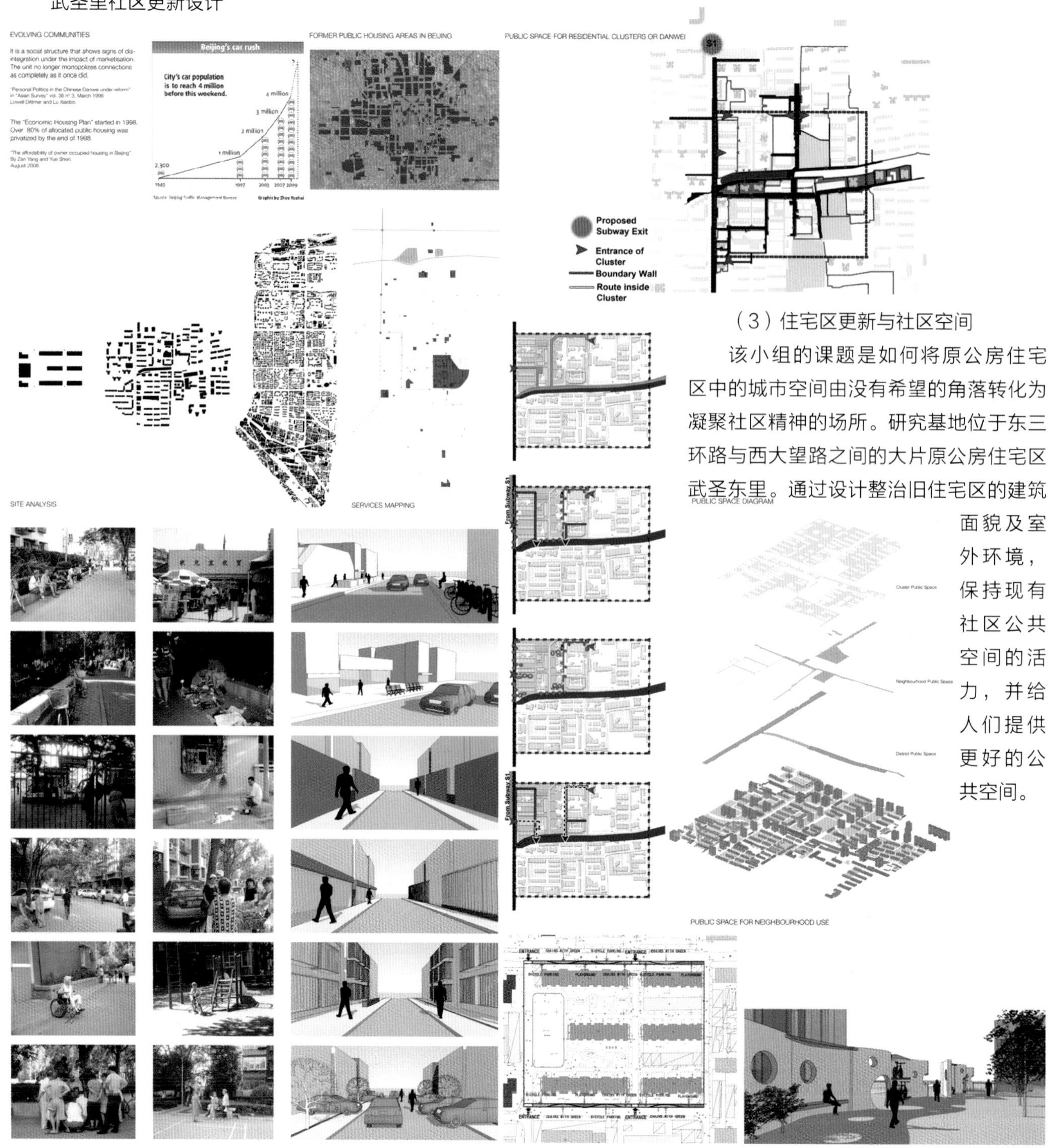

（3）住宅区更新与社区空间

该小组的课题是如何将原公房住宅区中的城市空间由没有希望的角落转化为凝聚社区精神的场所。研究基地位于东三环路与西大望路之间的大片原公房住宅区武圣东里。通过设计整治旧住宅区的建筑面貌及室外环境，保持现有社区公共空间的活力，并给人们提供更好的公共空间。

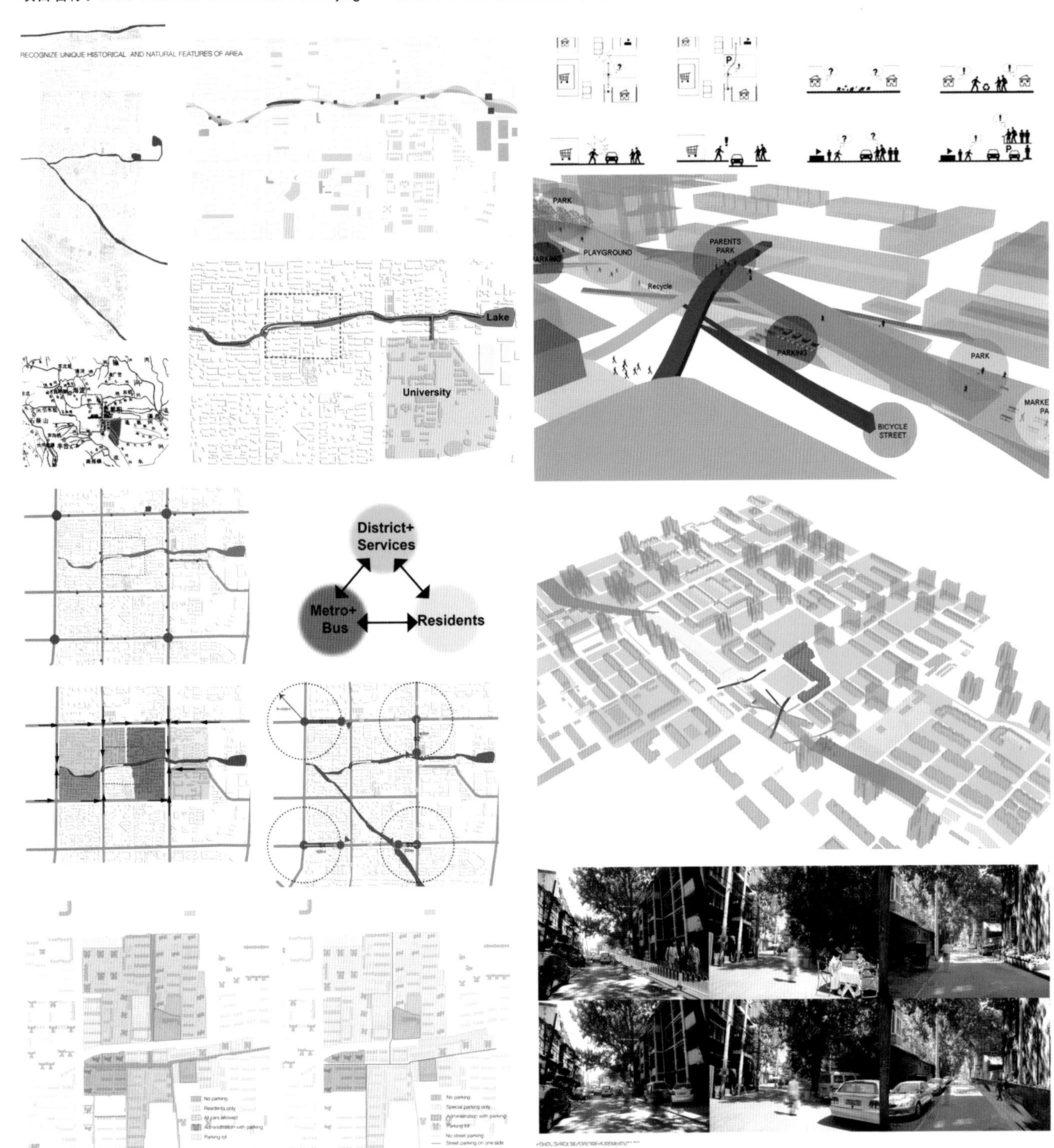
RECOGNIZE UNIQUE HISTORICAL AND NATURAL FEATURES OF AREA
Lake
University
District+
Services
Metro+
Bus
Residents
PARK
PLAYGROUND
PARENTS
PARK
Recycle
PARKING
PARK
BICYCLE
STREET
No parking
Residents only
All cars allowed
Administration with parking
Parking lot
No parking
Special parking only
Administration with parking
Parking lot
No street parking
Street parking on one side

城市扩张与城中村

JORDI VINYALS
YE XING
RUAN HAI TAO
LAW TSAN YIN
THACH NGUYEN HOANG
LEE CHAEWON

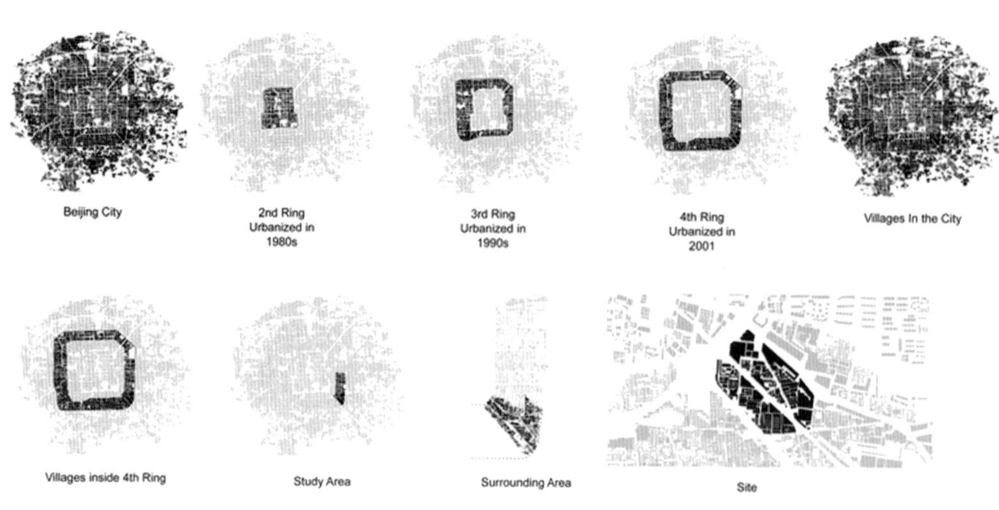

（4）城市扩张与城中村

本小组以紧邻三环路的十里河村为对象重新评价和设计城中村的城市属性，考虑如何处理地方经济活力与城中村人民生活条件的关系，怎样在城乡结合地区调和城市功能和土地利用，构建城市特色景观，和怎样在城中村改造中创造富有人情味的公共空间。

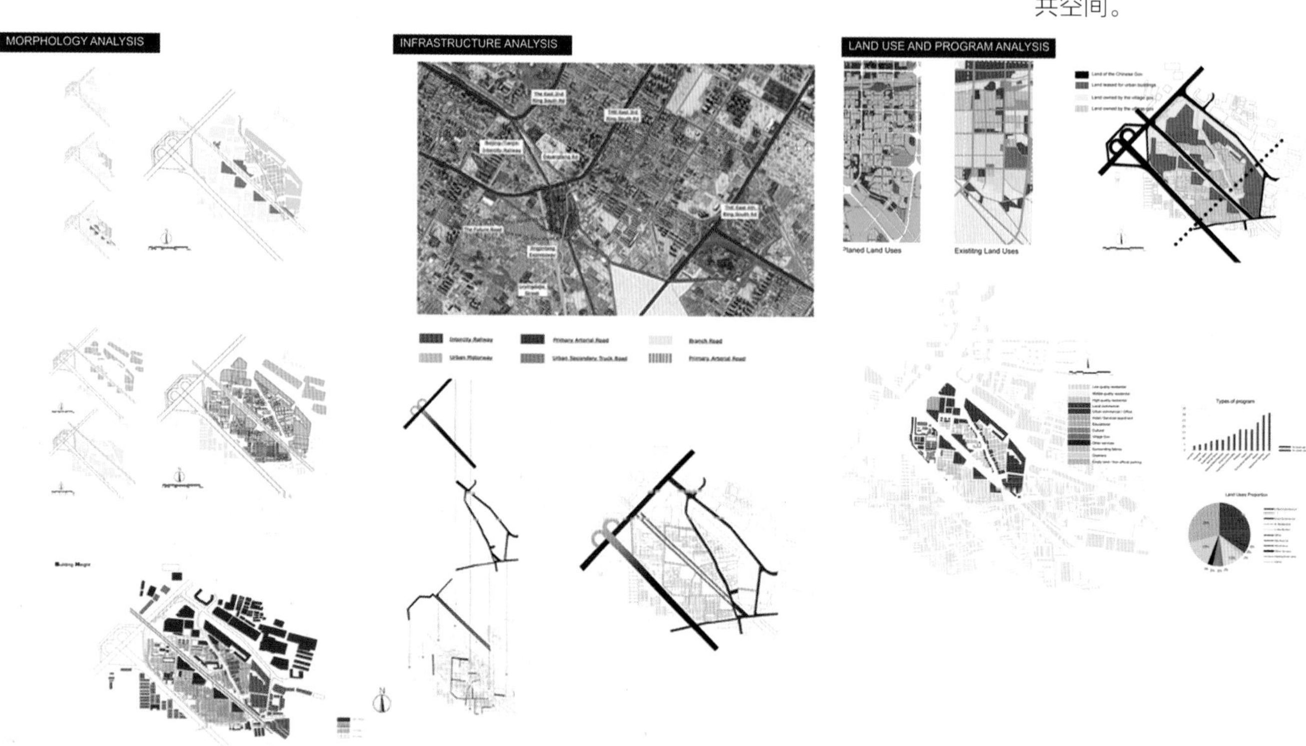

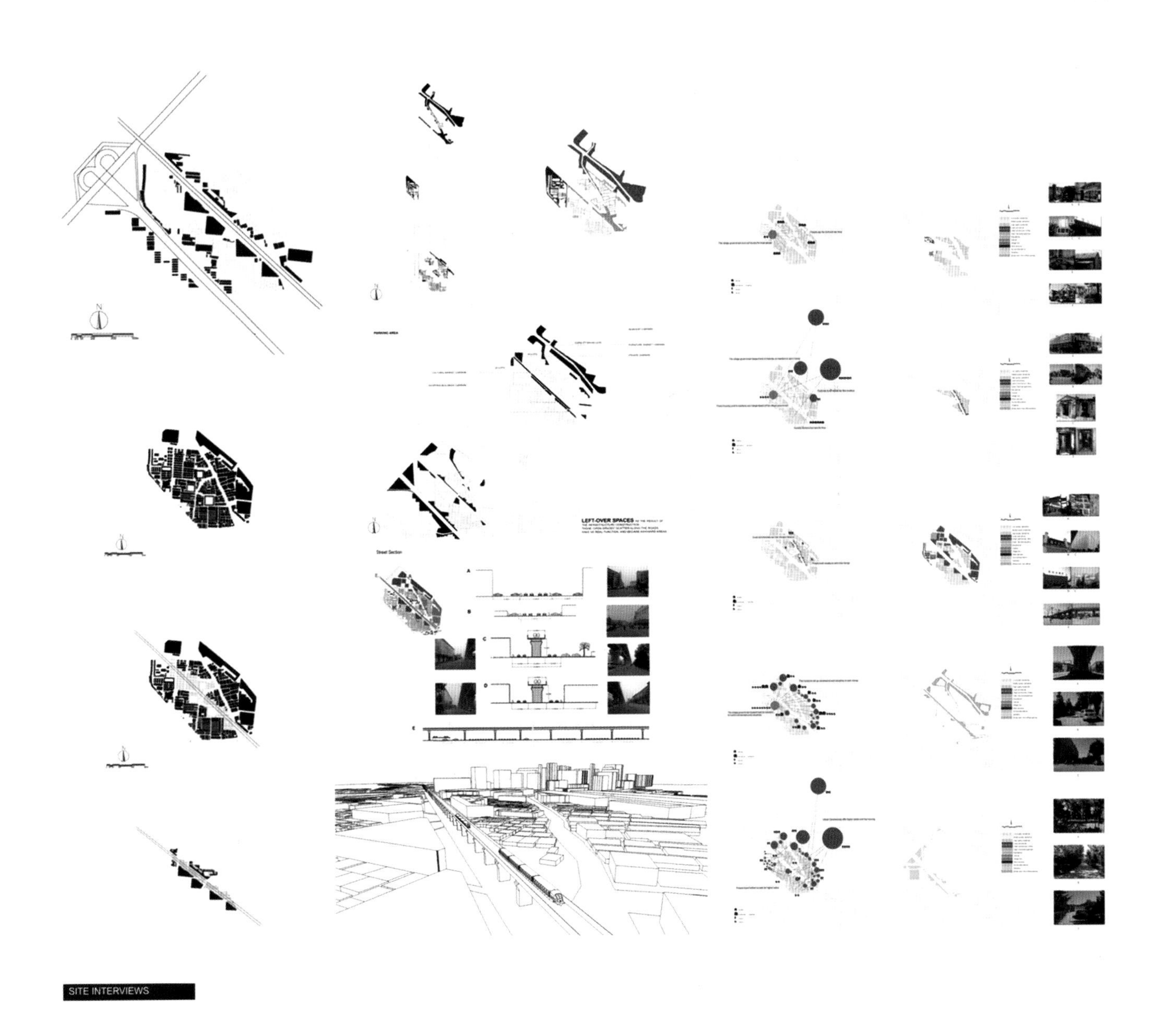

SITE INTERVIEWS

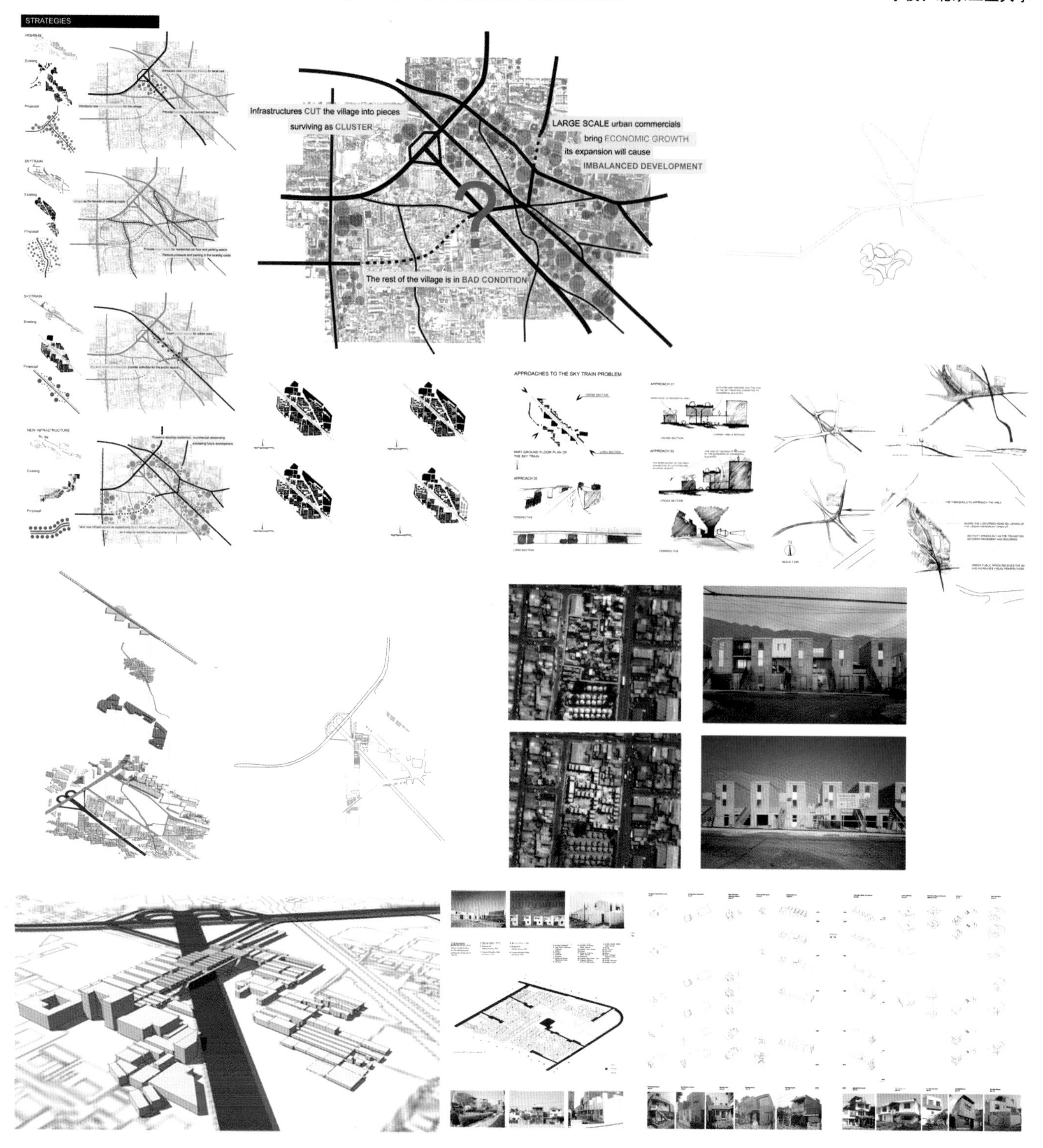
STRATEGIES
Infrastructures CUT the village into pieces
surviving as CLUSTER
LARGE SCALE urban commercials
bring ECONOMIC GROWTH
its expansion will cause
IMBALANCED DEVELOPMENT
The rest of the village is in BAD CONDITION
APPROACHES TO THE SKY TRAIN PROBLEM

北京建筑工程学院

建筑与城市规划学院

北京建筑工程学院建筑学院联合教学实践

联合教学方式	时间	联合教学合作者（院校、机构等）	联合教学对象	联合教学内容	时长	联合教学地点	主要参与教师
Workshop联合工作营	2001	德国斯图加特大学	研究生20名（德方学生20名）	北京前门大栅栏地区保护与更新城市设计	2周	北京	汤羽扬，周卫华，欧阳文
	2002	德国斯图加特大学	研究生+本科生，13名（德方6名）	斯图加特老火车站地区城市更新设计	2周	斯图加特	汤羽扬，戎安，欧阳文
	2003	德国柏林工业大学	研究生20名（德方10名）	北京法源寺地区城市更新设计	2周	北京	张路峰，戎安，李春青
	2004	德国柏林工业大学	研究生，20名（德方15名）	柏林夏洛特堡发电厂再利用城市设计	2周	柏林	张路峰，戎安，李春青
	2006	香港中文大学 瑞士建筑师	研究生8名（香港8名）	云冈石窟保护性窟檐方案设计(集中调研、中期汇报，成果汇报）	16周	北京/香港	汤羽扬，欧阳文，邹经宇(香港)
	2007	中德联合教学（柏林工业大学、卡尔斯鲁厄工业大学、清华大学）	研究生4名（清华10名、德方22名）	德国威廉港可持续性城市设计	2周	柏林、威廉港	张路峰
	2008	中德联合教学（布伦瑞克大学、清华大学）	研究生4名（清华8名，德方20名）	北京大钟寺地区城市设计	2周	北京、哈尔滨	张路峰
	2009	美国田纳西大学	研究生5名（美方10名）	零能耗住宅	1周	北京，天津	欧阳文
		中意联合教学（罗马第二大学）	研究生5名（意方10名）	罗马Tibertina地区旧城更新设计	2周	罗马	张路峰
	2010	意大利驻华使馆， 意大利马尔凯大学	研究生16名（吉林建工本科生4名，意方15名）	保护与利用文化遗产、景观的方法与经验（北京延庆双营村，北京四合院联合设计）	1周	北京	汤羽扬，刘临安，欧阳文，王兵
		中德联合教学（柏林工业大学、清华大学）	研究生，5名（清华10名，德方20名）	唐山机车车辆厂再利用城市设计	2周	北京、唐山	张路峰
	2011	海峡两岸青年规划师与建筑师研习营（东南大学、哈工大、中国文化大学等5所大学）	研究生，4名（哈工大8名，东南4名，台湾18名）	工业建筑遗产保护与设计	2周	哈尔滨、沈阳	张路峰
		中德联合设计（柏林工业大学、清华大学）	研究生，5名（清华10名、德方15名）	柏林BBI机场影响下的B－M镇城市设计	2周	柏林	张路峰
外籍教师授课	2003	June Bong Kim（韩国）	本科生	低年级设计指导	1年	北京	
	2004–2006	Emilio Pasapane（德国）	研究生，本科生	理论课程授课: 建筑流派与思潮；西方城市设计	16周/年	北京	格伦，欧阳文，王兵，许政
	2008	Tony Van Raat，Bin Su（新西兰UNITEC理工学院）	研究生16名	快题设计:青年艺术家的海滨住宅设计(2名教授指导）	4周	北京	汤羽扬，欧阳文
	2008–2010	Bin Su教授 (新西兰UNITEC理工学院)	研究生	理论讲授:建筑节能	4周/年	北京	
	2008–2010	李维荣（加拿大）	研究生	理论讲授：生态城市 课程设计：城市规划	4周/年	北京	
	2010–2012	Isabelle Marie Cyr（加拿大）	研究生	理论讲授：Architecture for a difference	16学时/年	北京	
	2011	Yassar Khadour（叙利亚）	本科生，研究生	课程设计	长聘	北京	

（续）

联合教学方式	时间	联合教学合作者（院校、机构等）	联合教学对象	联合教学内容	时长	联合教学地点	主要参与教师
联合毕业设计	2007	国内六校建筑学专业联合毕业设计（清华大学，同济大学，东南大学，天津大学，中央美术学院）	本科生16名	北京798地区空间环境整合与城市设计	19周	北京，上海	汤羽扬，张路峰
	2008	两岸三地联合毕业设计（香港中文大学，台湾淡江大学）	本科生16名	台北机车厂再利用城市设计毕业设计	19周	台北，香港，北京	汤羽扬，张路峰，欧阳文
	2009	八校建筑学专业联合毕业设计（清华大学，同济大学，东南大学，天津大学，重庆大学，浙江大学，中央美术学院，）	本科生8名	天津滨海新区夏季DAVOS永久会址城市设计	19周	天津，上海	汤羽扬，欧阳文
	2010	八校建筑学专业联合毕业设计（清华大学，同济大学，东南大学，天津大学，重庆大学，浙江大学，中央美术学院）	本科生8名	旧城更新——南京城南地区改造与建筑设计	19周	南京，重庆	张路峰，汤羽扬
		跨专业联合毕业设计（土木工程学院）	本科生8名	绿色低能耗住宅设计	19周		陈静勇，郭晋生
	2011	八校建筑学专业联合毕业设计（清华大学，同济大学，东南大学，天津大学，重庆大学，浙江大学，中央美术学院）	本科生16名	重庆十八梯片区城市空间改造与建筑设计	19周	重庆，北京	张路峰，汤羽扬，马英，高龙（叙）
		三校城市规划专业联合毕业设计(山东建筑大学，苏州科技学院)	本科生8名	北京市广安产业园核心地块城市设计	19周	北京，苏州	张忠国，丁奇
	2012	八校建筑学专业联合毕业设计（清华大学，同济大学，东南大学，天津大学，重庆大学、浙江大学、中央美术学院）	本科生16名	从西湖到西溪--杭州新西泠印社建筑设计	19周	杭州，北京	张路峰，汤羽扬，马英，高龙（叙）
		五校城市规划专业联合毕业设计(西安建筑科技大学，山东建筑大学，苏州科技学院，安徽建筑工业学院)	本科生8名	北京市广安产业园核心地块城市设计	19周	北京，苏州	张忠国，丁奇，苏毅
国际夏校	2008–2011	意大利罗马第二大学	研究生3-4名/年	历史城市与建筑遗产保护	4周/年	罗马	刘临安
其他	2010	意大利马尔凯大学	意大利博士生2名	短期进修。设计项目:沈阳二战战俘营纪念馆设计	12周	北京	汤羽扬，刘临安，欧阳文

小结：

经过十年的摸索实践，建筑学院联合教学从2001年的初次尝试逐渐进入到今天的有组织有序的运行状态，收获了大量的经验，成为学院发展的重要特色。

1）设计选题：具有真实场所、真实背景的课题（以国家自然科学基金项目为依托；以解决城市建设问题的研究课题为依托），侧重于对社会热点问题，城市热点问题，以及人性化空间环境营造、绿色建筑等问题的思考与研究，培养学生的社会责任感、分析复杂问题的能力，开放的设计创新精神。

2）教学对象：国内外研究生，国内外本科生，本科生+ 研究生联合。

3）合作对象：多样化，从国内院校到国际院校，从院校联合到校企联合，从本学科到跨学科联合。

4）组织形式：逐步由单一向多样发展，短期与长期的教学活动相结合。

项目名称：北京798地区北区空间环境整治与城市规划 学校：北京建筑工程学院

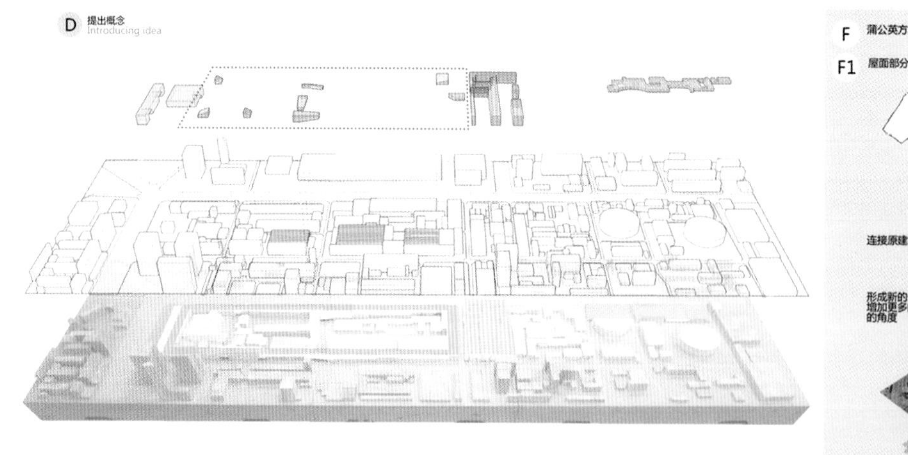

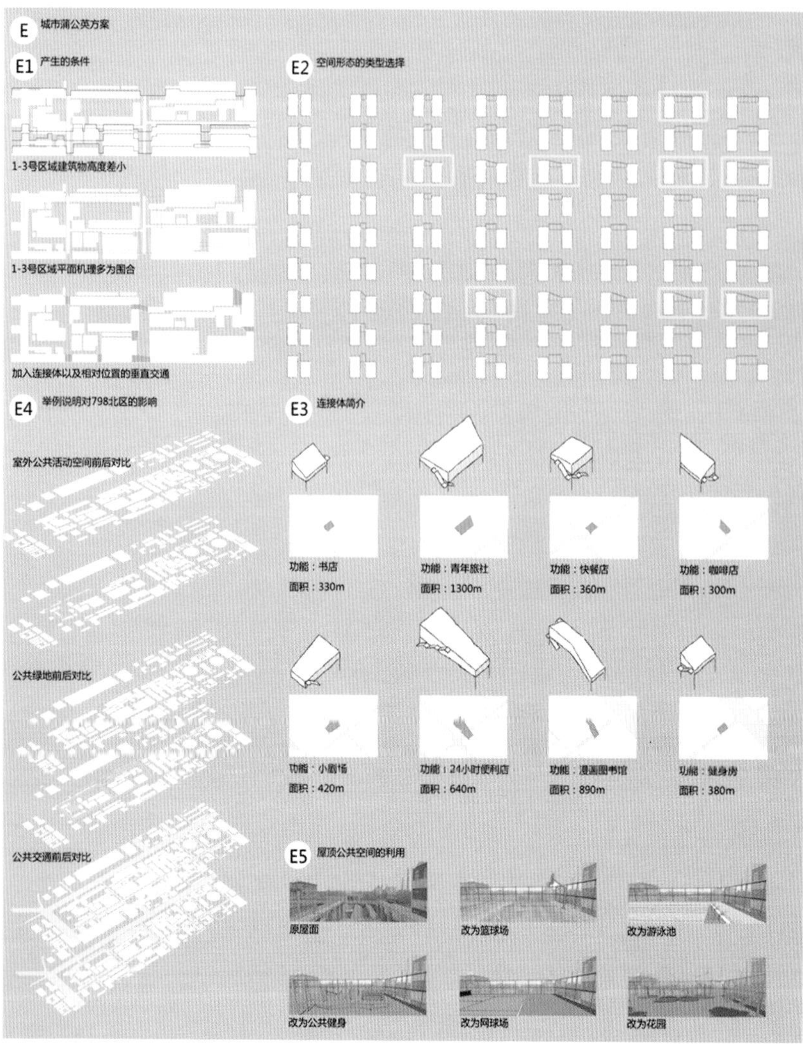

F 蒲公英方案对整体产生的影响

F1 屋面部分

新 旧 旧

连接原建筑屋面

形成新的公共空间 增加更多的观察798的角度

屋顶绿化又可以变brown field为green field

F2 屋面下的空间

各个独立的室内空间为798增添更多的功能 使其营养更加均衡

798

F3 直通屋面的楼梯

F4 所组成的整体

适应今后变化，自上而下可以继续生长，就像菊竹清训的"sky house"蓝天之家一样

该设计是六校联合毕业设计，参加的学校有清华大学、东南大学、同济大学、天津大学、北京建筑工程学院、中央美术学院。

该设计包括城市设计与建筑设计两部分内容，希望通过对现状798地区已形成的城市空间进行分析研究，提出改善和整治方案，加强该地区的城市活力，同时通过建筑策划，对该地区建设项目提出具有可行性的设想，探讨如何保留改造具有表征性、地标性的现代建筑物和构筑物，强化其历史文脉和再生利用的价值与意义，并使学生初步认识了解旧建筑改造与利用的技术手段和构造特点。

学生：平思维、松林
指导老师：张路峰

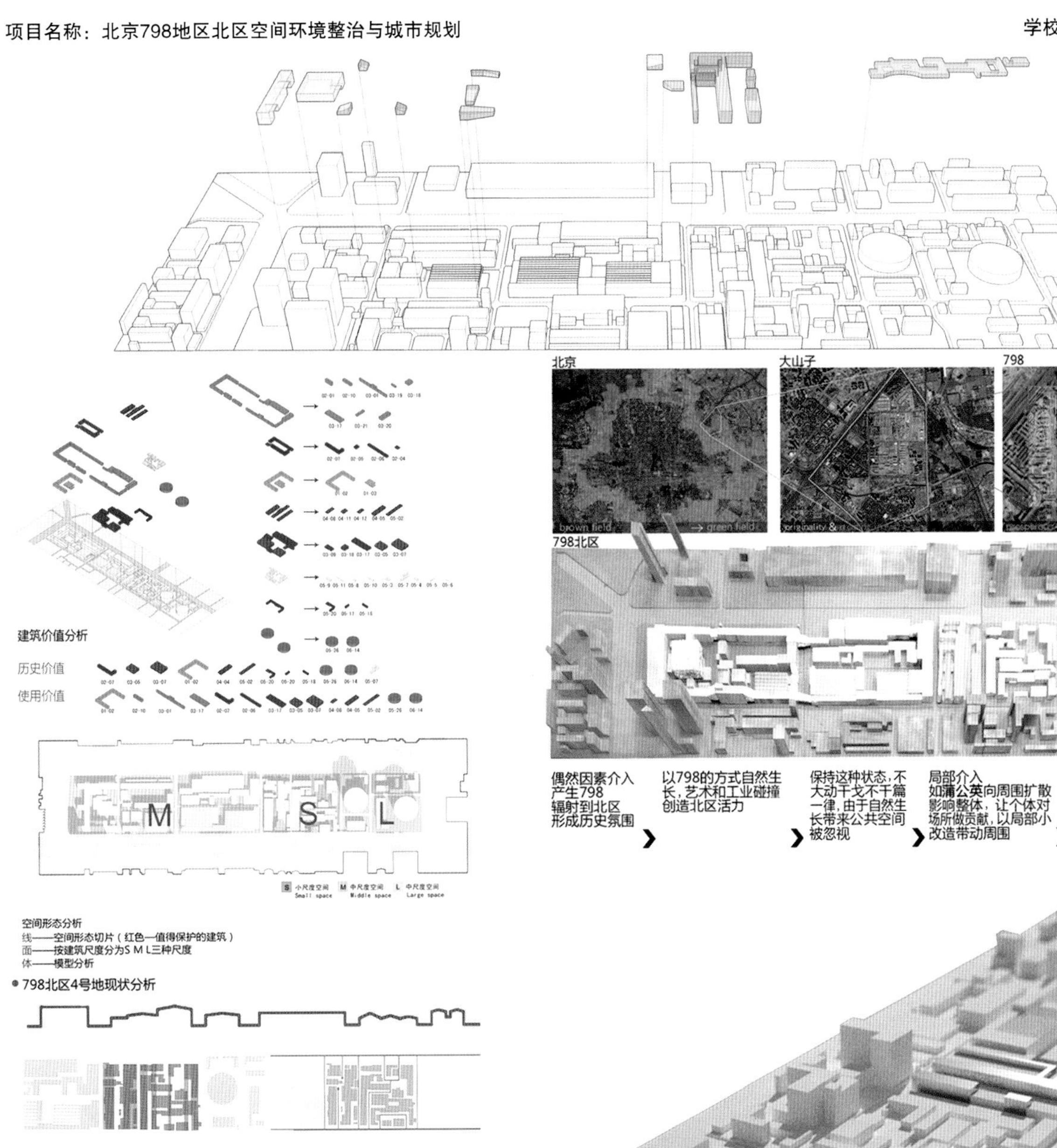
北京
大山子
798
brown field → green field
798北区
偶然因素介入
产生798
辐射到北区
形成历史氛围
以798的方式自然生
长，艺术和工业碰撞
创造北区活力
保持这种状态，不
大动干戈不千篇
一律，由于自然生
长带来公共空间
被忽视
局部介入
如蒲公英向周围扩散
影响整体，让个体对
场所做贡献，以局部小
改造带动周围
未来无法预知
加入一个变化过程
不是结果
不去破坏历史
也不左右未来
建筑价值分析
历史价值
使用价值
M
S
L
S 小尺度空间 Small space
M 中尺度空间 Middle space
L 中尺度空间 Large space
空间形态分析
线——空间形态切片（红色—值得保护的建筑）
面——按建筑尺度分为S M L三种尺度
体——模型分析
798北区4号地现状分析

4、5号地空间形态细碎，建筑尺度较小。

小的工作室之间缺乏联系，没有信息交流的平台。

798北区4号地功能定位

现在4、5号地有一些服装设计工作室，为了保护延续原有的功能，改造以后仍然以服装产业为主，但增加了更多的功能，比如设计版样工作室、设计咨询工作室、数码印染艺术工作室等

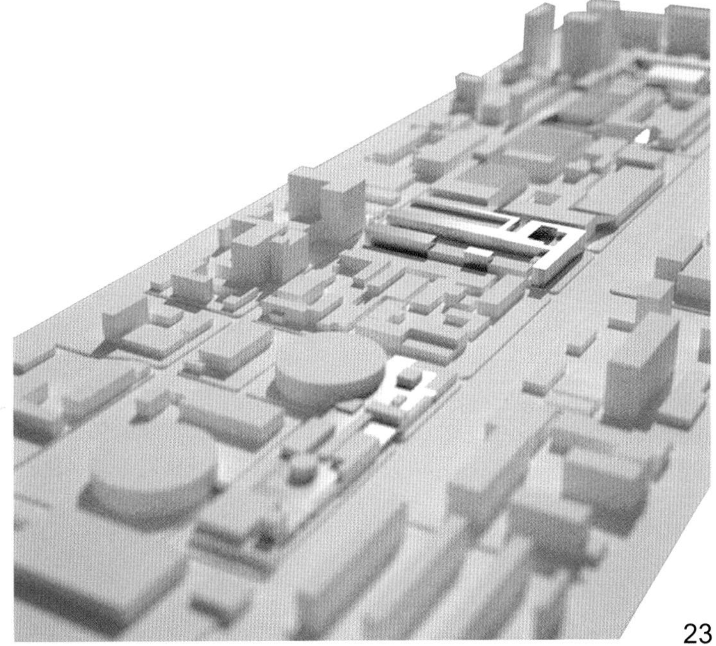

透视图
Perspective
G 蒲公英单体
G1 蒲公英单体构成
G2 单体对室外空间的影响
加建以后的室外空间
原室外空间
G5 单体立面
西立面
东立面
G6 单体剖面
A-A'剖面
B-B'剖面
G3 结构正等测
竖向支撑结构
横行支撑结构（主梁）
横行支撑结构（次梁）
楼梯
外皮龙骨
G4 正等分解图
阶梯屋面
漫射光天窗
清水混凝土面
鳞形镁锌板面
功能核
入口

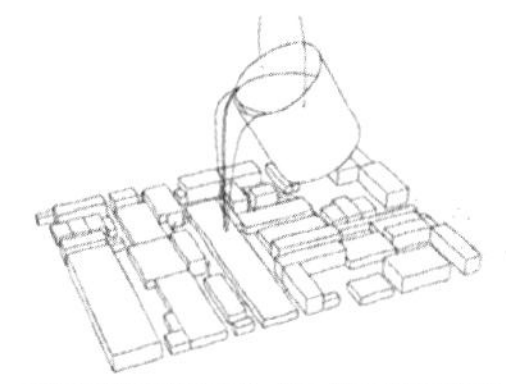

地块空间形态细碎,多是一些小的工作室,它们之间缺乏联系,而服装产业需要信息交流的平台,因此提出浇筑的概念,把分散的产业形态联系起来,增加整体的合作互动,使好的空间资源共享

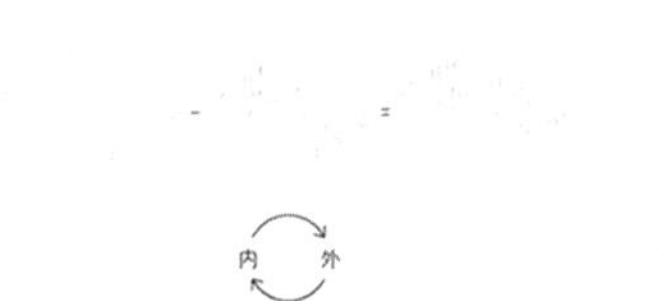

通过布尔运算得到新建的部分。室内外空间互换，老建筑完全变成公共空间

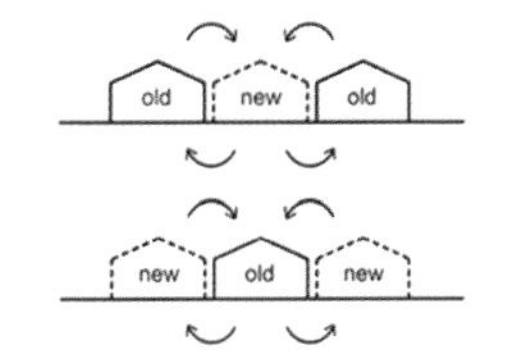

新建筑以老建筑为模子浇筑，若干年后，新建筑也变成老建筑，成为了新的模子，再进行浇筑，新旧反复交替

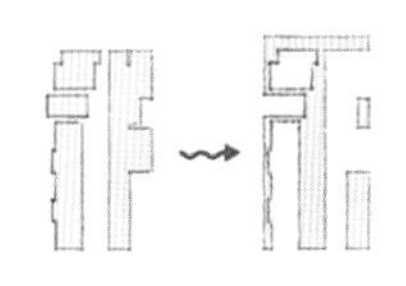

室内外空间功能互换，原有的老建筑完全被置换成室外公共空间，原来的室外空间被浇筑成新的使用空间。老建筑的外墙成为新建筑内墙，老建筑的内墙成为新建筑外墙

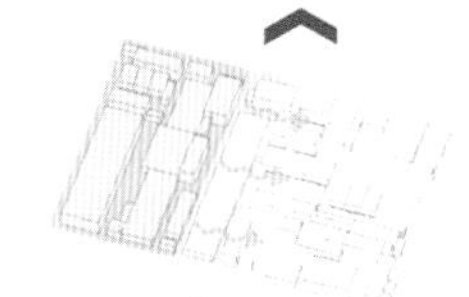

现在浇筑的改造方法只用在4号地，经过一段时间，如果认为这种模式适合地区发展，这种改造方式还可以继续向东侧蔓延生长

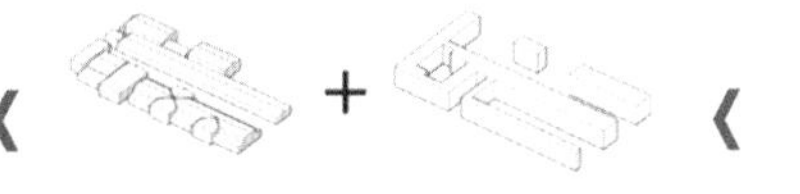

新建筑以老建筑为原因而存在，以一种谦虚的态度介入地块，最大限度的保护了老建筑

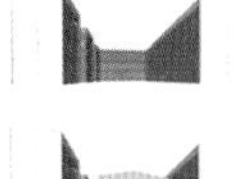

新老建筑结构完全独立。若干年后如果需要拆掉新建筑，老建筑的结构不会受到影响；或者保留新建筑拆掉老建筑，新建筑也能独立的存在

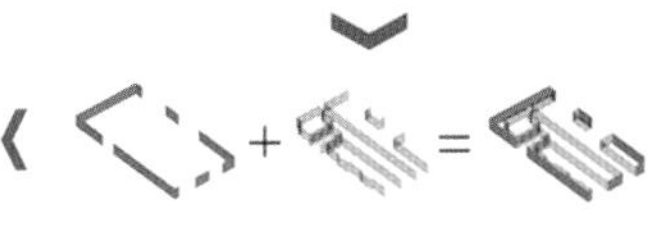

新建部分的外墙分为内外两部分，里面用通透的落地窗，可以透过新建筑清楚地看到老建筑的外墙

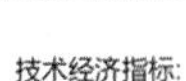

技术经济指标:

建筑经济技术指标:	改造前	改造后
总用地面积：	11513m²	11513m²
总建筑面积：	12153m²	14151m²
总建筑占地面积：	7250m²	4983m²
使用面积：	7656m²	
闲置面积：	4497m²	
容积率：	1.056	1.229

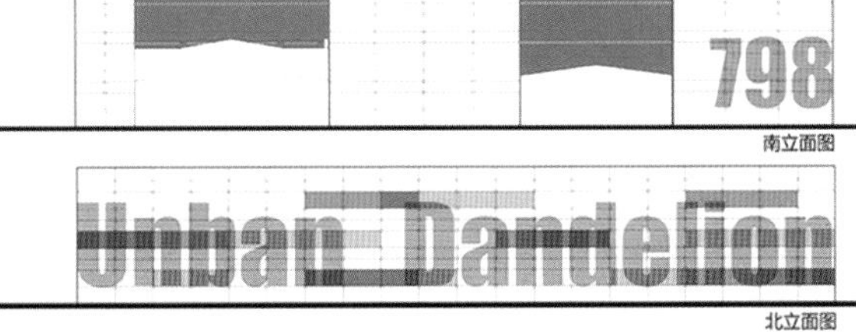

南立面图

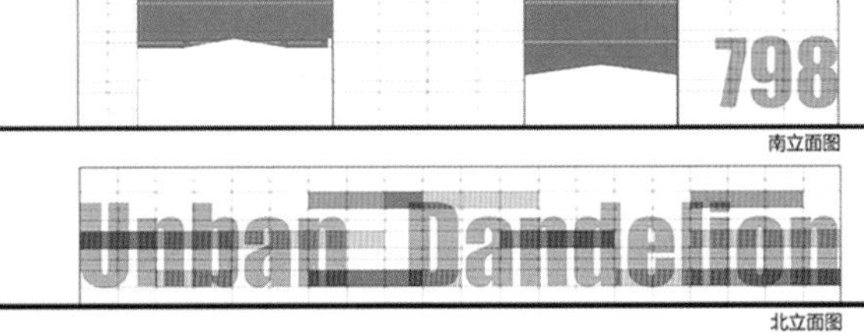

北立面图

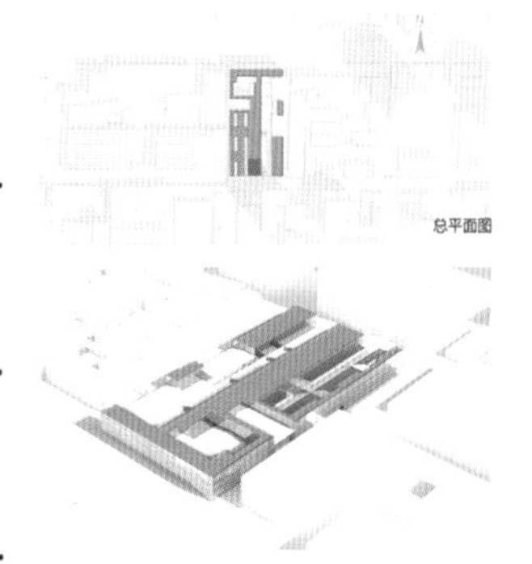

总平面图

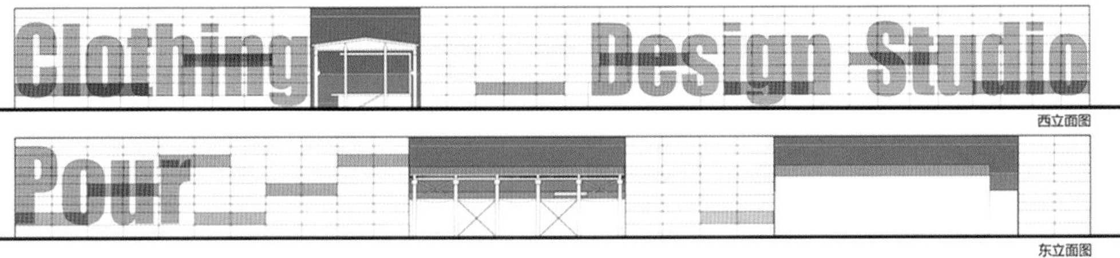

西立面图

东立面图

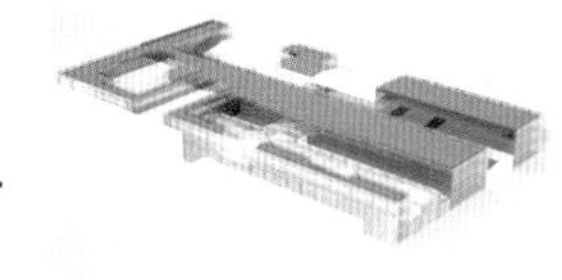

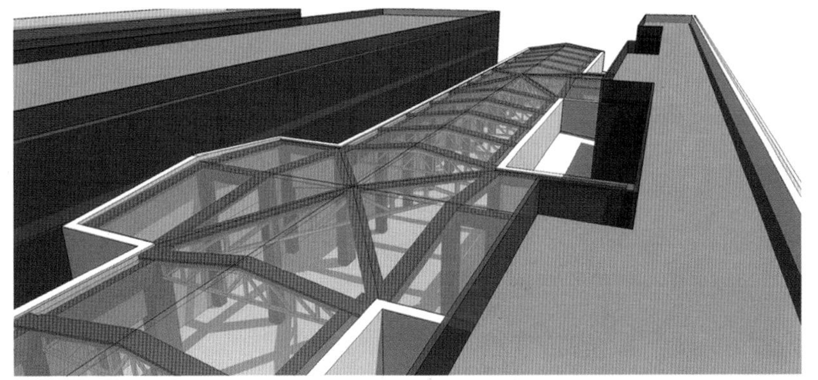

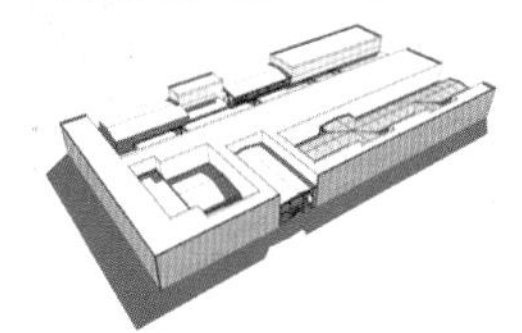

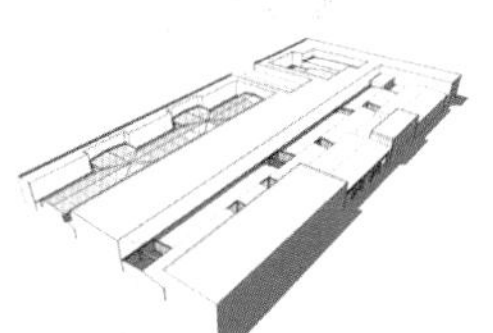

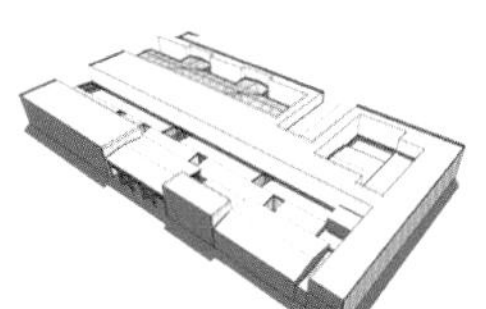

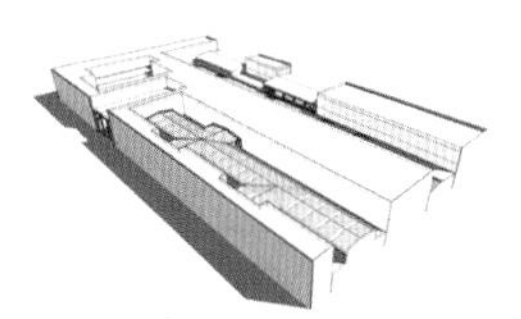

当代艺术是野生的>798—当代艺术的集散地

为了推动发展 >中国当代艺术博物馆

协助北区特色
发展地方风格
成为品牌形象
推动地方观光
推动产业发展

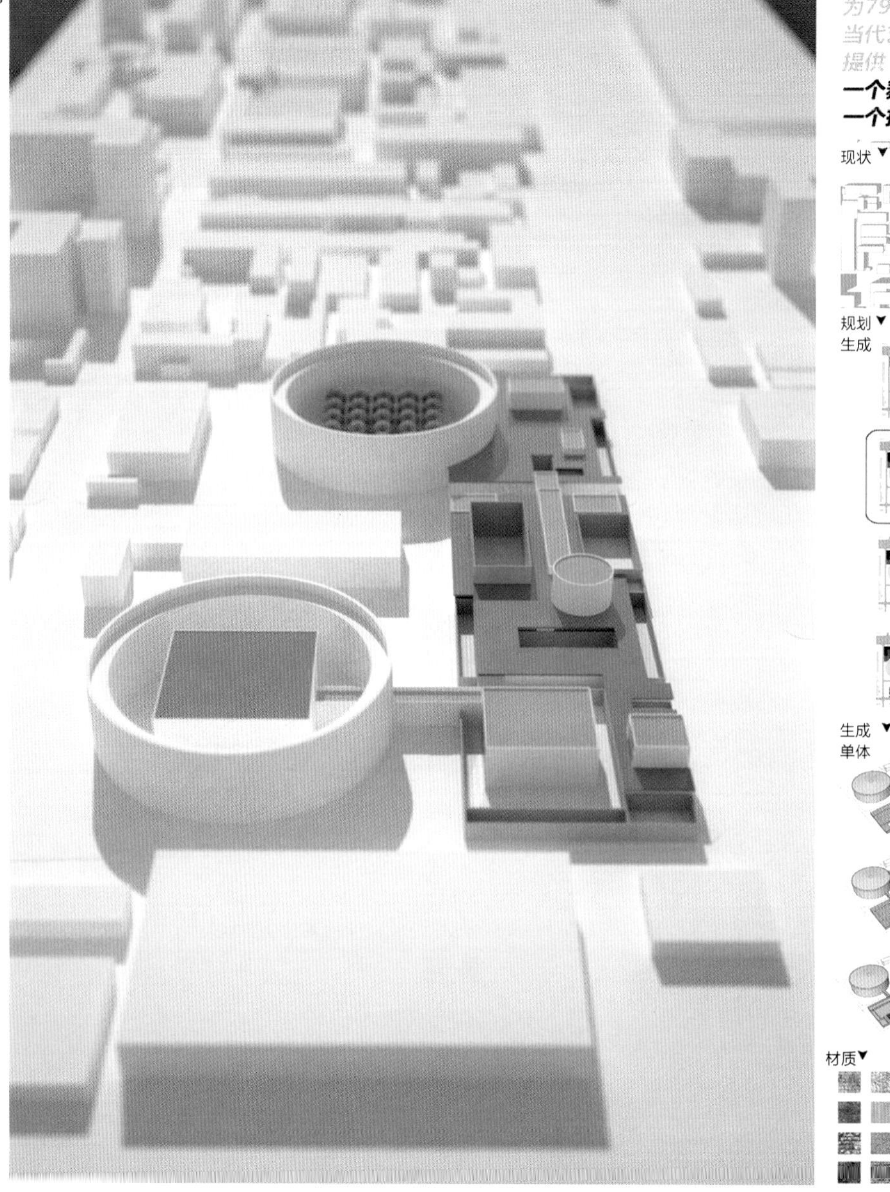

为798
当代艺术
提供
一个舞台
一个扩音器

现状▼

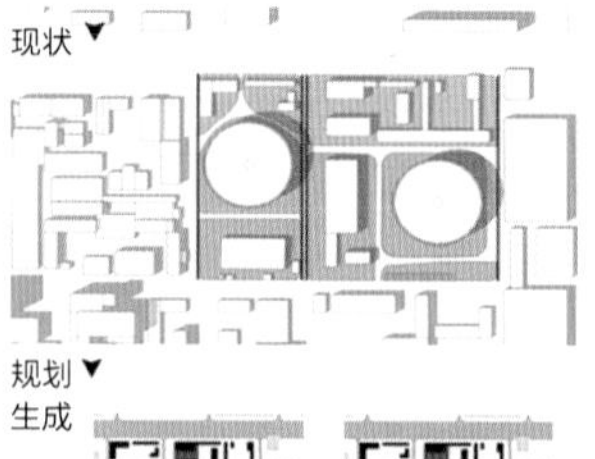

规划▼
生成

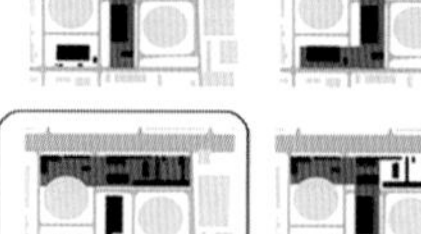

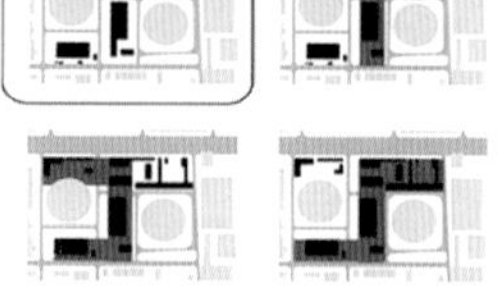

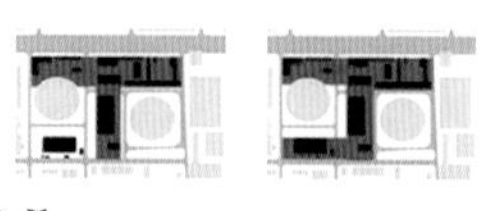

生成▼
单体

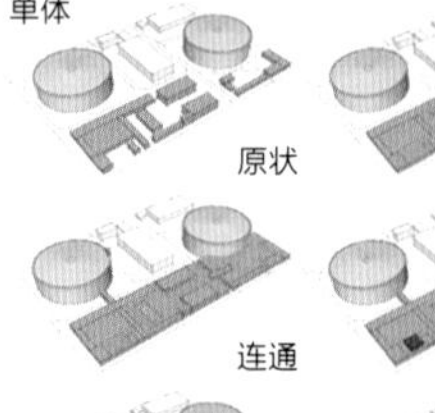

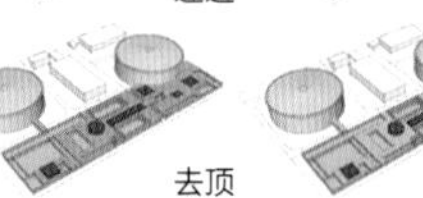

材质▼

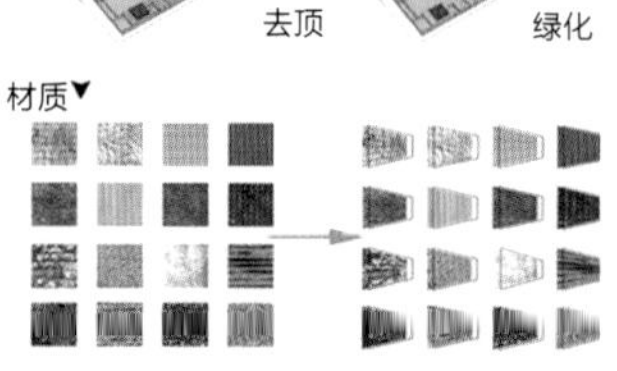

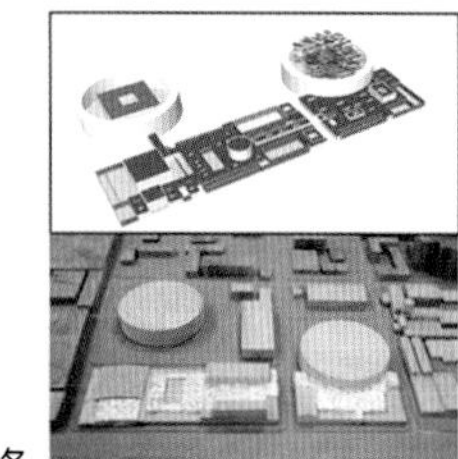

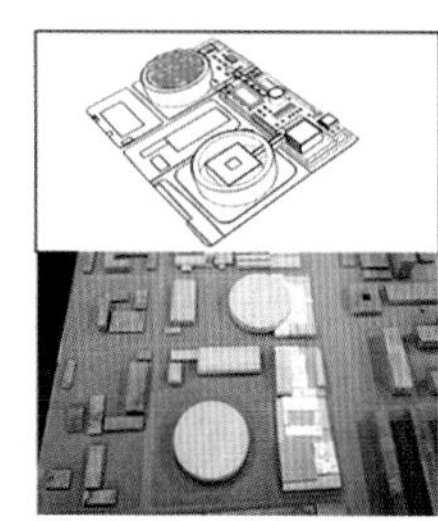

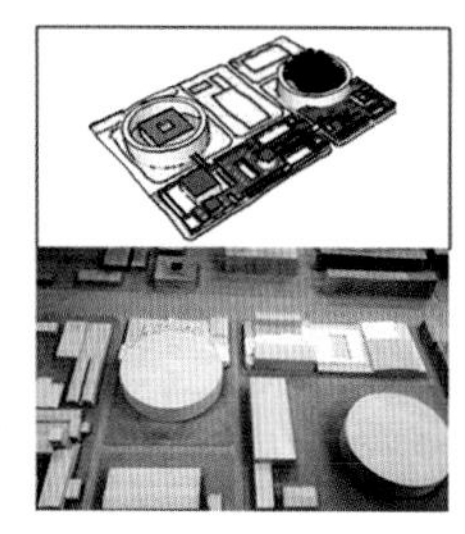

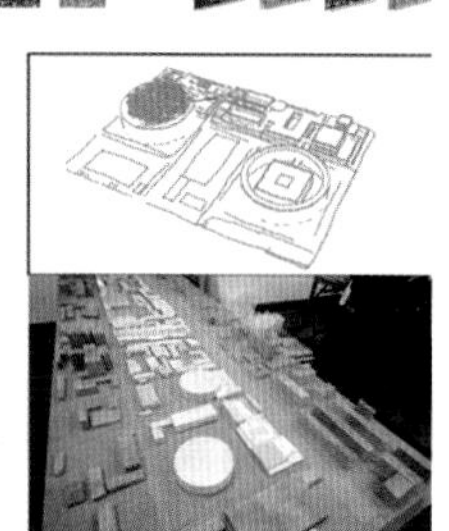

学生：郭爽
朱卉卉
指导老师：张路峰

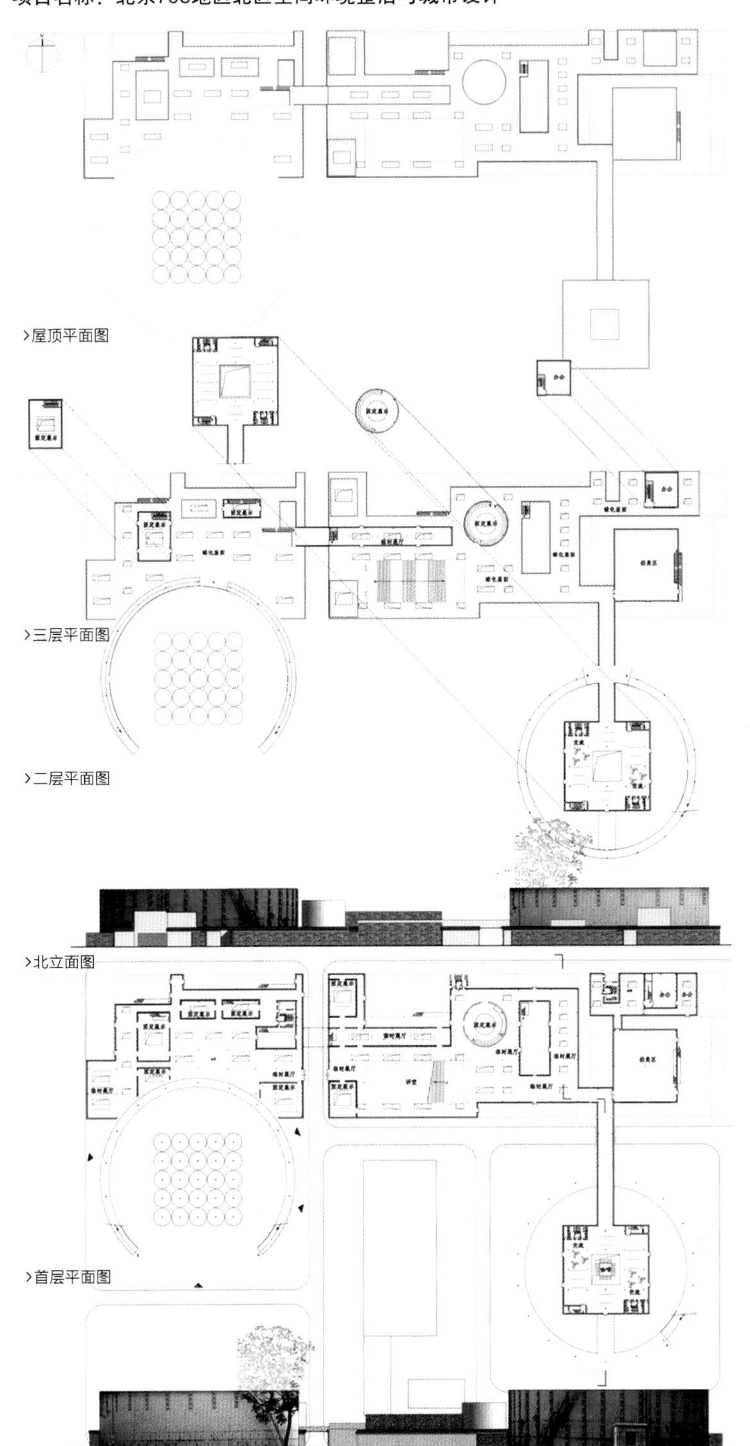

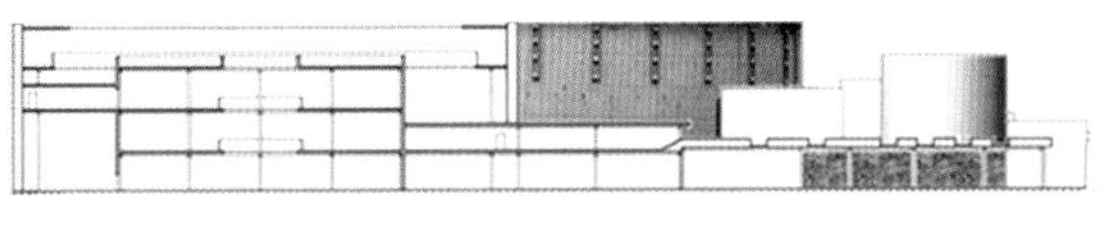
>剖面图

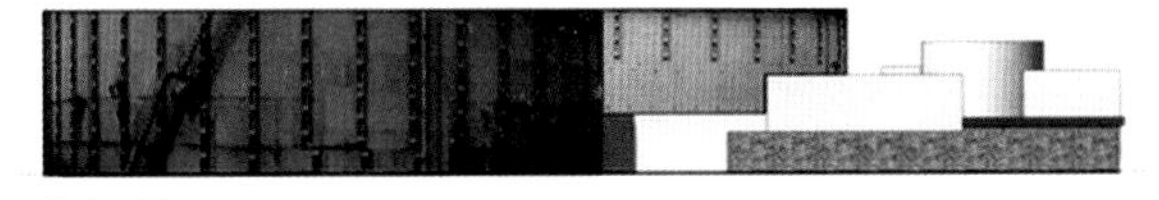
>东立面图

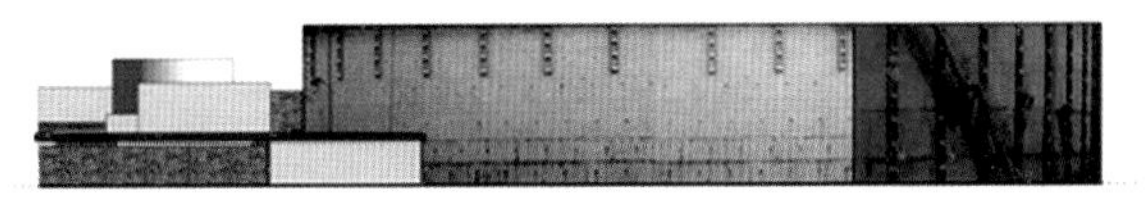
>西立面图

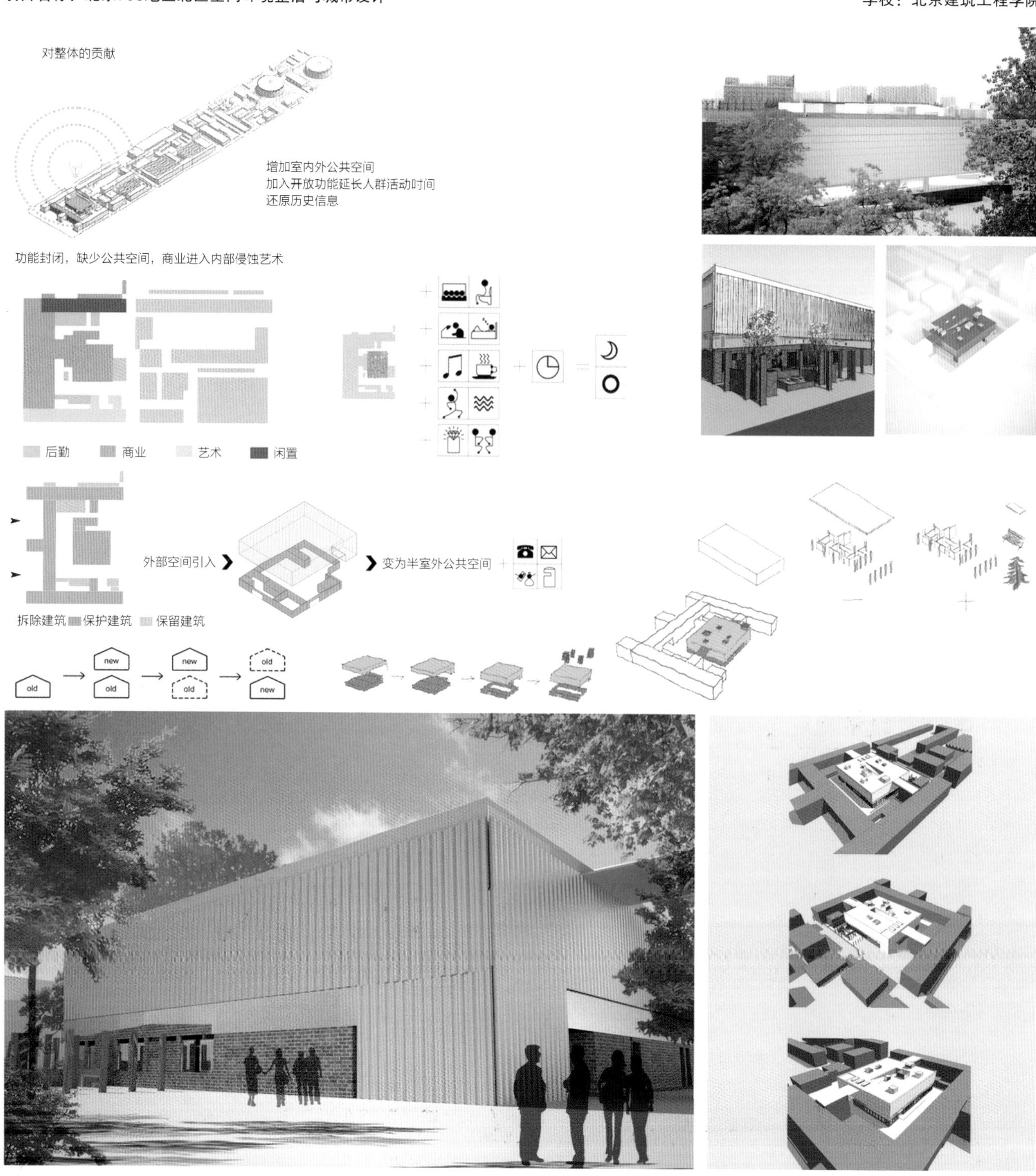
对整体的贡献
增加室内外公共空间
加入开放功能延长人群活动时间
还原历史信息
功能封闭，缺少公共空间，商业进入内部侵蚀艺术
后勤
商业
艺术
闲置
外部空间引入
变为半室外公共空间
拆除建筑
保护建筑
保留建筑
new
old

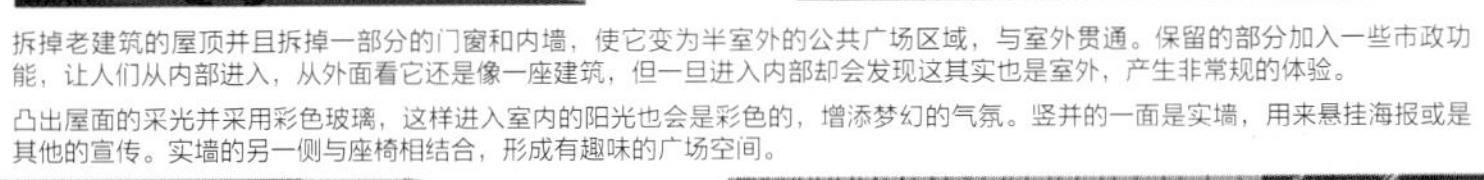

拆掉老建筑的屋顶并且拆掉一部分的门窗和内墙，使它变为半室外的公共广场区域，与室外贯通。保留的部分加入一些市政功能，让人们从内部进入，从外面看它还是像一座建筑，但一旦进入内部却会发现这其实也是室外，产生非常规的体验。

凸出屋面的采光井采用彩色玻璃，这样进入室内的阳光也会是彩色的，增添梦幻的气氛。竖井的一面是实墙，用来悬挂海报或是其他的宣传。实墙的另一侧与座椅相结合，形成有趣味的广场空间。

新建筑采用钢结构，与老建筑结构脱开自成体系。
轻质，便于施工带有工业特色

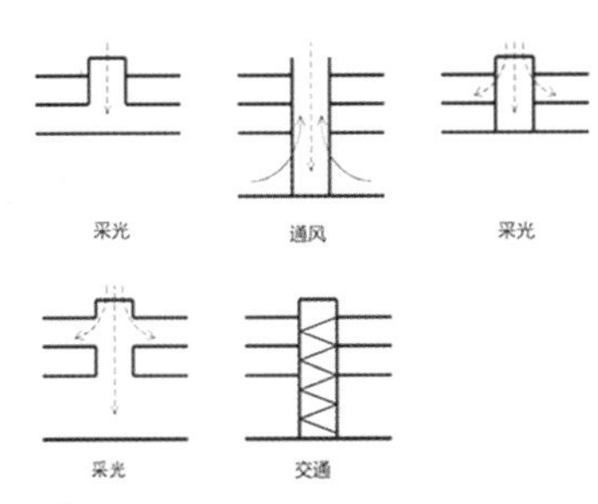

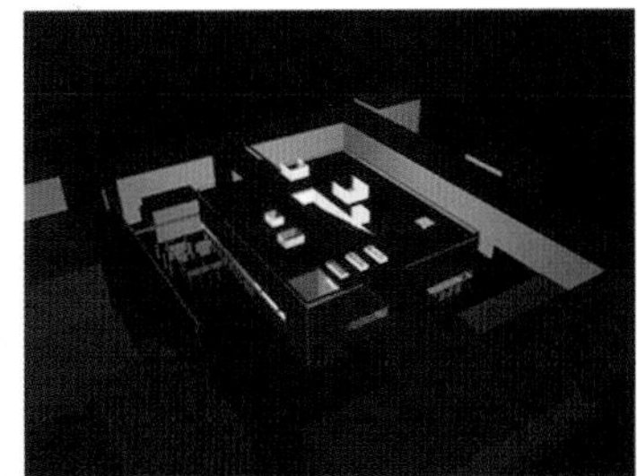

设计说明：

本设计从环境的角度出发获取灵感，将建筑融于自然，同时提取当地文化元素，将陕西有特色的楼梯文化融入建筑设计内部，提取中国式楼梯精致而不张扬的特性。采用结构与楼梯组合的方式，使参观空间更加纯粹，同时提供不一样的观览空间感受。

考虑到博物馆内部使用的方便及合理性，致力于营造良好的参观空间。制定游览的最佳路线，利用线性交通组织人流，使参观重点突出，并在参观单元中提供相应的重点，形成参观高潮。

基本采用顶部采光，通过每个参观单元中心的采光中空使室内阳光充足。

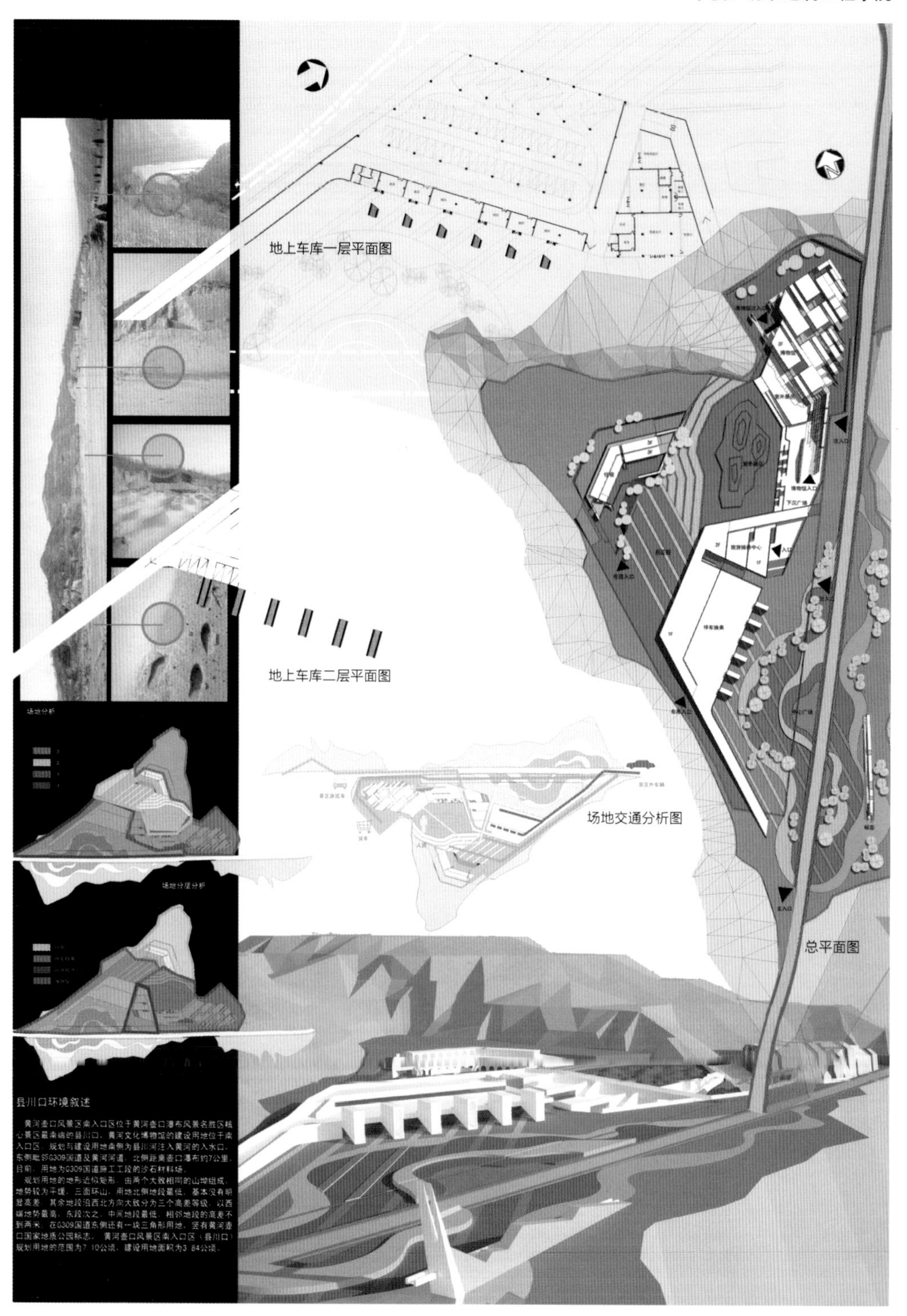

学生：谭寅子

指导老师：刘临安

项目名称：黄河壶口风景区南入口规划及博物馆设计方案

学校：北京建筑工程学院

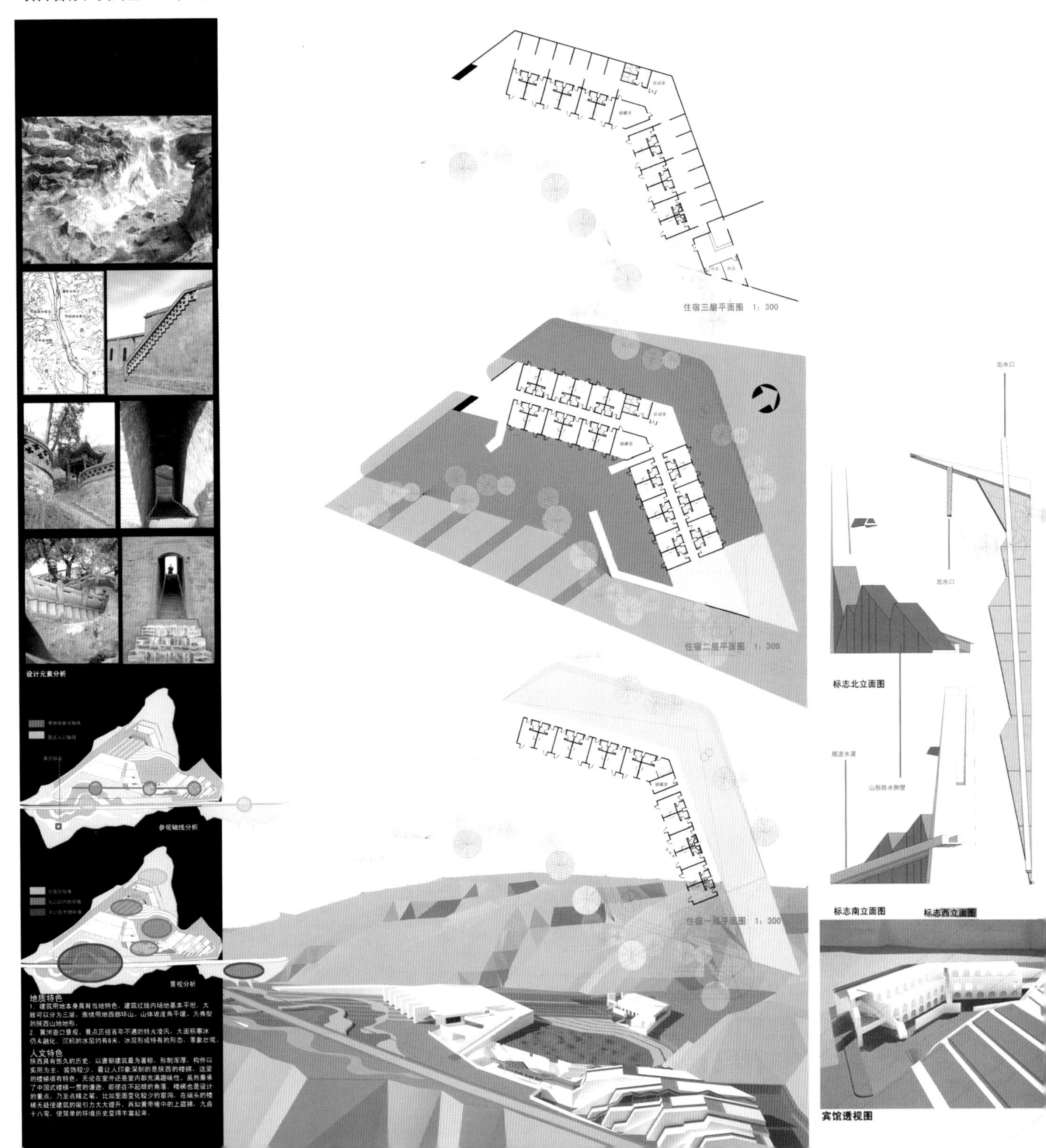

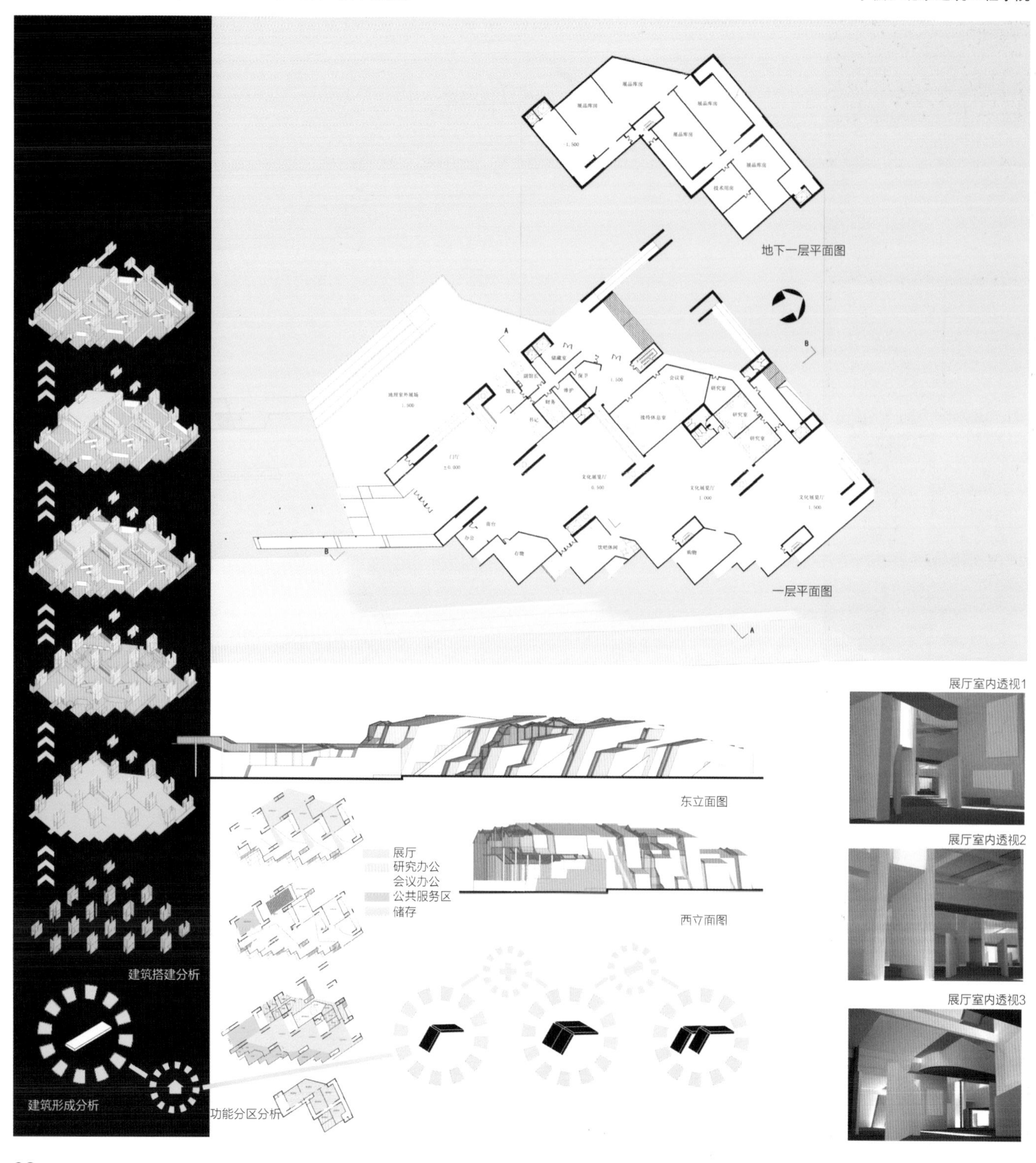
地下一层平面图
一层平面图
东立面图
西立面图
展厅
研究办公
会议办公
公共服务区
储存
建筑搭建分析
建筑形成分析
功能分区分析
展厅室内透视1
展厅室内透视2
展厅室内透视3

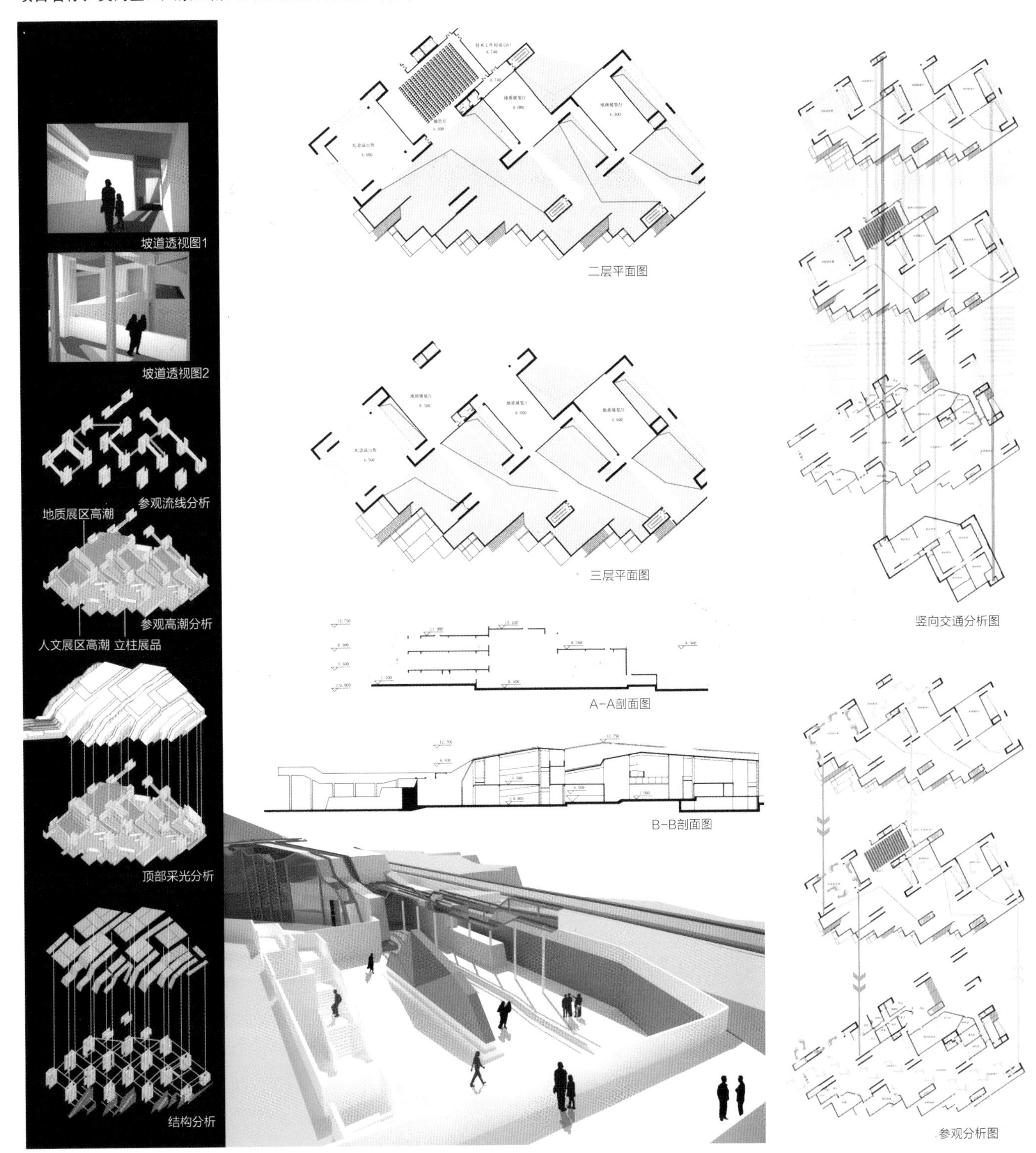
坡道透视图1
坡道透视图2
参观流线分析
地质展区高潮
参观高潮分析
人文展区高潮 立柱展品
顶部采光分析
结构分析
二层平面图
三层平面图
A-A剖面图
B-B剖面图
竖向交通分析图
参观分析图

设计说明：

在这次圣公会教堂再利用设计中，突出对于北京教堂建筑“保护”和“利用”的特点，对于北京教堂进行一定研究，同时在设计过程中，分析圣公会教堂的空间特点和历史价值，充分考虑对圣公会 教堂现状的保护，并提出可行的再利用方案，通过内部改建部分新旧材料的对比和新旧加建部分的形式分区，使得圣公会教堂赋予新的功能和活力。

关键词：圣公会教堂、保护、再利用、新旧材料、新旧形式

宣武门外大街

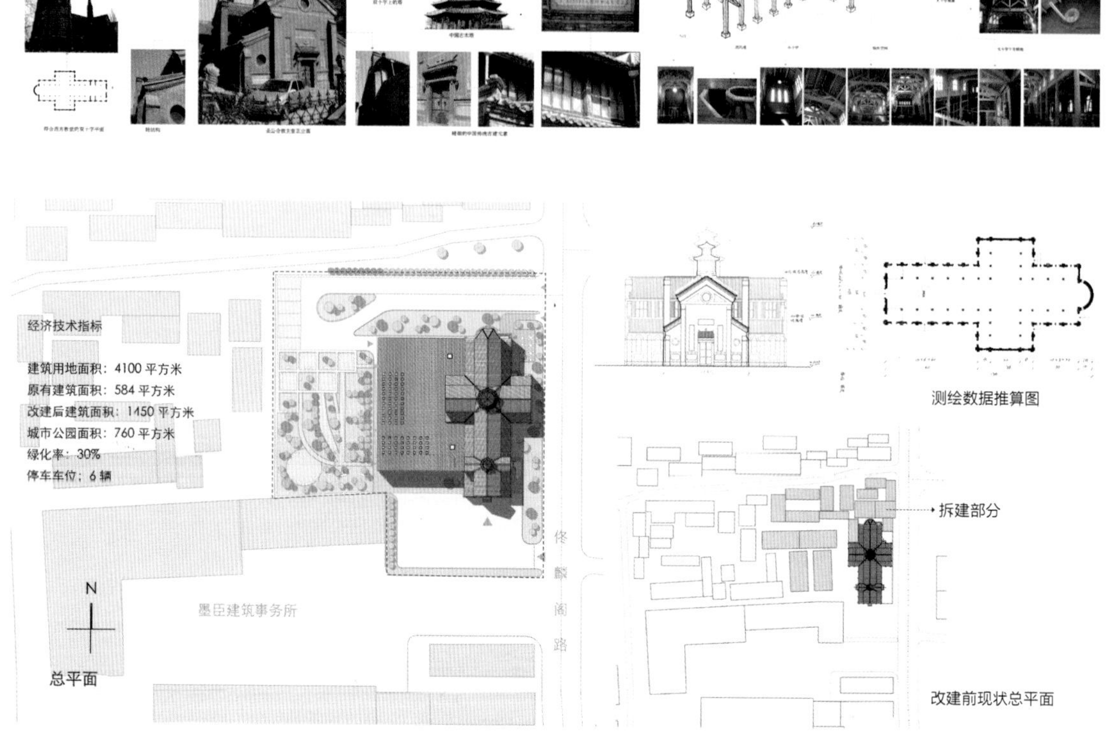

学生：李鑫

指导老师：汤羽扬

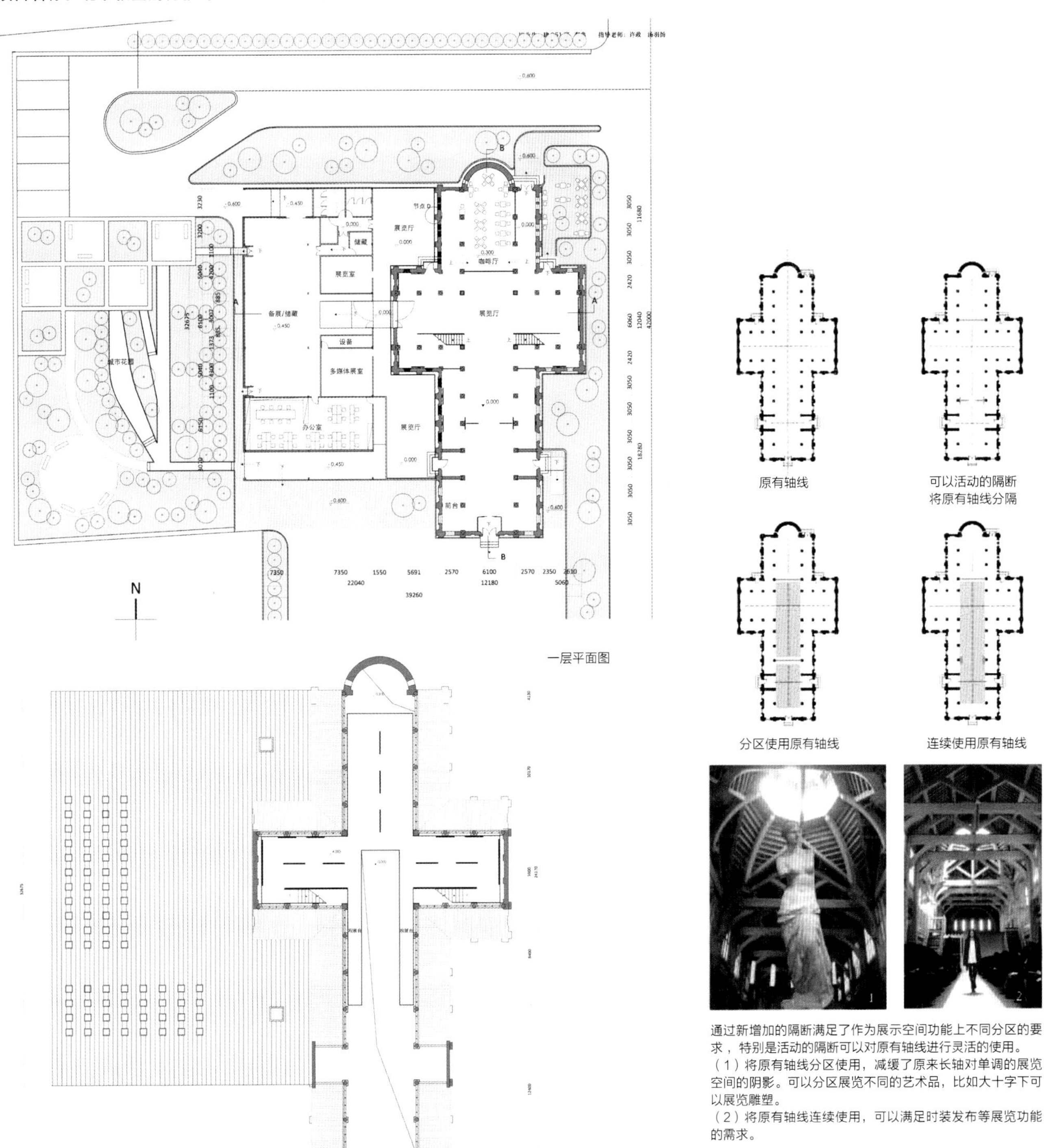

一层平面图

二层平面图

原有轴线

可以活动的隔断将原有轴线分隔

分区使用原有轴线

连续使用原有轴线

通过新增加的隔断满足了作为展示空间功能上不同分区的要求，特别是活动的隔断可以对原有轴线进行灵活的使用。

（1）将原有轴线分区使用，减缓了原来长轴对单调的展览空间的阴影。可以分区展览不同的艺术品，比如大十字下可以展览雕塑。

（2）将原有轴线连续使用，可以满足时装发布等展览功能的需求。

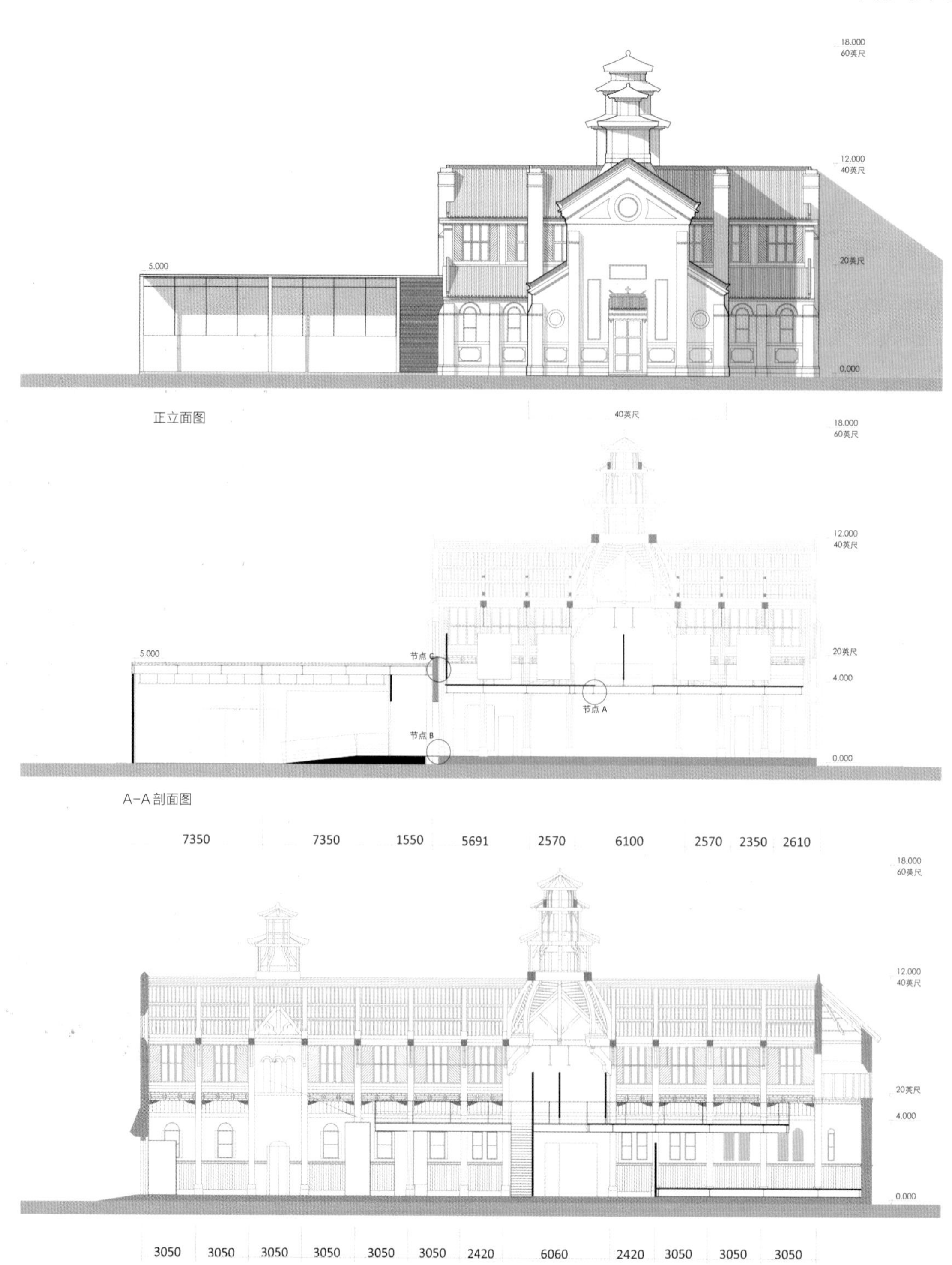
18.000
60英尺
12.000
40英尺
20英尺
5.000
0.000
40英尺
节点 C
节点 A
节点 B
4.000
7350
7350
1550
5691
2570
6100
2570
2350
2610
3050
3050
3050
3050
3050
3050
2420
6060
2420
3050
3050
3050

正立面图

A–A 剖面图

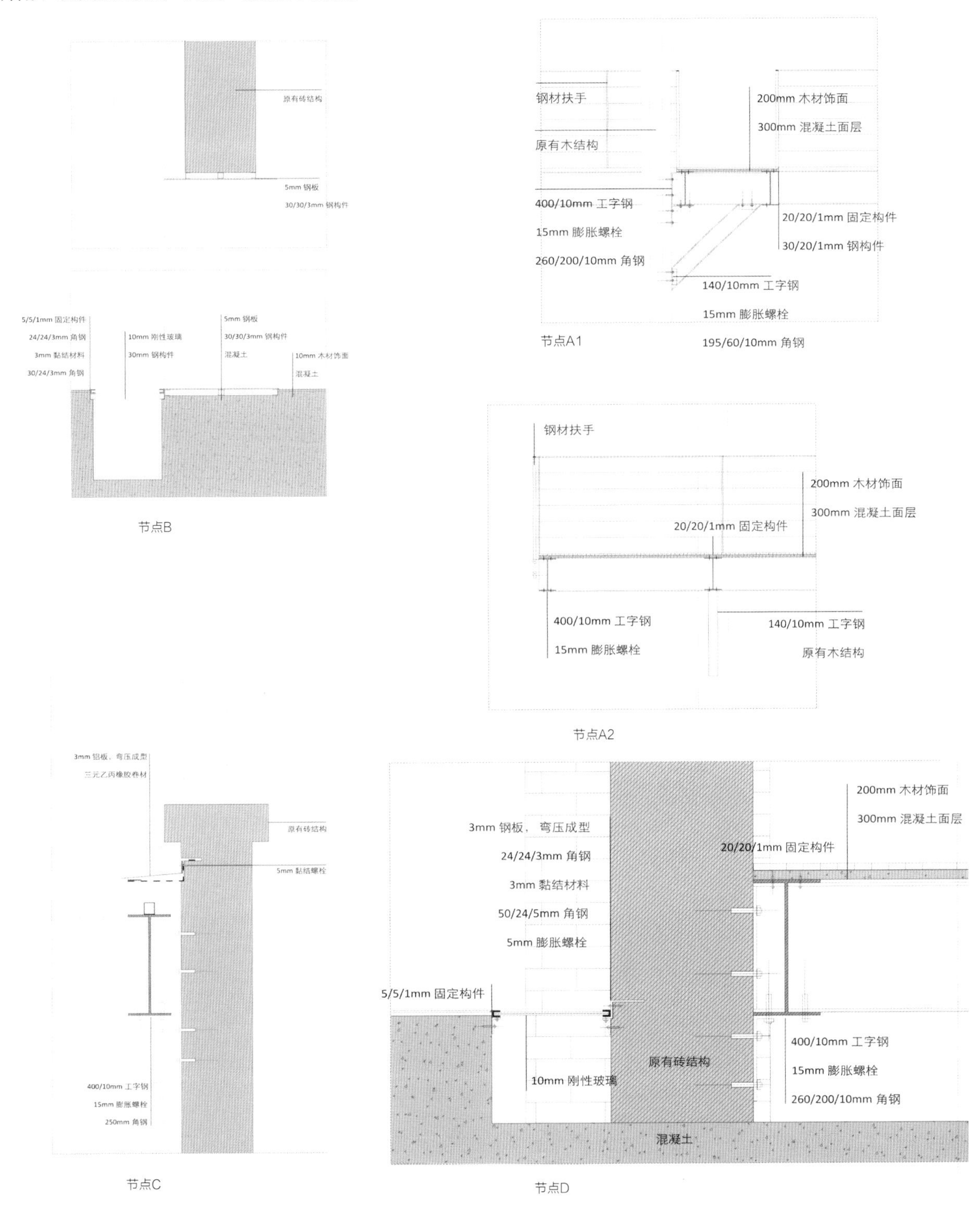
原有砖结构
5mm 钢板
30/30/3mm 钢构件
5/5/1mm 固定构件
24/24/3mm 角钢
3mm 黏结材料
30/24/3mm 角钢
10mm 刚性玻璃
30mm 钢构件
5mm 钢板
30/30/3mm 钢构件
混凝土
10mm 木材饰面
混凝土
节点B
钢材扶手
原有木结构
400/10mm 工字钢
15mm 膨胀螺栓
260/200/10mm 角钢
200mm 木材饰面
300mm 混凝土面层
20/20/1mm 固定构件
30/20/1mm 钢构件
140/10mm 工字钢
15mm 膨胀螺栓
195/60/10mm 角钢
节点A1
钢材扶手
200mm 木材饰面
300mm 混凝土面层
20/20/1mm 固定构件
400/10mm 工字钢
15mm 膨胀螺栓
140/10mm 工字钢
原有木结构
节点A2
3mm 铝板，弯压成型
三元乙丙橡胶卷材
原有砖结构
5mm 黏结螺栓
400/10mm 工字钢
15mm 膨胀螺栓
250mm 角钢
节点C
3mm 钢板， 弯压成型
24/24/3mm 角钢
3mm 黏结材料
50/24/5mm 角钢
5mm 膨胀螺栓
5/5/1mm 固定构件
10mm 刚性玻璃
原有砖结构
混凝土
200mm 木材饰面
300mm 混凝土面层
20/20/1mm 固定构件
400/10mm 工字钢
15mm 膨胀螺栓
260/200/10mm 角钢
节点D

设计说明：

作为大型公共建筑，沈阳站是地标性建筑，将成为沈阳市人们出行的主要目的地之一。需要突出形式美与自身特色。

同时作为改扩建项目，在形式、结构上对老站房进行保护和尊重。注重与环境的协调，符合当地气候特点，充分考虑节能。采用实墙、双层玻璃等保温性能好的材料，采用天窗增加自然光的使用。

东站房鸟瞰图
设计说明
这个方案以“桥”为主题。桥梁代表连接，沟通。火车是人民出行的重要交通工具，火车站更是连接各个地区的交通枢纽承担着连接作用。火车站是人们对目的地的第一印象，有着文化精神上的交流作用。以桥梁的优美弧线弱化新建筑的体量，以桥梁隐喻火车站对于人民日常生活的重要作用。
西站房鸟瞰图
商业用地
商业用地
商业用地
商业用地
区位图
总平面

技术经济指标	
占地面积(m²)	547000
总建筑面积(m²)	50000
东广场面积(m²)	17000
西广场面积(m²)	19900
东广场公交停车场(m²)	15500
西广场公交停车场(m²)	10000
西广场社会停车场(m²)	9200
绿化面积(m²)	800000
绿化率	0.4
东站房面积(m²)	12980
西站房面积(m²)	10100
高架候车室面积(m²)	20000
地下面积(m²)	7020

学生：王旸旸

指导老师：马英

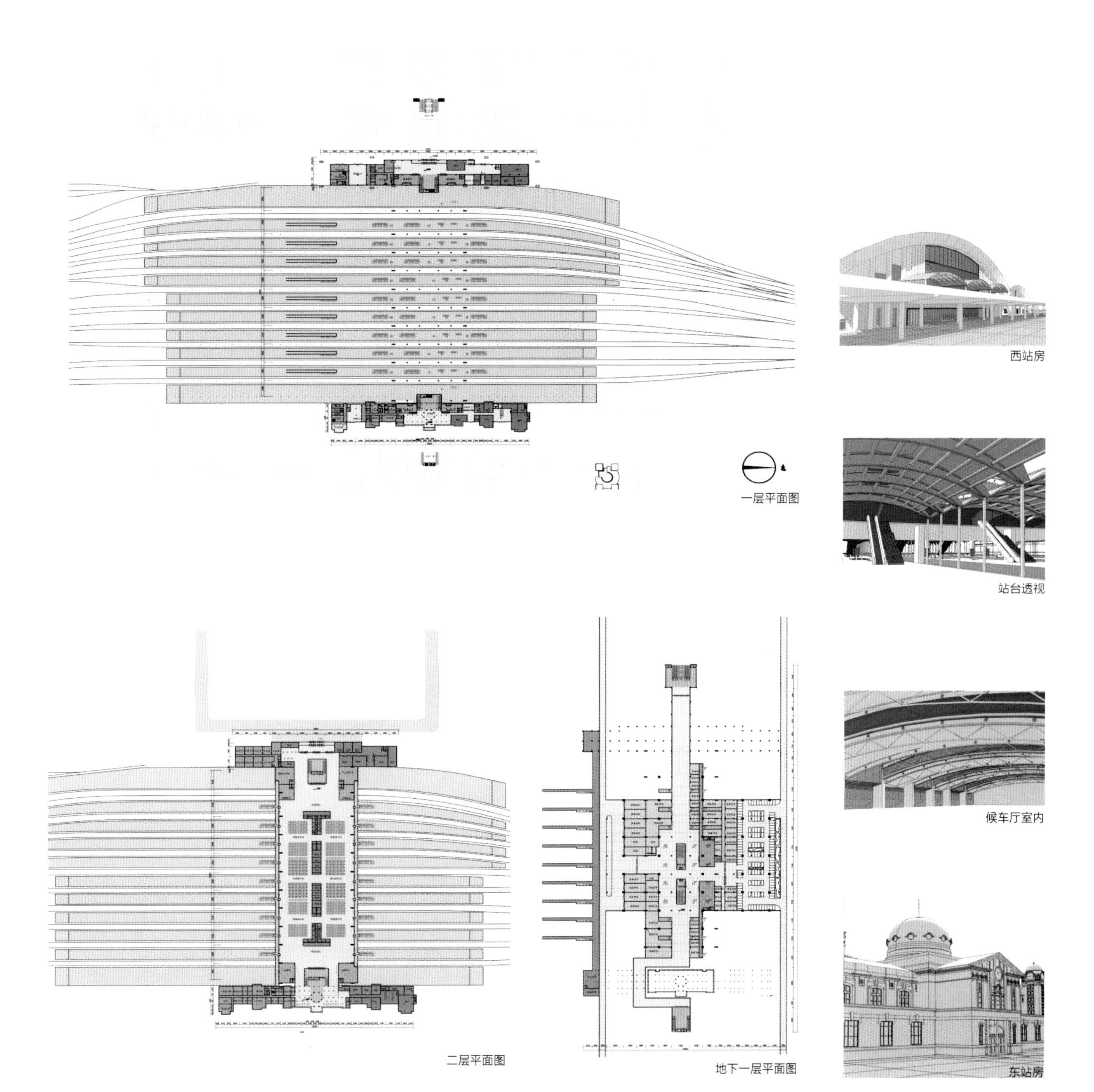

西站房

一层平面图

站台透视

候车厅室内

二层平面图

地下一层平面图

东站房

1-1剖面图

2-2剖面图

西站房立面图

西站房透视图

东站房立面图

东站房透视图

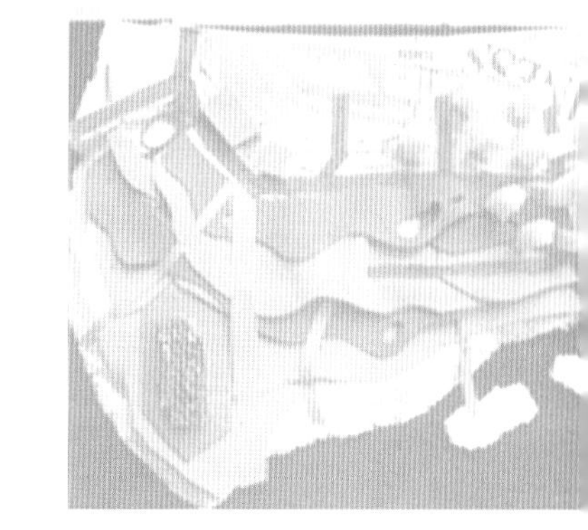

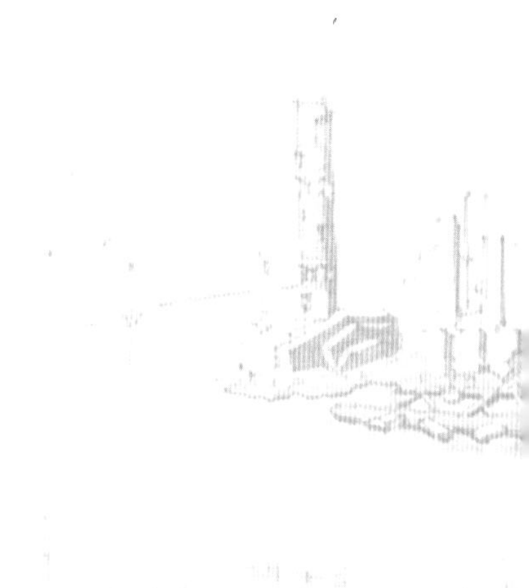

特邀院校 》

重庆大学

建筑城规学院

从联合教学中获得

邓蜀阳　龙 灏　卢 峰

联合教学给我们带来了契机，这是国际化教学发展的趋势，是学科发展需求，是沟通与交流的必然途径。“联”——是一种对应关系，以联系和联结为目的获得发展和提高；“合”——是一种组织方式，以共同、协作、共存的方式获得和谐和共生。联合教学是一个平台，一种形式，更是一座桥梁，连接你和我的纽带，展示出丰富多彩的多元内涵，有助于相互取长补短，促进交流，和谐发展，共同提高。

首先，课题选择多元化——跨地域、跨学校、跨学科体系的知识融合和课题，体现出地域文化、空间环境特色、历史保护更新、传统与现代等方面交织与碰撞，反映出丰富多样的思想内涵；第二，教师、学生的多元化——来自不同地域、不同学校的师生相互碰撞，展现各自的教学理念、方法和特色，增强了竞争意识，激发学习热情，有助于发挥能动性，培养积极探索的精神；第三，教学组织的多元化——课题讲座、混合交叉组合、集体踏勘、分组讨论、集体评讲和指导，促进交流和提高；第四，思维模式多元化——新思想、新理念、新技术、新方法的灵活运用，激发创作思维，开阔视野；第五，交流与互动的多元化——课题讲座、方案汇报、模型展示、成果展览、交叉评图、联合设计作品集出版，展示风采，提高自信，展示价值，增强自豪感。

正是由于这些多元的交织，给更多师生带来了学术探讨的机会，促进了知识结构的拓展，开发思维模式的潜力，扩大了视野，展示出多样的方法手段、表达与表现技能。

总结以往联合教学经验，教师之间的交流远比学生交流多，师生交流互动内容和形式也丰富多样，而学生往往各自抱团形成自我内部小团体。针对这种情况，可以将各校学生混合编组，团队合作，集体分析研讨课题，共同完成教学成果和汇报，进一步增进学生之间交流与沟通的机会。

联合教学需要积极地参与，不仅是联合小组的参与，还应扩展到整个年级、整个学校，让广大师生都能积极参与到联合教学过程中去，直接听到、看到联合教学的成果表达和展示，感受交流学习氛围。以往的情况不尽其然，未参与联合教学的学生很少关注，似乎与己毫不相干，而参加联合教学的学生，往往因需要赶制汇报文件，或是其他各种原因，非要等到临近自己组汇报时才来到现场，甚至一旦汇报结束就集体离开，这种现象并不少见。如何更好地组织交流场面呢？一是广泛宣传，动员其他毕业组和各年级同学参与旁听、学习，吸收好的设计理念、设计思维方法和表达技能，扩大交流氛围；二是精心安排汇报小组的答辩顺序：a.各学校小组汇报答辩时间不宜集中分在一起，避免一个学校整体到场、整体退场，也不利于各学校之间的交流；b.让每个组同学先汇报，教师后集中讲评，这样可以有效地保证学生整体参与全过程；c.教师分散固定到各小组进行评讲，了解不同学校的教学理念和方法，体现联合教学交流的互动式多元参与。

联合教学过程中，针对教学的相关讲座十分必要，具有很强的针对性，从城市开发与市场运作、设计理念、空间环境、建筑处理、经济合理性等方面让学生了解理想与现实之间的差距。建筑不是玩出来的，学生们就应该多听听这样的东西，才能学会面对现实的方法。

联合教学是学校的碰撞和交流，是老师的碰撞和交流，是学生的碰撞和交流，是思想的碰撞和交流，是方法的碰撞和交流。联合教学让我们学会了总结思考，学会了沟通交流，学会了方法、理念，学会了展示与表达，发挥所长，相互学习、取长补短。

重庆大学地处国家五大中心城市之一的直辖市重庆。学校创建于1929年，是一所历史悠久和具有光荣革命传统的学校。2000年5月，根据国务院要求，原重庆大学、重庆建筑大学、重庆建筑高等专科学校合并组建成新的重庆大学，为教育部直属的全国重点大学。

重庆大学建筑城规学院的前身重庆建筑工程学院建筑系是国内最早的八大建筑院系之一，办学历史可追溯到20世纪30年代。学院师资力量雄厚、学科方向齐全、梯队配置完整，拥有建筑学一级学科博士学位授权点、建筑学一级学科博士后科研流动站和城市规划国家重点学科。建筑学本科和硕士研究生教育分别与1994年、2000年和2006年三次获优秀成绩通过国家专业教育评估。

我院一贯提倡和重视国内、国际交流活动。2000年以来，学院先后派出年轻教师50余名到美国、加拿大、法国、英国、比利时、韩国等国家及我国香港地区的大学、研究机构、设计事务所等攻读学位、进修学习、交流访问，先后与加拿大多伦多大学、麦吉尔大学、曼尼托巴大学、卡尔加里大学、法国拉维来特建筑学院、南特大学、凡尔赛景观学院、美国哈佛大学、宾夕法尼亚大学、普林斯顿大学、内布拉斯加林肯大学、佛罗里达大学、葡萄牙里斯本大学、新加坡国立大学、南阳理工大学、香港大学、香港中文大学、台湾逢甲大学等数十所境外大学和国内清华大学、东南大学、同济大学等多所高校的建筑院系建立了合作交流关系，互派师生访问学习、合作教学、学分互认，对学院的教育水平国际化起到了良好的促进作用。

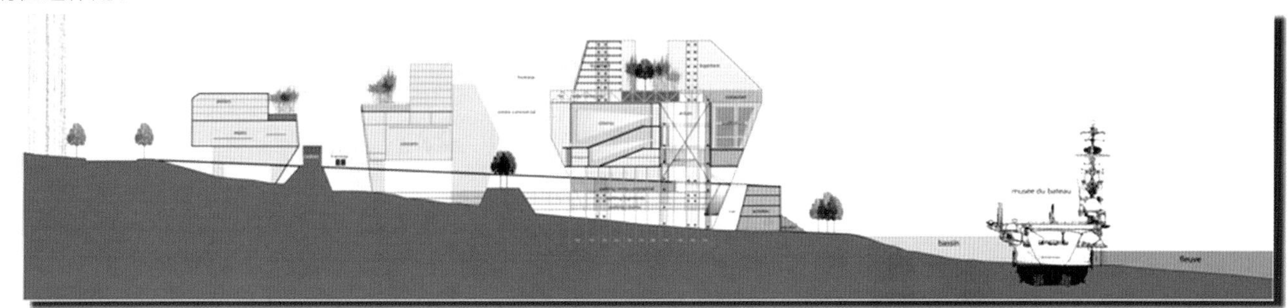

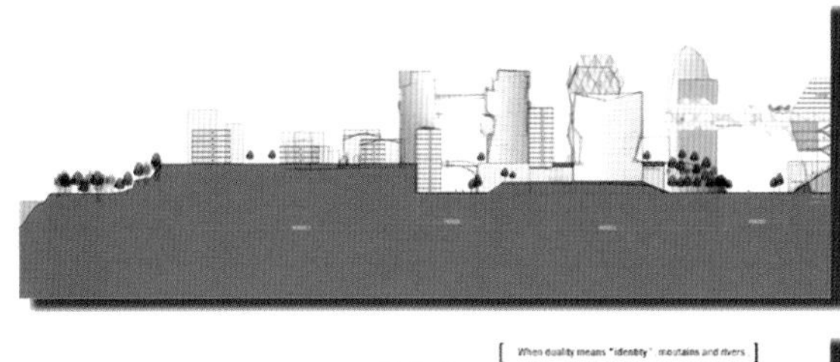

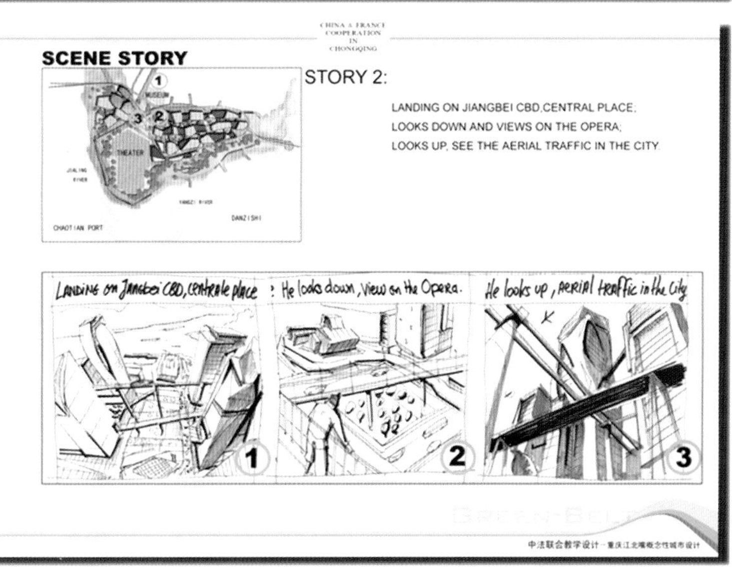

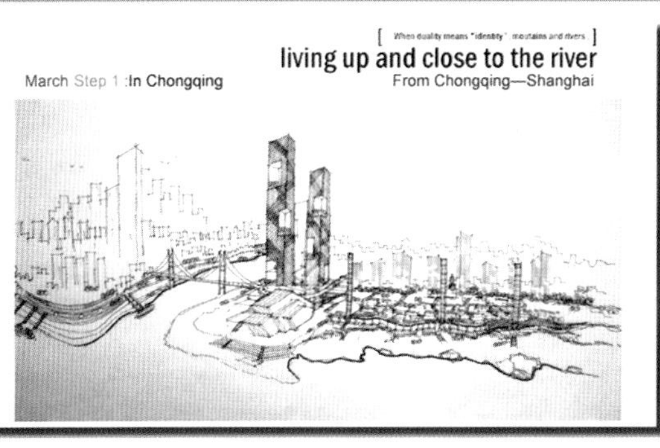

2006年3月-11月　中法西校研究生教学合作

参与院：重庆大学、同济大学、法国巴黎凡尔塞国立高等建筑学院、法国南特国立高等建筑学院

参与师生：赵万民、杜春兰、刘彦君、朱捷、杨宇振、周俭，Jean catex, Jiemail Klouch, Micheal Dudon, Karine Louirine, 中方学生20人，外方学生24人

内容简介：对重庆江北嘴片区作周详调研和价值评议，并对其未来蓝图进行探讨。

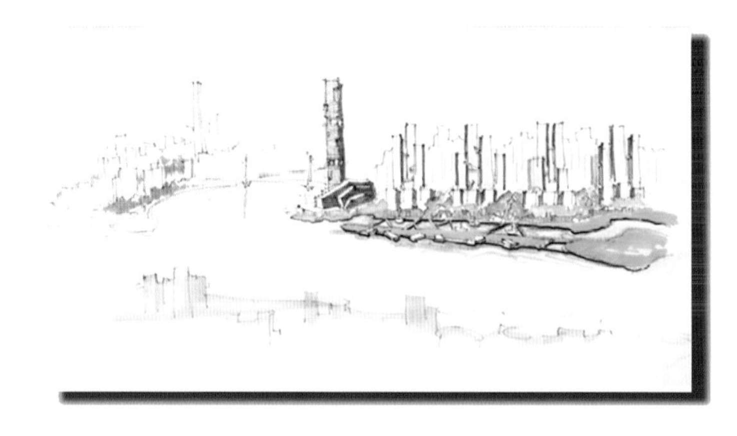

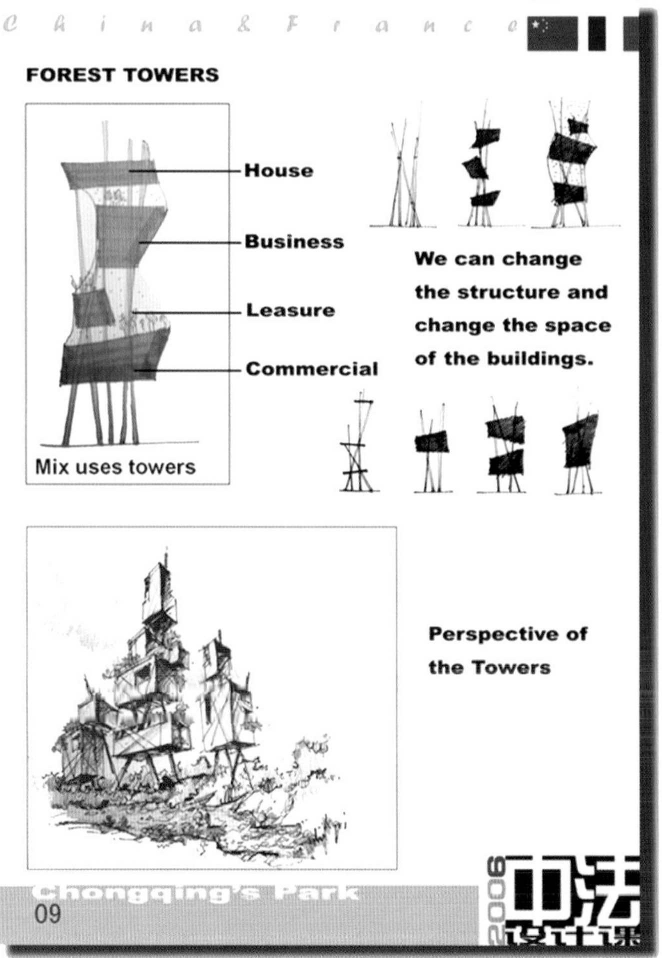

China&France
China-France
Cooperation
重庆江北嘴概念设计
Team 4
Chongqing's Park
MODEL
COMMUNION
WORKING IN THE STUDIO
Form
continuous and fluctuant facies
just like the mountain and water
commercial underground
forest+road+sport+picturesque+bank
Model 1
• Emphasise the theatre _ icon of Chongqing
• Horizontal strips included a part of the programm
• Stratification as artificial sedimentation of a destroyed site
• Open space: the Park
• Density: extended area
• Views froms buidings
Model 2
Model 3
China-France ChongQing-ShangHai-Nantes-Versailles 2006. 4
Chongqing's Park
36
2006
中法
设计课

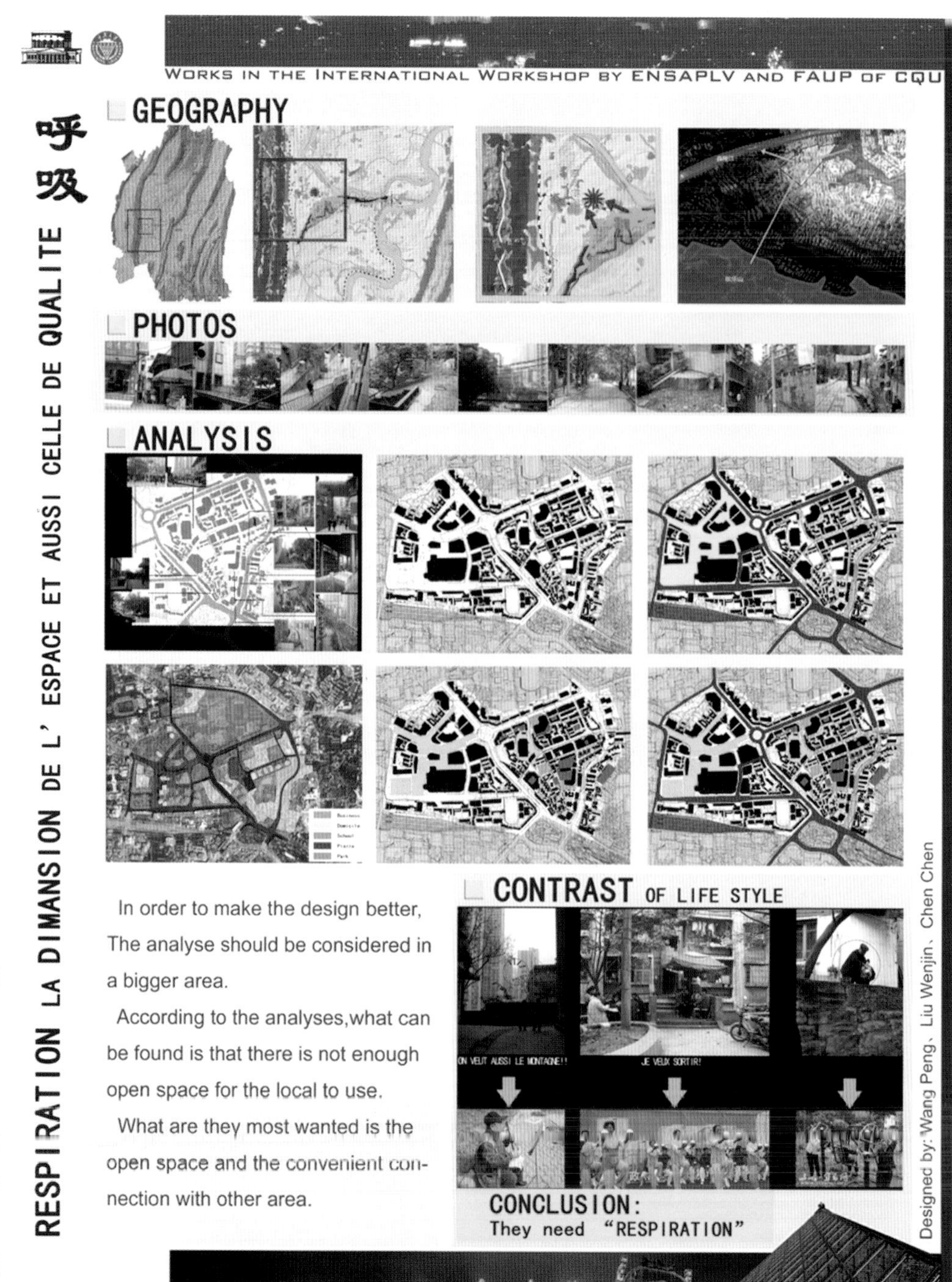

2007年5月中法联合城市设计

参与院校：重庆大学、法国拉维莱特建筑学院

参与师生：龙灏、顾红男、朱捷、甘方老帅3人，中方学生10人，外方学生10人

内容简介：针对重庆沙坪坝工人村片区的城市更新，通过实地调研分析提出解决方案。

东南大学

建筑学院

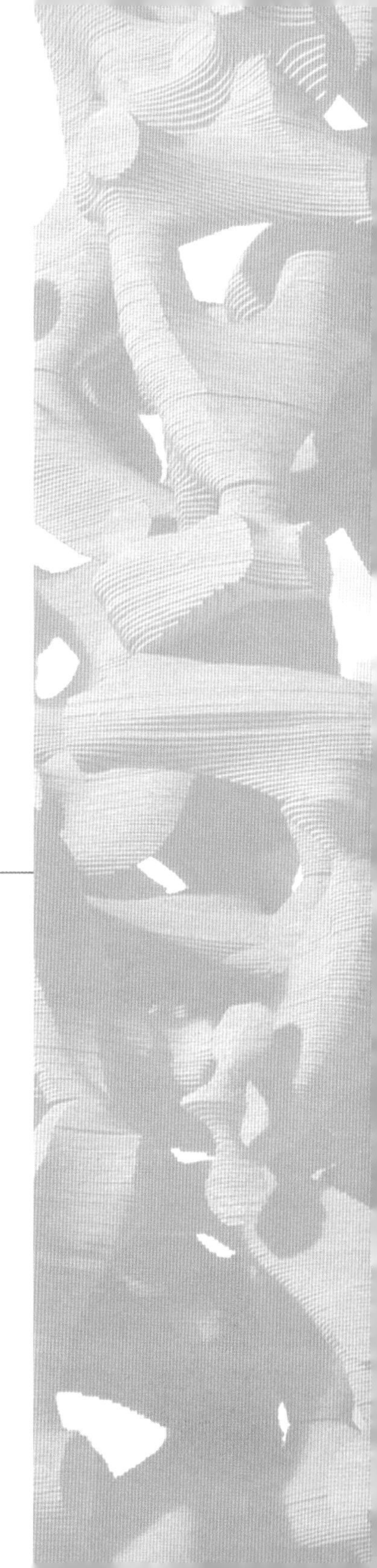

东南大学建筑学院多年来持续开展国际联合教学，建构创新型的教学环境。建立国际间的联合教学平台并实现学分互认；有针对性地开展校际和校内跨专业的课程设计；聘请客座学者或知名建筑师执教设计课程；在课程设计的不同阶段开展实质性的国际合作教学与交流研究。

制度化的国际联合教学及国际间的学分互认使成果辐射到美、瑞、澳、奥、荷、新、韩等国；部分课程内容曾在日、澳、新、港相关院系及清华、北大示范讲授。

近年来，每年与美国MIT、瑞士ETH、澳大利亚UNSW、日本东京工业大学等近20个国家和地区的学校开展联合教学，总次数达30余次，参加学生达800余人次。

PARTNER INSTITUTES FOR JOINT-STUDIO AND RESEARCH欧洲：瑞士苏黎世高等冬夜大学（ETHZ）、荷兰戴尔夫特大学（TUDELFT）、维也纳工业大学（TU VIENNA）、德国慕尼黑工业大学（TU Muenchen）、罗马大学（Rome University）、挪威科技大学（NTNU）、伦敦建筑联盟学院（AA School London）等。

美国：麻省理工学院（MIT）、佐治亚理工大学（GIT）、加州大学伯克利分校（UC Berkeley）、伍得堡大学（Woodbury University）华盛顿大学圣路易斯分校（Washingten University）等。

亚太地区：东京大学、京都大学、东京工业大学、墨尔本大学、澳大利亚新南威尔士大学（UNSW）、新加坡国立大学、香港大学、香港中文大学、韩国成均馆大学、汉阳大学等。

同生共进——运作于工业建筑和沿河景观

现代城市运动不断扩展着城市版图，工业被迫逐渐向城市更边缘发展，原有工业片区大型工业建筑群的更新与再生成为当今世界城市规划、建筑设计和景观设计专业人士关注的热点之一。

本课题选取在近代历史上具有重要意义的工厂建筑——南京晨光机械厂厂房为改造对象，从景观设计和旧建筑改造利用的角度入手，要求学生在对现状厂区已形成的城市空间进行分析研究的基础上提出改善和整治的创造性方案；在对旧有工业建筑进行适度保留并加以改造利用的同时，使其发挥文脉传承和整治复兴的作用，提升和加强该地区的城市活力。

时间地点：2009.01.11~2010.01.30（南京）
2010.04.22~2010.05.02（悉尼）
指导教师：新南威尔士大学 许亦农、C. WALSH
东南大学 龚恺、鲍莉、张慧
学生组成：新南威尔士大学本硕学生16人
东南大学硕士研究生16人

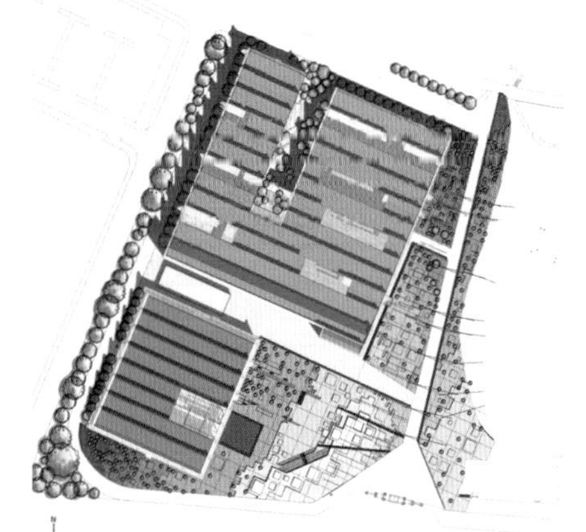

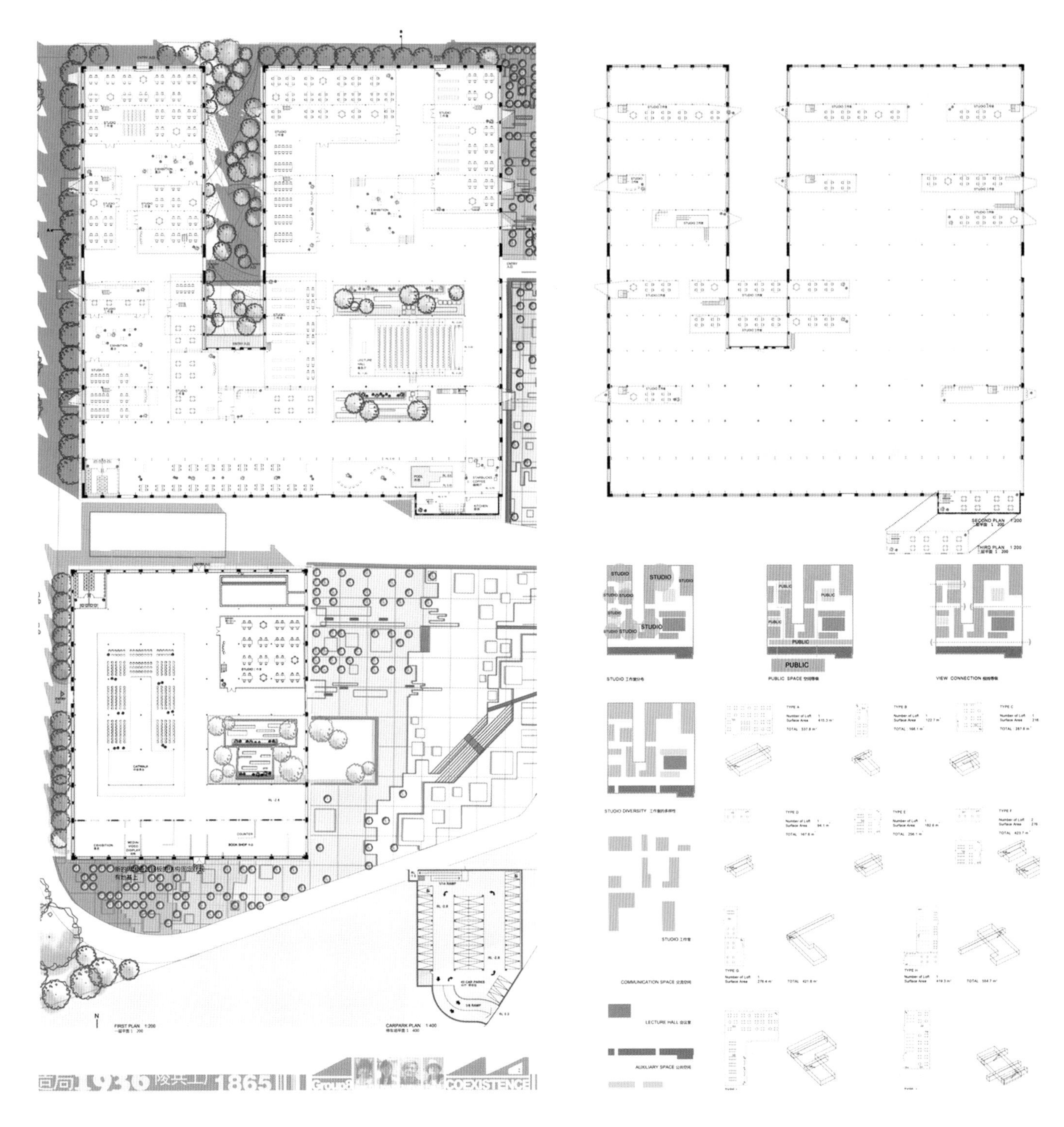
FIRST PLAN 1:200
CARPARK PLAN 1:400
SECOND PLAN 1:200
THIRD PLAN 1:200
STUDIO
PUBLIC
STUDIO 工作室分布
PUBLIC SPACE
VIEW CONNECTION
STUDIO DIVERSITY
TYPE A
TYPE B
TYPE C
TYPE D
TYPE E
TYPE F
TYPE G
TYPE H
STUDIO
COMMUNICATION SPACE
LECTURE HALL
AUXILIARY SPACE
1865
Group8
COEXISTENCE

项目名称：南京晨光机械厂1865改造

学校：东南大学

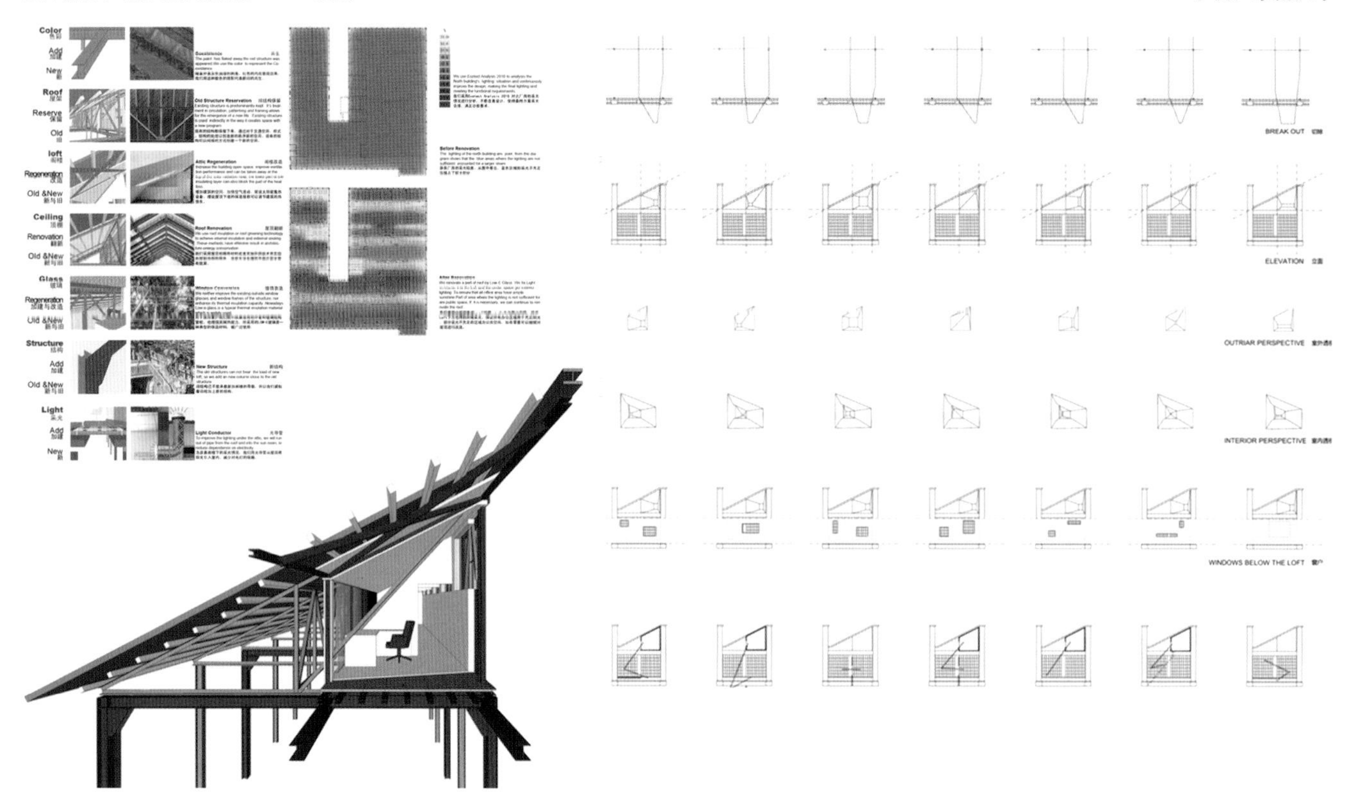

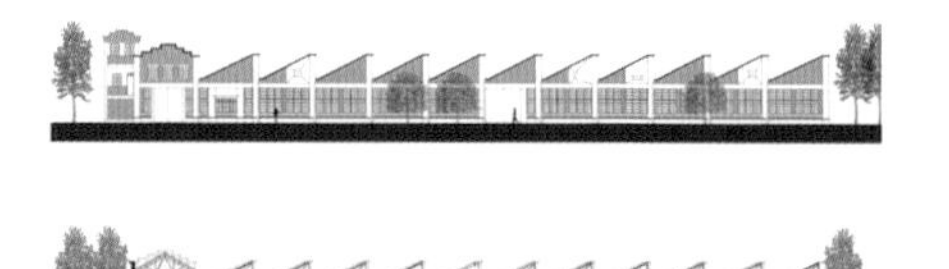

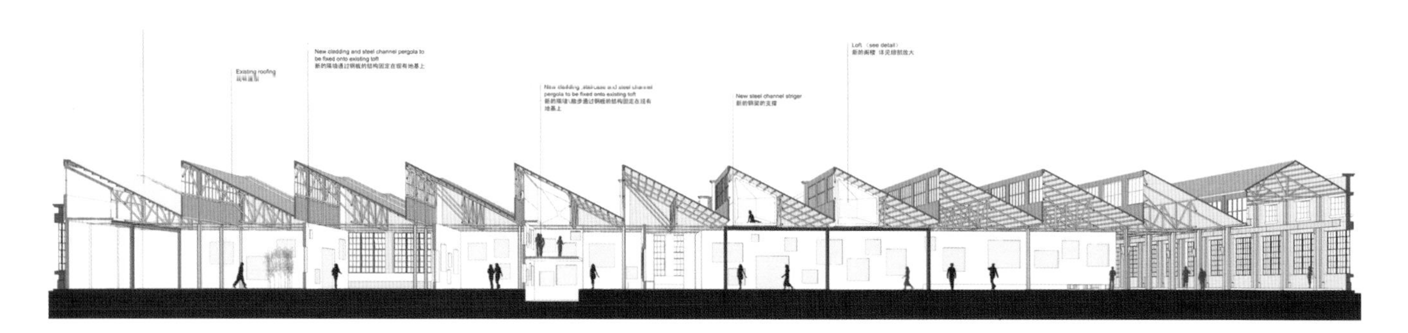

第12届威尼斯国际建筑双年展专题设计

孔洞城市

受奥地利教育、艺术与文化部和第12届威尼斯国际建筑双年展奥地利馆策展人埃瑞克-欧文-莫斯的邀请，奥地利建筑师雷纳-皮亚克与东南大学建筑学院联合开展了“孔洞城市”专题设计课程。

此次联合教学针对当前日益迅猛的城市化进程所显现出来的问题，以空间密度及其结构为主题，以模数化设计和制造为方法，在抽象的模型层面上研究发展一种城市空间结构。区别于当今城市以分离个体的累加形成蔓延的局面，这种新的模型通过空间的掏挖形成密度和整体的结构，教学成果最终表现为三具以“孔洞”为主体的大型模型。

2010年8月，全体师生携教学成果赴意参加威尼斯国际建筑双年展。

组织机构：奥地利教育艺术文化部
　　　　　东南大学建筑学院
时间地点：2010.03 ~ 2010.07（南京）
　　　　　2010.08 ~ 2010.09（威尼斯）
指导教师：Rainer PIRKER、张彤、张慧、虞刚
学生：曹婷、杨晨、顾鹏、杨文杰、周艺南、胡博、李沂原、徐臻彦、厉鸿凯、李珊珊、史晟、韦栋安

南京工作阶段 2010年3月-8月 working phase in Nanjing 2010/3-8

个人工作 individual work；小组工作 group work；文献阅读 reading；软件培训 software；数字模型 digital model；实物模型 physical model

理论教学 study on theories	城市／孔洞／预制和装配 city/porosity/fabrication and assembly
孔洞研究 study on porosity	性质／密度／结构／自然结构／人工结构 properties/density/structure/natural structure/artificial structure
二维练习 two-dimensional exercises	单元／组合／图形 2d element /combination / pattern
三维练习 three-dimensional exercises	单元／组合／模型 3d element / combination / whole
	单元体实物模型研究 physical models of 3d elements
材料研究 study on materials	质感／重量／费用／运输／组装／防水／耐久 texture / weight / cost / transportation / assembly / water proof / durability
实物模型制作 fabrication of exhibiting models	单元体和组装试验 elements fabrication and assembly test
城市漫游 1 city wandering 1	南京：东南大学校园、台城 Nanjing: campus of Southeast University and the ancient city wall “Tai Cheng”
装箱和运输 encasement and transportation	

威尼斯工作阶段 2010年8月-9月 working phase in Venice 2010/8-9

实物模型组装 assembly of the exhibiting models	威尼斯公寓 apartments in Venice
城市漫游 2 city wandering 2	威尼斯圣马可广场 Piazza San Marco in Venice
威尼斯双年展现场安装 on-site fixing at the Biennale Venice	
第12届威尼斯国际建筑双年展 2010年8月29日－11月21日 the 12th Venice International Architecture Exhibition 29/08/2010 - 21/11/2010	la Biennale di Venezia 12. Mostra Internazionale di Architettura

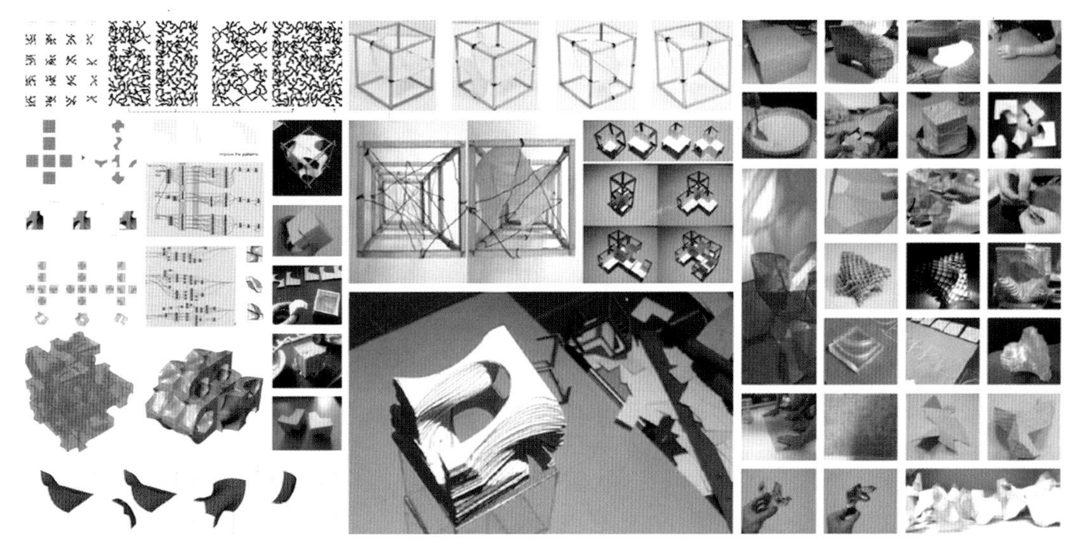

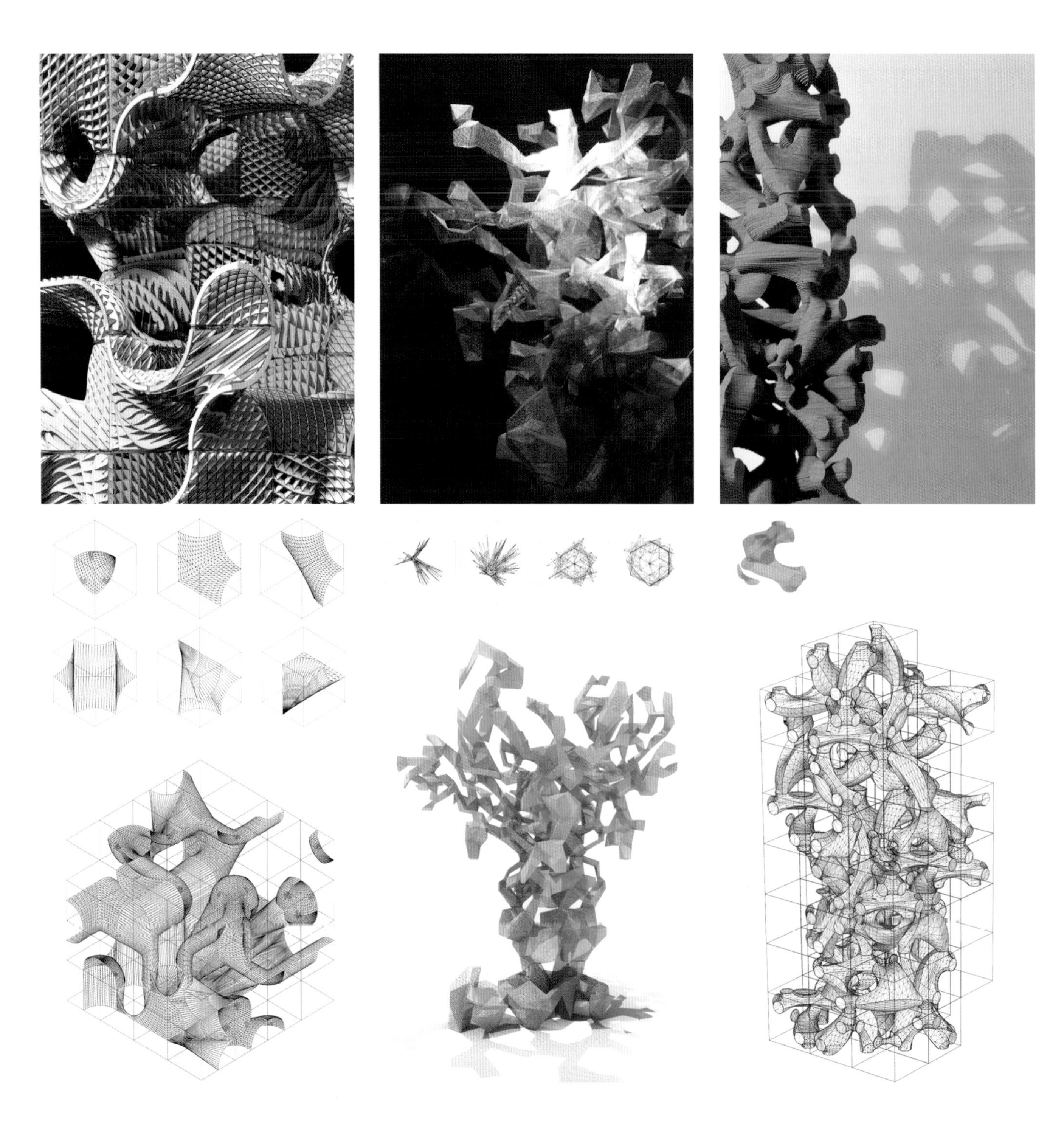

哈尔滨工业大学

建筑学院

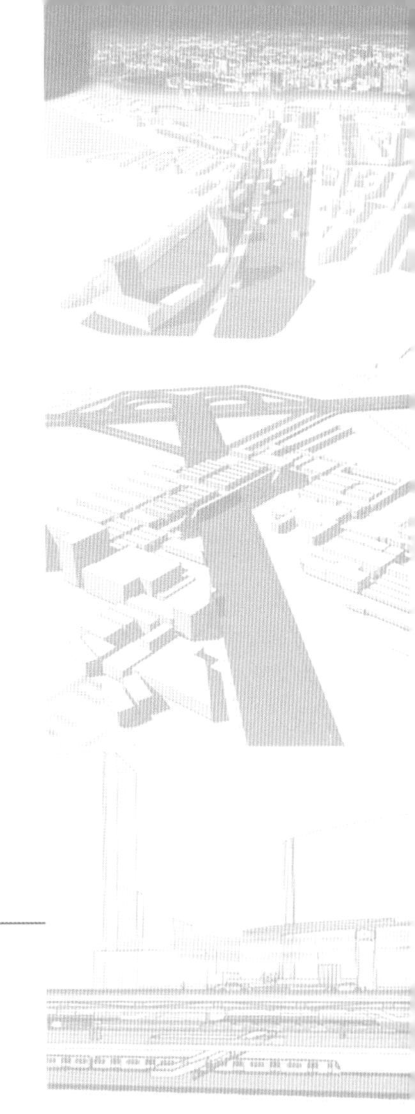

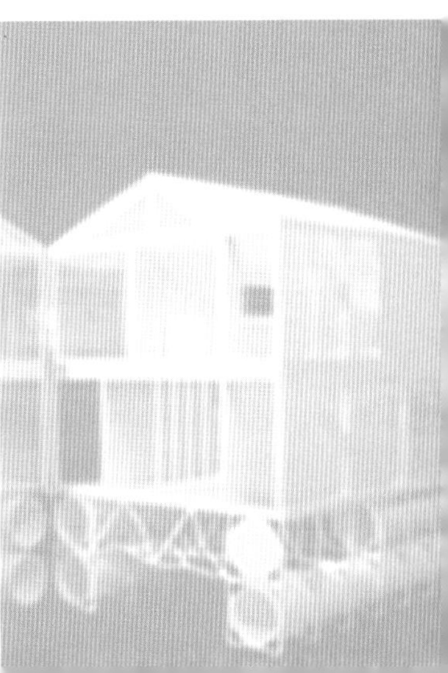

哈尔滨工业大学建筑学院联合教学

位于北纬45度的哈尔滨工业大学建筑学专业刚刚走过了91年的发展历程，作为全国建筑专业“老8所”院校中地处最北的一所，近年随着学校对国际化建设的支持力度加大，建筑学院也全面提速了国际化教学的探索：2010年10月聘请了法国巴黎拉维莱特建筑学院的Dubosc教授等三组国外教学团队进行了为期 周的联合设计；2010年11月、2011年4月和2011年7月分别聘请了台湾交通大学名誉校长刘育东，清华大学以徐卫国为首的国际化团队，和荷兰戴尔福特大学的Nimish教授为首的教学团队，进行了参数化非线性设计的三次国际化联合教学。2011年3月至6月与美国麻省理工大学进行了联合毕业设计，期间双方师生进行了互访。此外，聘请瑞士著名国际建筑师赫尔佐格，美国知名建筑师Antonie Predock等来自十余个国家的著名建筑师或教授，举办多场座谈和讲座，达到平均每月1~2次。

在2010年10月的建筑学专业四年级联合设计中，三组为期一周的联合教学极大扩宽了师生的视野；法国巴黎拉维莱特建筑学院Dubosc教授主持的以钢结构和工业化环保建造为专项训练目标的短期设计，在一星期设计周期中学生的设计成果甚至超过同年级学生半学期的设计作业深度，原因主要是其设定教学目标的专注和采用教学方法的契合。美国Cannon Design上海分公司首席建筑师Micheal Tunkey主持的机器人博物馆设计课程完全以草图和模型完成整个设计，将专业教室变成了模型加工车间，通过从1/10比例到1/2比例、再到1/1比例的模型推敲，训练了学生的三维构思能力，教学效果理想。哈工大建筑设计院北京分院的总建筑师曲冰、晏青与加拿大资深建筑规划师卡特 · 周共同配合指导的四川省什邡市奔驰小学设计课程，采用提前约定主要思考方向、分组合作设计的教学方法，具有新意，其中通过组长负责等一系列有效方法激发了学生学习的主动性，并提高了团队合作的效率。像上述这些教学的新题目、新方法和新思维极大地补充了教学内容。

课程名称：巴约那市（BAYONNE）人居功能桥梁设计

课程时间：2010.11.8—2010.11.14

授课机构：哈尔滨工业大学建筑学院

授课教师：教授：Eric Dubosc（法国拉维莱特大学）

白小鹏（哈尔滨工业大学）

张珊珊（哈尔滨工业大学）

助教及翻译：马梓馨（法国拉维莱特大学）

工作模式：分2-4人小组，随时与指导教师沟通及修改

工作成果：不多于6张的A1设计图纸（或不多于3张的A0设计图纸）

任务要求

设计要求：

该桥上应提供有住宅功能以及商业功能的空间（人居桥梁），具体功能分配如下：

- 20户住宅：5户一室一厅（45㎡）
  5户两室一厅（65㎡）
  10户三室一厅（90㎡）
  要求每户住宅均配有室外空间(阳台、室外内廊、露天平台等)
- 商业空间：餐厅、咖啡馆、酒吧等，面积共600㎡
- 其他功能空间：1个小型的公共自行车库，1个垃圾间（15㎡）
  1个会议室（40㎡）

制图要求：

图纸内容包括：

- 平面图、剖面图(比例：1/100)
- 立面图(比例：1/200)
- 1个结构技术剖面图(比例：1/50)
- 至少5个节点大样(比例：1/20)

要求必须制作一个手工模型或绘制轴测图、三维透视渲染图，并将方案与其背景环境相结合，以展现设计效果。

图纸数量及尺寸：成图最多3张A0或6张A1

任务特点

钢结构：学生正式且深入地接触钢结构建筑设计。这包括从结果逻辑上的认识建立，到形式美感和坚固程度相结合的不断认知，再到杆件尺寸的推敲，直至对于细部构造的设计。对于结构本身的轻质化和经济化的探索，以及结构对于空间的解放，也是此次探讨的问题

生态人居：生态的概念，有两方面：一是项目本身，利用桥上空间创造人居环境，这本身即使对空间的节约；二是在设计中，利用太阳能、风能、潮汐能等绿色能源，落实生态节能建筑的理念，实现可持续人居。

历史文脉：文脉的意识在本设计中更加得到强化。巴约那地区本身具有浓郁的法国地方风情，当地有富有特色的民族，从两岸的建筑风格亦可见一斑。同时河流本身也是文脉符号的一部分。同环境的融合不可忽视。

时间安排

时间 Date	星期一 Nov.08	星期二 Nov.09	星期三 Nov.10	星期四 Nov.11	星期五 Nov.12	星期六 Nov.13	星期日 Nov.14
学生 Students	了解任务，收集资料	了解技术，初步构思	设计，与教授探讨并修改	设计，与教授探讨并修改	设计，与教授探讨并修改	绘制成果图	成果汇报
教师 Teacher	介绍任务及基本资料	讲解技术手段及方案可能性	与学生探讨方案，并提出修改意见	与学生探讨方案，并提出修改意见	与学生探讨方案，并提出修改意见	指导成果表达	成果讲评及成绩评定

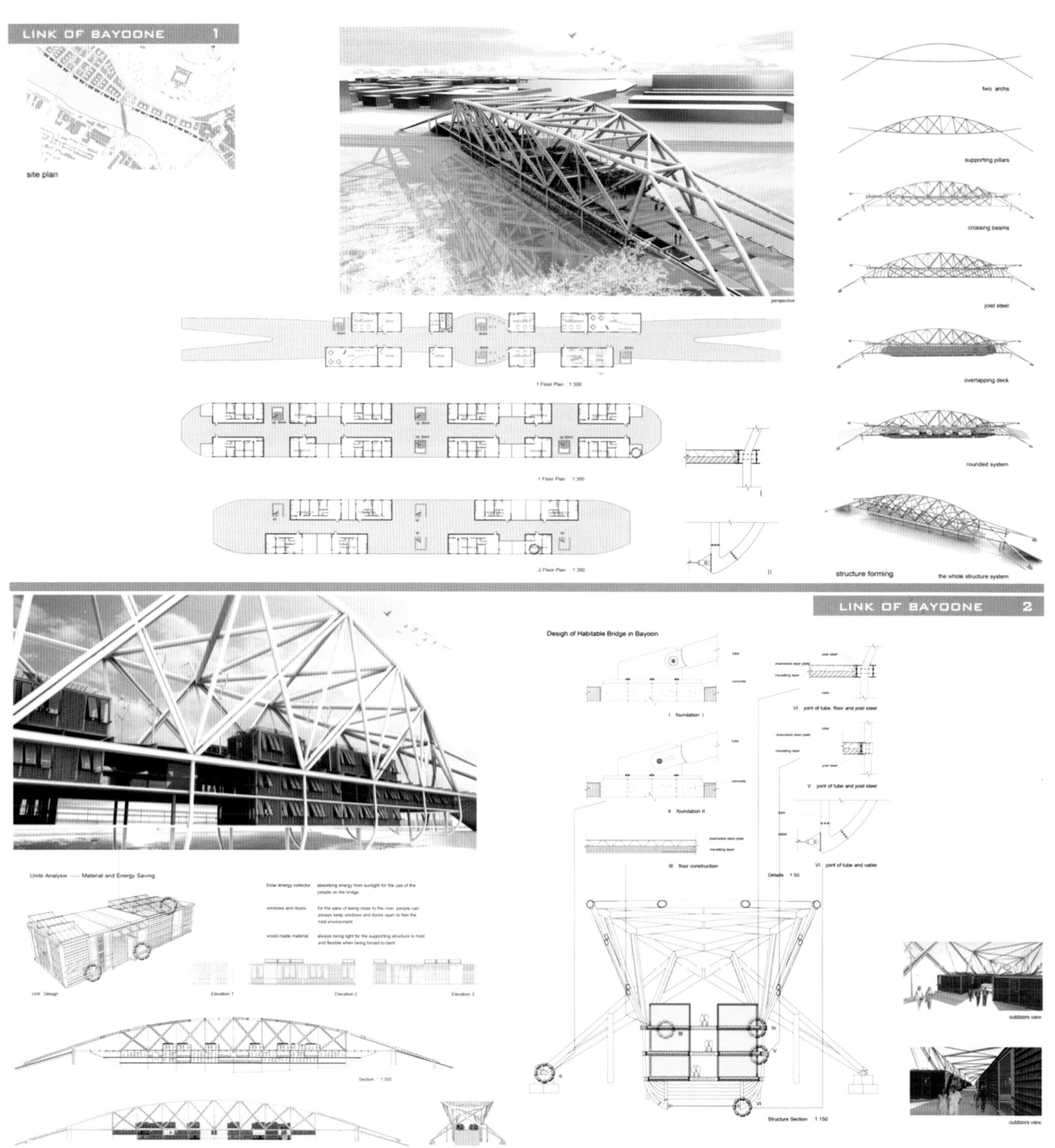
LINK OF BAYOONE 1
site plan
perspective
two arches
supporting pillars
crossing beams
joist steel
overlapping deck
rounded system
structure forming
the whole structure system
1 Floor Plan 1:300
-1 Floor Plan 1:300
-2 Floor Plan 1:300
LINK OF BAYOONE 2
Desigh of Habitable Bridge in Bayoon
I foundation I
II foundation II
III floor construction
V joint of tube and joist steel
VI joint of tube, floor and joist steel
VI joint of tube and cable
Details 1:50
Units Analysis —— Material and Energy Saving
Solar energy collector
windows and doors
wood-made material
Unit Design
Elevation 1
Elevation 2
Elevation 3
Section 1:500
East Facade 1:750
North Facade 1:750
Structure Section 1:150
outdoors view
outdoors view

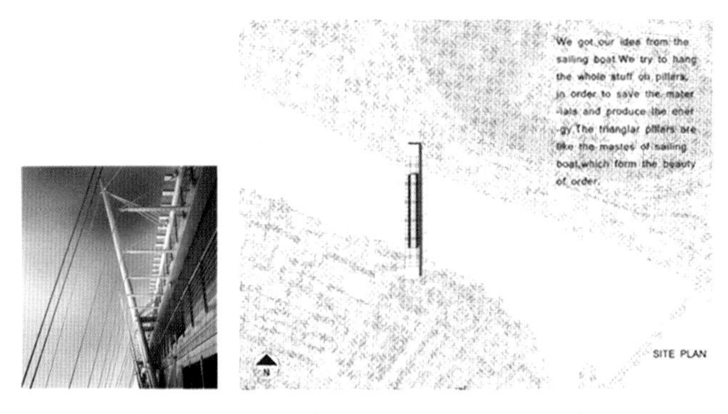

We got our idea from the sailing boat.We try to hang the whole stuff on pillars, in order to save the mater-ials and produce the ener-gy.The trianglar pillars are like the mastes of sailing boat,which form the beauty of order.
SITE PLAN
N

巴约纳市位于海边，桅杆、风帆构成海上独特的风景。我们就是从这些海边的影响中汲取灵感，创造了桥梁所需的结构体系。桥梁具有居住功能，这样的功能设置不仅提高了桥梁的使用率，也有利于促进河两岸居民的交流。

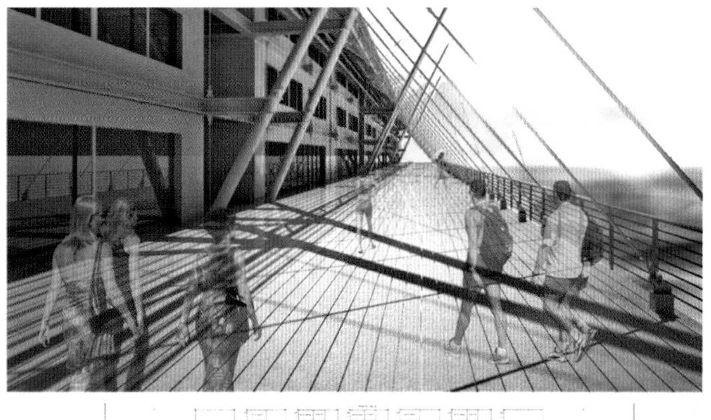

FIRST FLOOR PLAN 1:300

SECOND FLOOR PLAN 1:200

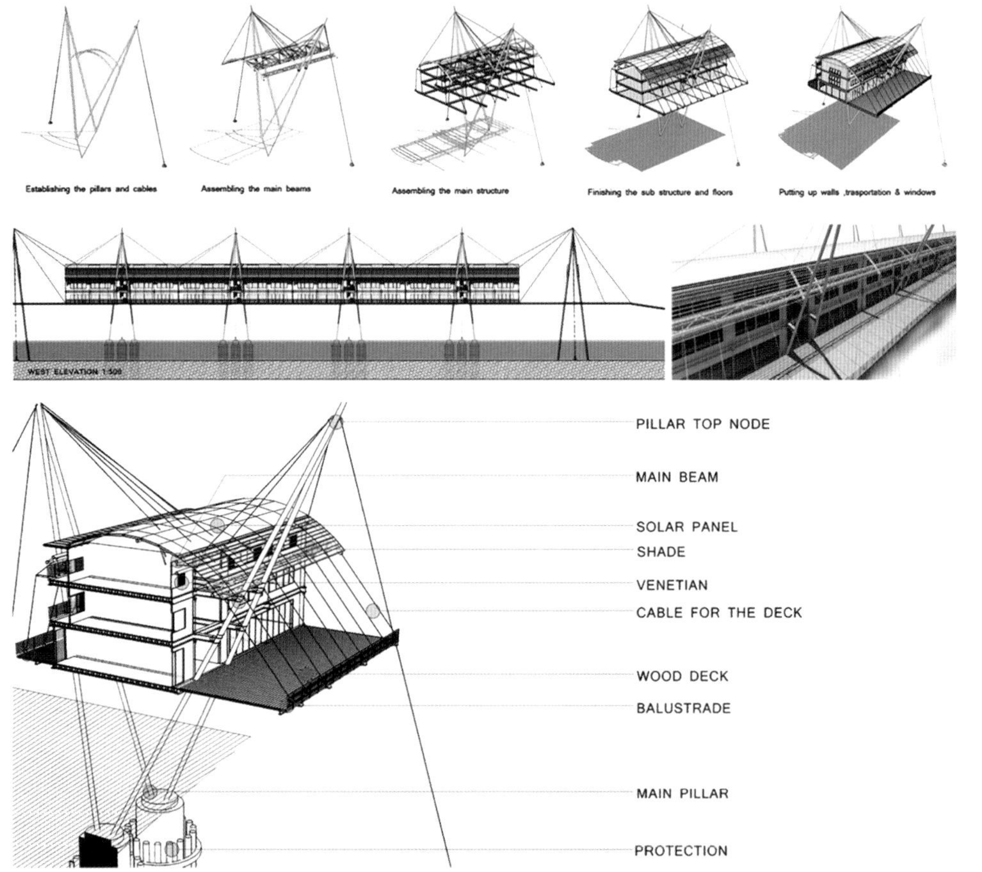

小组感言：这次住宅桥梁设计带领我们进入了一个之前几乎没有涉猎过的崭新的领域：对大跨结构的选型和设计，并且要考虑建造实施的可能性，因此对我们来说是一个挑战。最初的概念是轻盈和优美，经过不断的学习和讨论，最后将方案确定为悬索结构，轻盈的杆件和拉索将住宅和桥梁完美相结合，实现了我们最初的想法。

小组成员：刘芳菲、谢林波、王诗朗

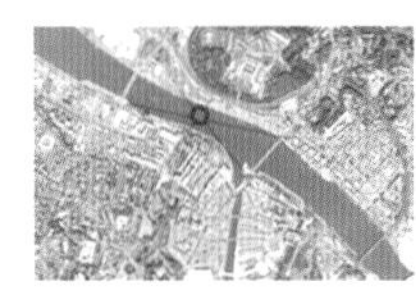

这个人居桥的设计起始于一个目的，就是要将Bayonne这座美丽的法国小城的北部地区激活。我们的小组最终将焦点集中在联系与活力的关系上——更多的联系，更多的活力——这就需要我们建立更多的合理的路线。经过我们小组讨论基地以后，我们决定在河上建立一座小岛，同时我们发现，巴约纳需要一个市民广场，在这个广场上人们聚集起来来庆祝节日，以及供大型的机会所使用。而且这个河上的广场几乎位于城市的几何中心上，这将会同时吸引着北部的市民及游客。

小组感言：最大的收获就是学到了一种实事求是同时又重视创新的设计方式，建筑设计的重点在于如何去实现一个新颖的概念，法国人的浪漫与建筑师的实际在这次设计中不断地冲突与融合，形成了迄今为止我们进行过的最美妙的一次尝试。

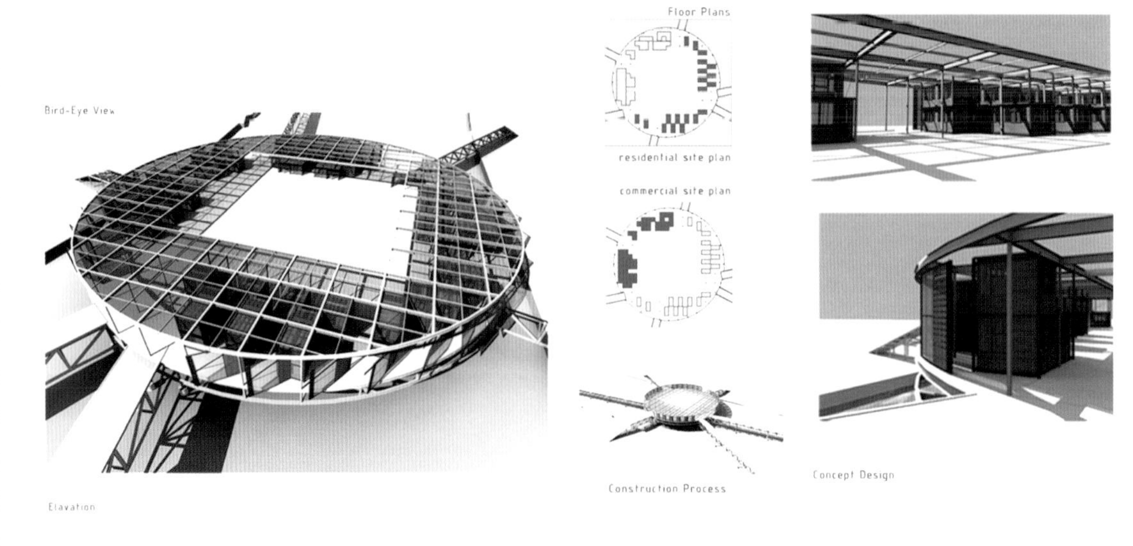

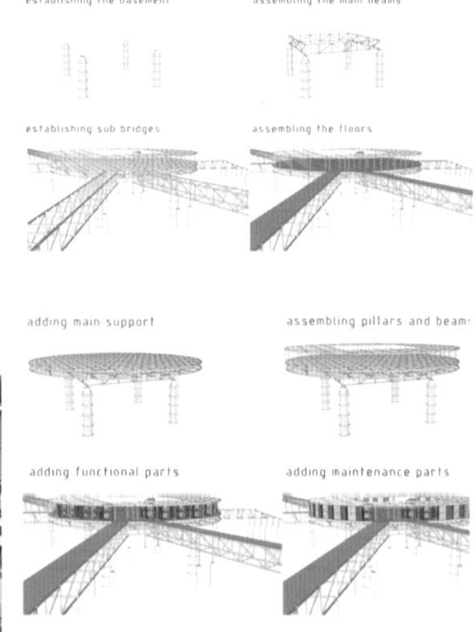

小组成员：侯睿、马源鸿、韩丹

我们希望模拟出城市原有的空间形式，所以将这座桥设计成为城市街道的延伸。主体钢结构，框架中是具有具体功能的单元，比如居住单元，商业单元，娱乐单元等。

小组感言：我们为这次的设计付出了很多努力，无论是从概念到结构的选择上，都经过了激烈的争论。在一个很强烈的结构上的个性的住宅单元正是我们想要的。

小组成员：陶舒婷、芮睿

项目最初的构思是，利用桥梁和居住单元的混合体建筑来沟通两岸，以激起北岸的活力。我们的设计采用钢结构，居住空间组织在桥梁结构中的方块中。

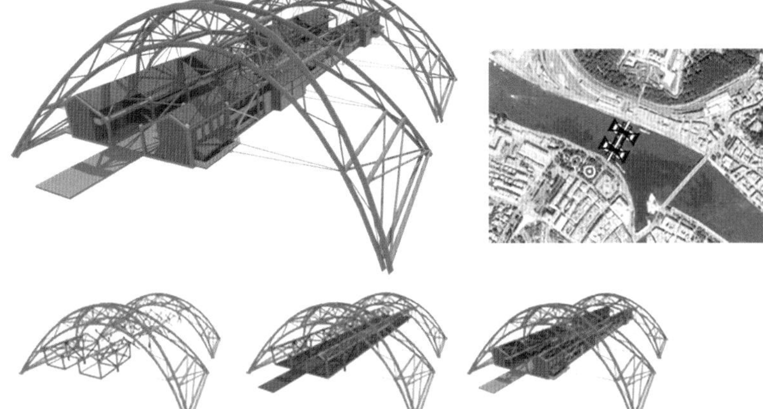

Structure Processing

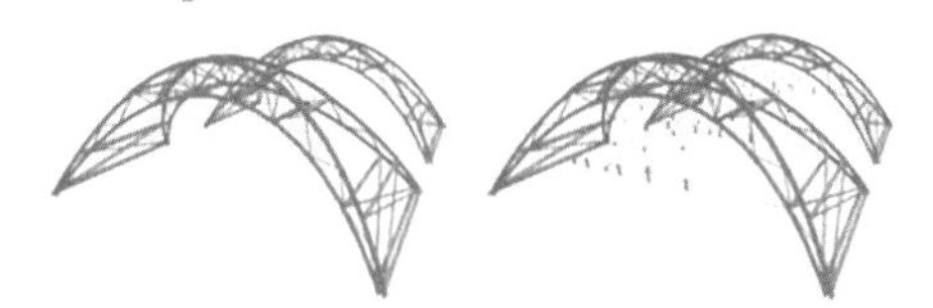

小组感言：在这次设计中我们接触到了杜博斯克教授直接朴实的设计思想以及自然而然蕴藏在建筑设计中的近人的审美观，同时也感受到了自身的许多不足，要更加努力。

小组成员：何勇、花宇龙

BASIC INFORMATION
基础资料

机器人美术馆特点
Features of robot museum

真实的使用者：随着科技的发展，人们的生活越来越智能化，遥控机器人在很多领域得到应用，人们运用远程操控通过机器人的监控探头传输数据图像，实现了对一些人较难到达的领域的探知。本次课程设计准备给机器人制造一个美术馆，内有使其在其中能顺利通行，并通过数据传输图像展现其内部空间，以模拟人在内部空间的感受。

真实的客户：美术馆内陈列有mrkt设计产品作为展品，包括卡包、挂件、记事本等，建筑内需要在坡道两侧布置展品，以方便机器人的参观和展品以最佳方式展示。

设计作品的真实表达：本次课程设计最终需要1：1的模型表达，通过实体模型的制作使机器人能在其中穿行并通过数据传输实现展品的展示，同时机器人和建筑本身也成为一种展品。

机器人尺寸 The size of robot
280*300*300

单体美术馆尺寸 Each modol unit dimoncion
800*800*1600

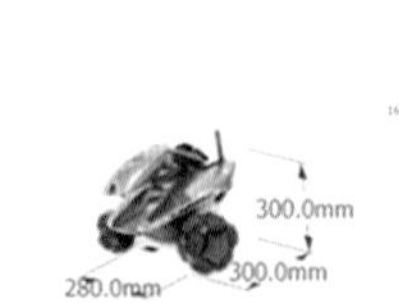

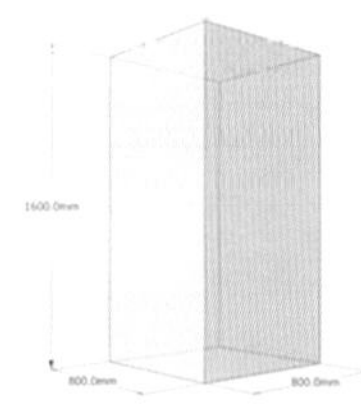

美术馆类型
Types of museum

简洁的方盒子
用于展示艺术品的空间

建筑语言与艺术展品共存

建筑空间体验与工业产品展示

美术馆要素
Elements of museum

坡道空间
联系展厅作为参观流线

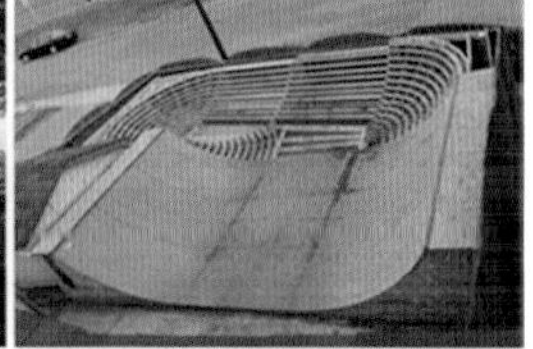

创造自然采光照明系统
将自然天光导入室内

Stage 1
Stage 2
Stage 3
Concept sketches
Preliminary design
1:10 Modeling
In-depth analysis
1:2 modeling

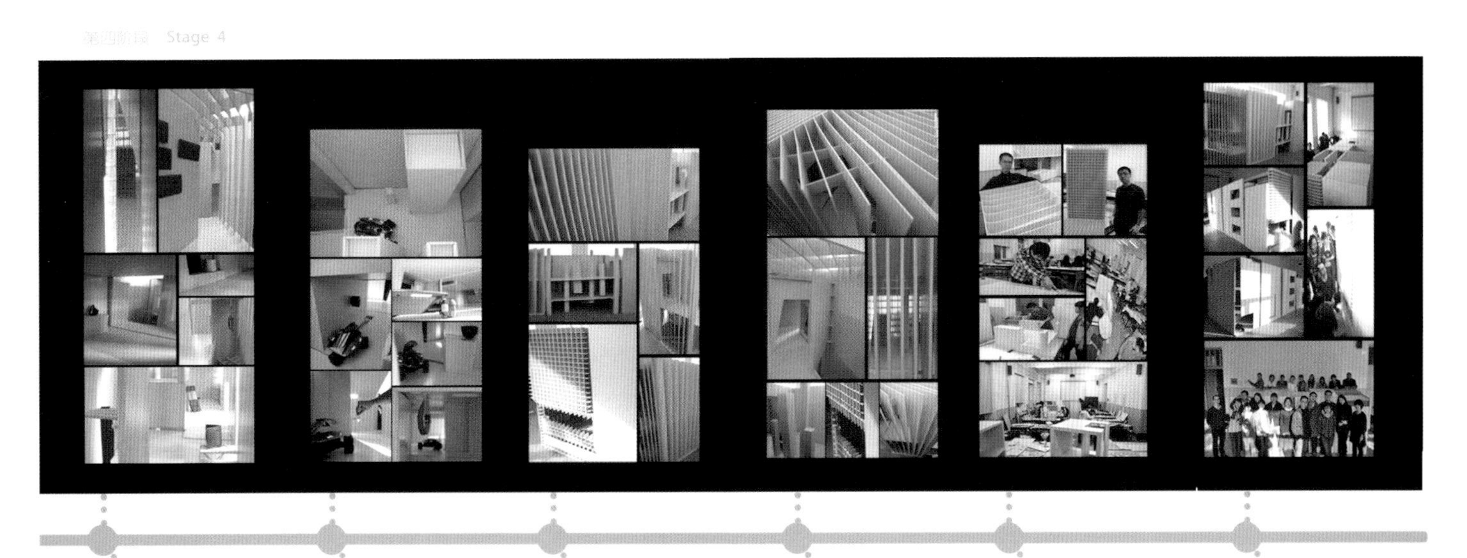
Stage 4
Exhibits inside
Robot to visit
Coordination between groups
Detail treatment
Scene work
Works display

"坚固" 草图 Sketch

"Strong"

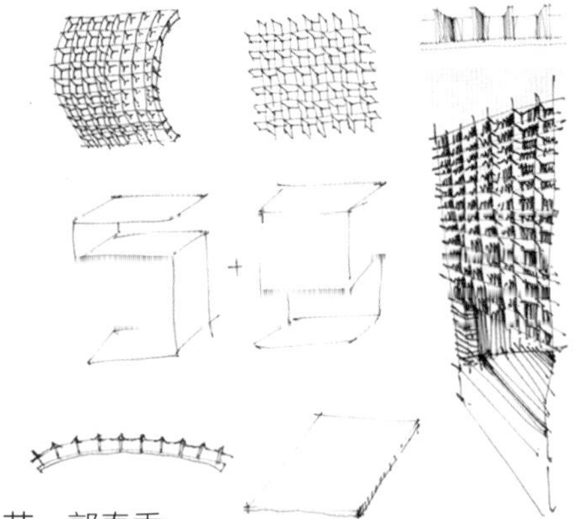

想法本身不能简单地评价好坏，重要的是你是否专注地去做。刚开始我们尝试了许多想法，其中最普通但最精致的那个得到老师的好评。这对我们很有启发。之后的一段时间，成员之间不断交流想法。大家都很关注"坚固"这个主题，我们便很快达成共识并付诸行动。

小组成员：邓淇元、李艺、郭春香

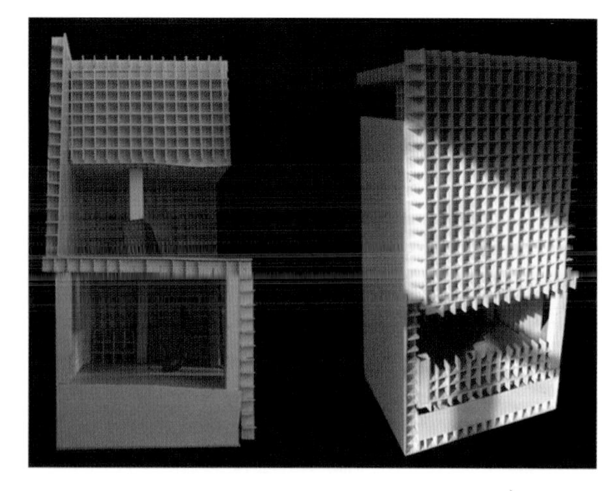

1:10模型 Model 1:10

我们并不回避简单的想法。事实证明，最后得到好评的都是一些简单并用心的方案。我们也不小觑简单的问题，因为解决简单的问题的过程也许并不简单，但也非常快乐。这一阶段我们看到各种漂亮的方案，但成功坚守了自己的想法，并且没有借助电脑，没有患得患失，没有忧虑，没有焦灼，有的只是心里的纯净和快乐。

1:2模型 Model 1:2

在整个过程中，我们坚持这个想法，并探讨了更合理的建造方式，不断推敲、完善。这期间，我们认识到团队合作的重要性，以及作为未来的设计师我们必须有自己的想法与判断。

成果模型 Final model

在最后阶段制作成果模型时，我们在老师的指导下换了一种全新的方案，并且作出了艰辛的尝试且出现了比较失败的结果。无论如何，这次联合设计对于我们来说真的是一次很好的洗礼。通过这一课程，我们不仅仅学习国外建筑教育的思想，品味中西的不同，更重要的是学习一种做设计的态度，用中西文化教育的差异去冲击自己，让自己能够站在新的角度去做事和看问题。

"中庭"　草图

"Atrium"

贪心的人永远都没有想象中的富有。

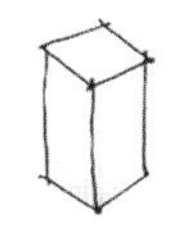

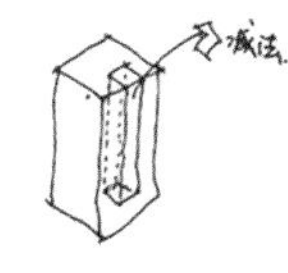

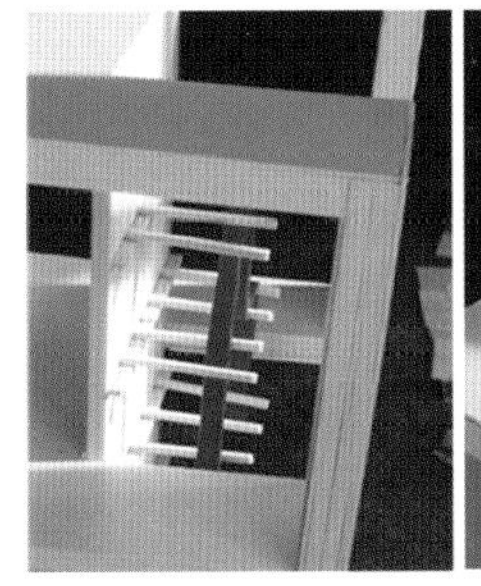

小组成员：徐臻、解潇伊、徐晓磊

模型

当一个美丽的事物出现在我们的眼前时，会让人为之惊叹。在设计之初，我们希望把许多天花乱坠的想法全部塞入模型之中。然而效果并不理想。

当一群拥挤的美丽的事物一起跳出来让我们去赞美的时候，却只会让人感觉凌乱，觉得眩晕。于是我们什么也看不到，所有的美丽也会跟着消失。什么都想要，结果会是什么也得不到。贪心的人永远都没有想象中的富有。原来设计竟和生活如此的相似。

成果模型

我们试着重新思考，净下心来问自己，我们究竟想要什么?我们的展品的特点是什么?经过讨论，我们得到的答案是它们都可以悬挂，主要的材料都是毛毡，颜色都是纯度极高的颜色。我们最有特点的产品是那条玫瑰红色的领带，它很长，线感十足。这些产品的特点给了我们设计的灵感。出于对领带特点的研究我们决定把它作为我们的主要展示产品，于是我们设计了贯通三层的中庭来突出这个产品。因为这三种产品都是可以悬挂的，所以我们决定把这三种产品悬挂展示。

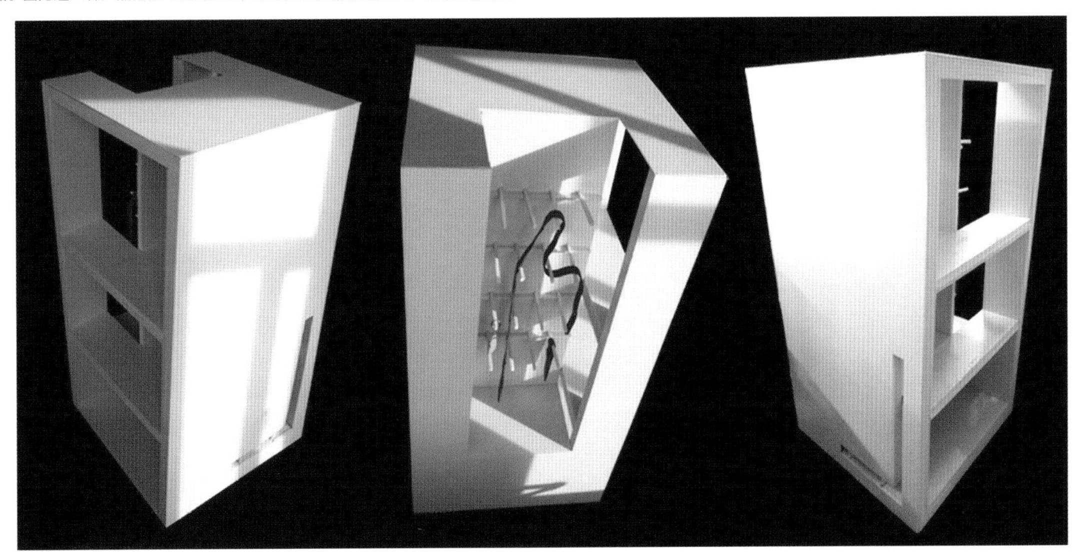

“穿行”

“through”

妥协是痛苦的。

小组成员：庄宇、工高思

草图

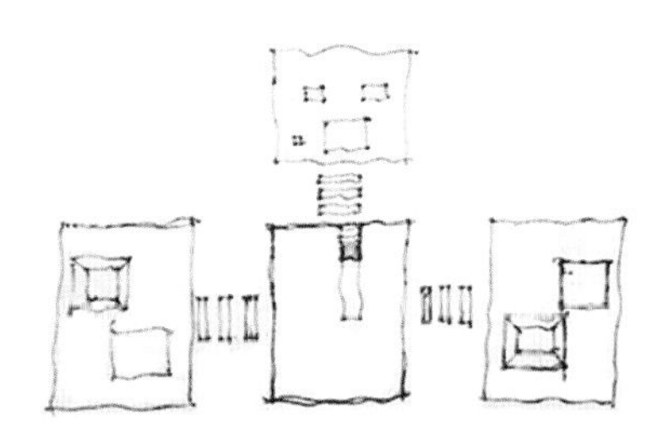

我们的设计思路来自与相邻一组的合作，我们设想，在两组间创造出一种互补的体型关系及相反的空间关系。

成果模型

1：10模型

1：2模型

妥协是痛苦的，但也让我们充分感受到了将来工作以后可能会遇到的各种问题。在不断讨论、妥协的过程中，方案被老师否定过多次，甚至全班的模型都有改动。我还记得刚一开始外教要求我们做1:10的模型，我们最先被否定，虽然因为组间的合作没有给最低分，但还是受到了很大的打击。后来做到了1: 2的模型，可是等外教回来以后认为我们没有领会他的意图，过于重视了表皮的连续性而忽略了内在空间。这正是不可取的。最后我们按照外教的思路建造了最后的模型，以我个人看来是很成功的，虽然过程很曲折，但结果是好的。

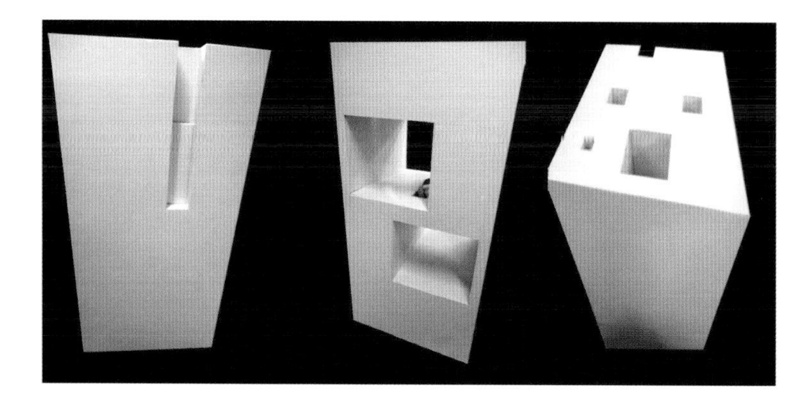

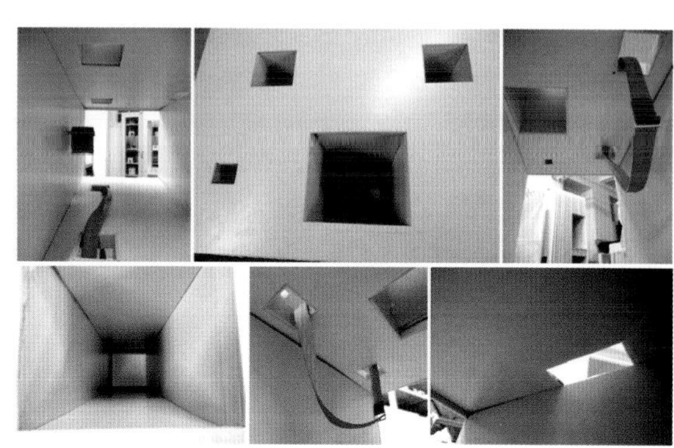

“百叶”

“shutter”

我们只有一个想法：做一个纯粹的百叶。

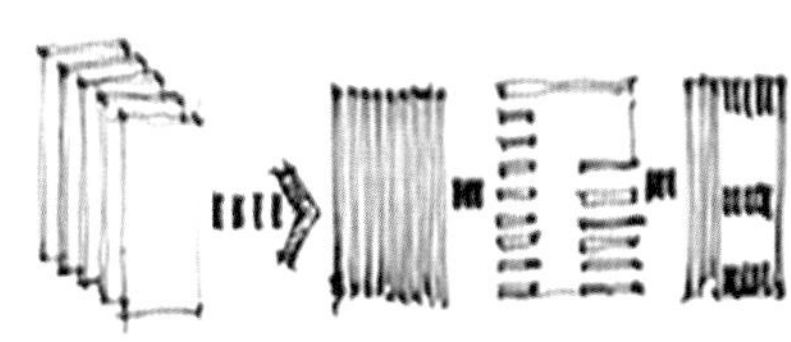

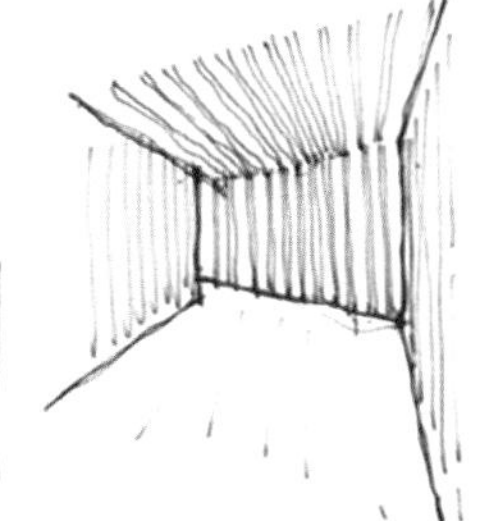

1：10模型

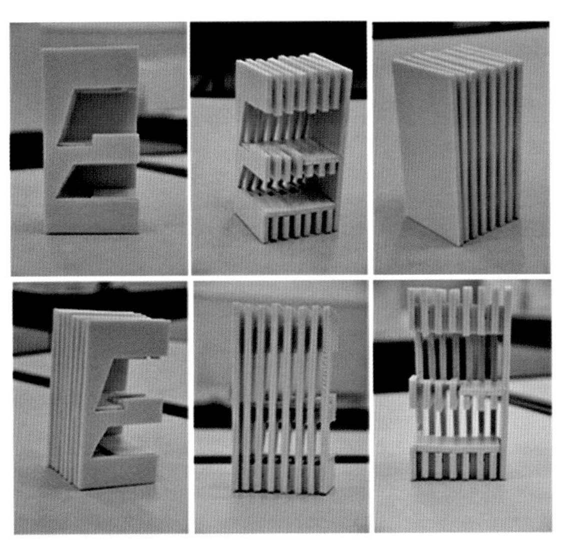

为了实现百叶的效果，我们突出竖向的线条，隐藏横向的元素，通过每一块板之间的不同构建丰富的内部空间。通过草图，并做出1:10模型，我们形成了自己的概念。然后，我们将把这个概念进行到底并使其不断完善。

1：2模型

当模型放大以后，我们发现模型中出现了不纯粹的元素。由于它是一个具有实际功能的装置，我们不得不加入横向的坡道和卡条。不断的思考中，我们使得不同元素和谐统一，并保持了原有的纯粹性。

成果模型

最终的成果不再是一个简单的模型。在某种意义上，它是一座具有实用功能的建筑。在最后的成果中，我们更清楚地认识了它的韵律。纯粹并不等于简单。我们可以看到重复元素下出现的复杂光影，可以看到17片KT板形成的节奏和韵律。在制作过程中我们发现，因保证纯粹性而采用的弱化横向元素的措施使得模型在水平方向上的刚度减弱，造成了模型在一个方向的不稳定。这一问题是在电脑模型或者小比例模型上无法发现的。我们认识到模型的意义不止在于展示作品，它更是一种设计的方法。

小组成员：周舟、薛一鸣

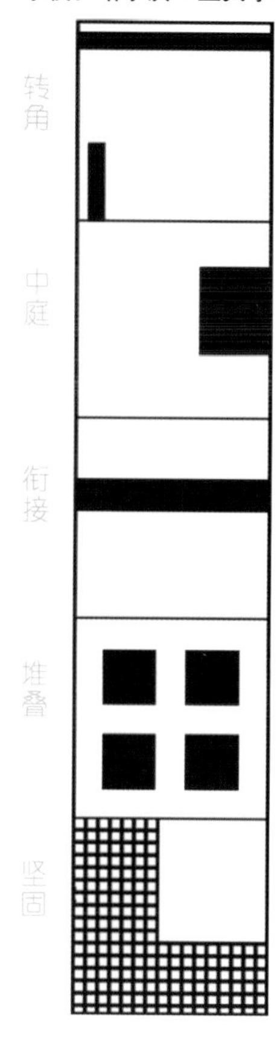

作为整个展览馆的入口，我们想在转交处创造一个光框架，这个想法贯穿了整个设计的制作过程，在反复的修改过程中，我们不断地"kill our child"，最后只保留了这一个想法，并将它运用到最好 。
团队合作是Michael反复向我们灌输的思想，在合作中我们学会了互相谅解、互相商量，最终共同完成了我们的作品。

如果有一份美丽的食物在我们的眼前，我们会为之惊叹，可是当有一群拥挤的美丽的食物一起跳出来，却只是让人感觉凌乱，觉得眩晕，于是我们什么也看不到，所有的美丽也会跟着消失，贪心的人永远没有想象中的富有，设计竟和生活如此的相似。
最后我们的结果是，很纯净的中庭，简简单单。

我们组的设计元素较少，在效果上追求一种简洁纯净的美，重要的是在功能上作为一个连接体的坡道，用较少的个性，为其他组的特征突出做粘合与完善。
没有过多的装饰，只是一种单一的元素的重复，如幼时背诵的诗歌，已成习惯，仔细琢磨，每个字句却又惊心动魄的美，去往我们的小盒子也是如此，如唐诗，可以摄人。

一直以来，做建筑总是刚开始时有一个很好的理念，之后忘记理念或者时时提醒自己记住理念，却忽视真正做设计的实质。建筑是给人用的，真正影响一个建筑好坏的不是建筑奇异的外形，不是冰冷的空间组织，而是人在建筑中的感受。
不浮夸，不盲目追随潮流，潮流在变，优秀的建筑却能屹立不倒。

做一个傻子，把简单的想法贯彻到底，我们想要把这个展览馆建造得足够结实，仅此而已。想法很清晰，所以不需要电脑查资料，不需要去看杂志找灵感，我们把自己从一大堆复杂的事务中解放出来。
在这次学习过程中，我们体会到了真正意义上的“teamwork”精神。

裂缝

我们的设计思路是：大盒子，切一刀，放两个展品，有光照。
在设计中，我们不停地探索着建筑空间最纯粹的意义，在这种最简单的形体下去收获富有魅力的空间效果。
我们喜欢这种单一的材料、单一的颜色，通过光合空间，体现建筑师的精神世界。你看到我们的精神世界了吗?

穿越

我们对简单的理解不是几片板的重复堆叠，而是创造一个纯粹的空间。我们引入光的元素，用光来做设计。
我们设想制造一个容器，既让机器人从其中通过，又使光在其中穿行。
我们试图与边上组形成对话，我们试图在两组中创造出一种互补的形体关系，以及敦实和轻盈的空间感受的对比。妥协是痛苦的，但谁又能说妥协不是一种进步呢?

漂浮

我们试图达到一种效果，用最简单的元素，围合变化的空间。我们选择将竖向柱子漂浮起来，每根柱子都不是随意地定位，它们的间距、高度和边界都在做参观流线引导，营造一个变幻丰富的空间，仿佛一片森林乐趣无穷。
现在很多的建筑很浮躁，常追求很炫的东西，像这种看上去很简单的东西其实不简单。我们离成为一个真正合格的建筑师的路还很远。

倾斜

在对Donald Judd作品研究的过程中，我们被一件有正方体和三角斜墙的作品所吸引。这个空间营造出了一种神秘的光感效果。于是我们开始在我们的设计中尝试放入斜墙来创造空间感觉。
这是一段美妙的体验，我们一起工作，一起蓬头垢面，一起熬夜，在这一周里，没有电脑上抠我们的时间与情感，我们重新认识对方，我们更加深入了解，这不仅是做个模型那么简单，我们受益匪浅。

韵律

我们想要一个纯粹的方案，我们希望方案里只有一个元素，一个纯粹的元素。我们想做百叶效果，只想要这个效果，所以我们突出纵向的线条，隐藏横向的元素。我们看到了重复元素下变幻的光影以及17片板形成的节奏和韵律。
模型不只是最后建筑成果的展示品，它更是一种设计方法，从1:10到1:2到1:1，这也许就是做模型的意义所在。

课程名称：四川省什邡市 梅赛德斯-奔驰小学 灾后重建

课程时间：2010.11.8—2010.11.14

授课机构：哈尔滨工业大学建筑学院

授课教师：曲冰、晏青 （acc北京）
JOE CARTER （美国）
韩衍军、杨悦 （哈尔滨工业大学）

工作模式：分4-5人小组，每组有一名teamleader

工作成果：小组为单位上交A2设计图纸

2008年5•12汶川地震后，很多校舍重建的设计工作在紧张地进行着，此次联合设计的主要指导教师——来自北京acc建筑设计事务所的曲冰和晏青老师，即是回澜慧剑寺小学灾后重建项目的设计者。两位老师为我们带来高效的工作模式，将联合设计的重点定位在设计小组式工作模式的实践，以及对同一个设计题目的多解性的探索。

课程特色

工作模式：

采用项目小组式的工作模式，在同一命题下，多个小组从不同方向进行设计。每小组中有一人为leader。

反馈系统：

leaders`会议：指导教师与小组leaders直接交流。每天早会讨论今天的计划，晚会讨论方案和合作问题，晚上用邮件方式写一天总结和第二天计划。

小组内讨论会：发挥出leader的统筹作用，组织好组内的方案进度和合作协调度。小组内小组成员一同工作，有组织有目标的完成每一次讨论，发挥每个人的创造力。

主题与分组：

为提高效率，尽快进入工作状态，老师给出九个方向供学生选择，选择相同方向的学生自动形成小组，协调每组人数在4-5人，组内产生teamleader。

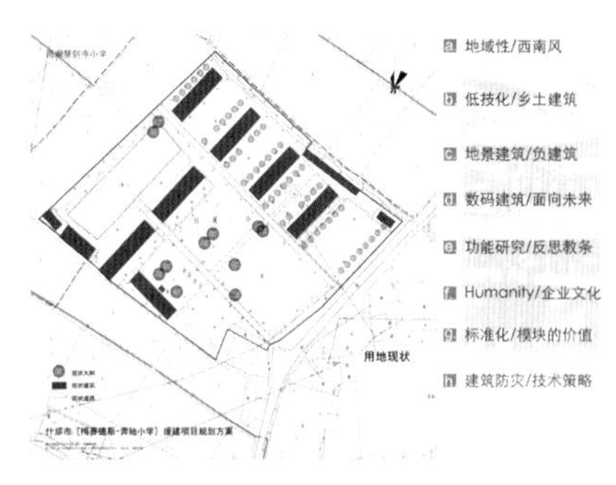

评分方法：

分为两个部分：成果部分（60%），团队合作部分（40%）。成果部分，由指导教师负责给出，团队合作部分由指导教师和组长共同负责。

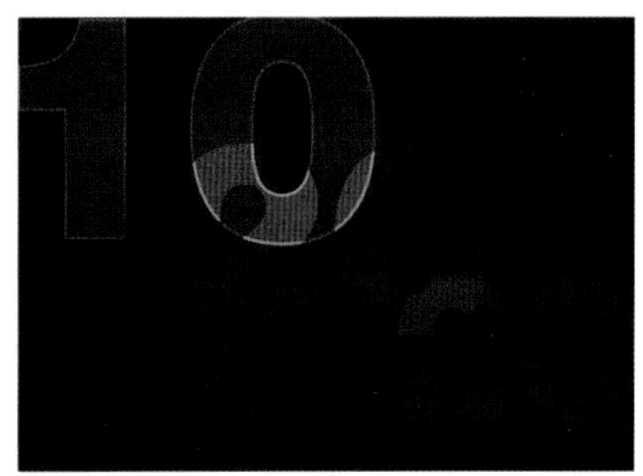

震后受灾状况

5·12地震

在“5.12”特大地震中，该校损失巨大，倒塌校舍13间，面积673平方米，造成危房3间，面积137平方米，毁坏教学仪器设备7台件套，毁坏图书2450册，直接经济损失84万元。

设计要求

规划建成一所6个教学班、在校学生270人（不计划住校生）的农村小学，计划占地14亩，重建校舍2228平方米（标准见附件），其中教学及辅助用房1547平方米， 行政办公用房213平方米，生活用房468平方米。运动场4328平方米，附属设施4处，按标准配置仪器和设备。

灾后现状
Situation post-disaster

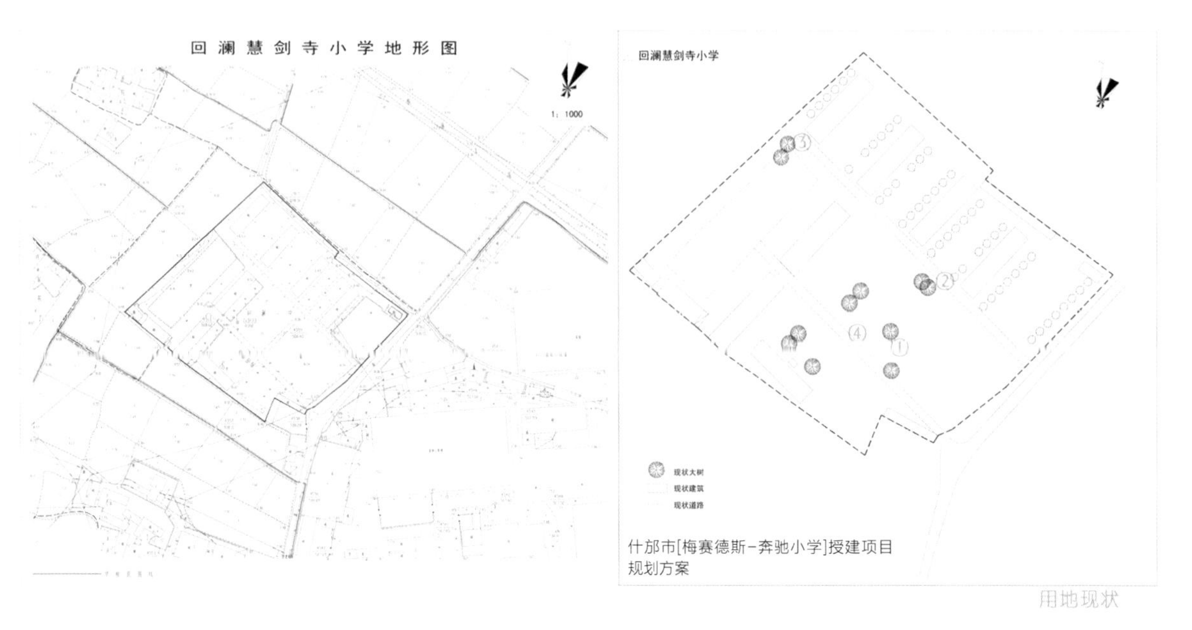

用地现状

设计说明：
（1）本设计基地位于四川省什邡市，基地原是什邡市回澜一中，因汶川地震需重建成希望小学。
（2）选用乡土建筑与低技化的方向，引用再生砖原理，制作出轻质廉价的砌块，与青砖一起作为建筑的基本材料。配以竹制百叶与青瓦，形成本案的立面造型。
（3）建筑与基地的面积之比甚小，在相对较大的基地下，将建筑伸展开来，用竹廊连接，围合出四个不等的院落空间。采用适宜四川当地气候的外廊式，呈条形分布，形成张力的体块造型，将基地控制住。
（4）场地景观规划顺应建筑趋势进行布置，运动场地打破规范环形跑道，为学生提供一个更活泼的运动场地，且运动场地采用废墟景观，保留原教室的山墙与柱，营造一种纪念氛围。让孩子在运动中体验。
运动场地与建筑庭院之间用几条铺砖小道相连，两景观相互渗透。
（5）在房前屋后种植大片竹林和树木，表现“兼容并蓄”的风格（竹林七贤），体现人与自然的融合。
当孩子的梦想，因地震而变得渺茫。
当孩子的心灵，因地震而备受创伤。
我们只想设计一个温馨的小学，.
一个扎根于土地，散发泥土香，低耗资却不寻常的小学，
一个属于孩子们的家园。

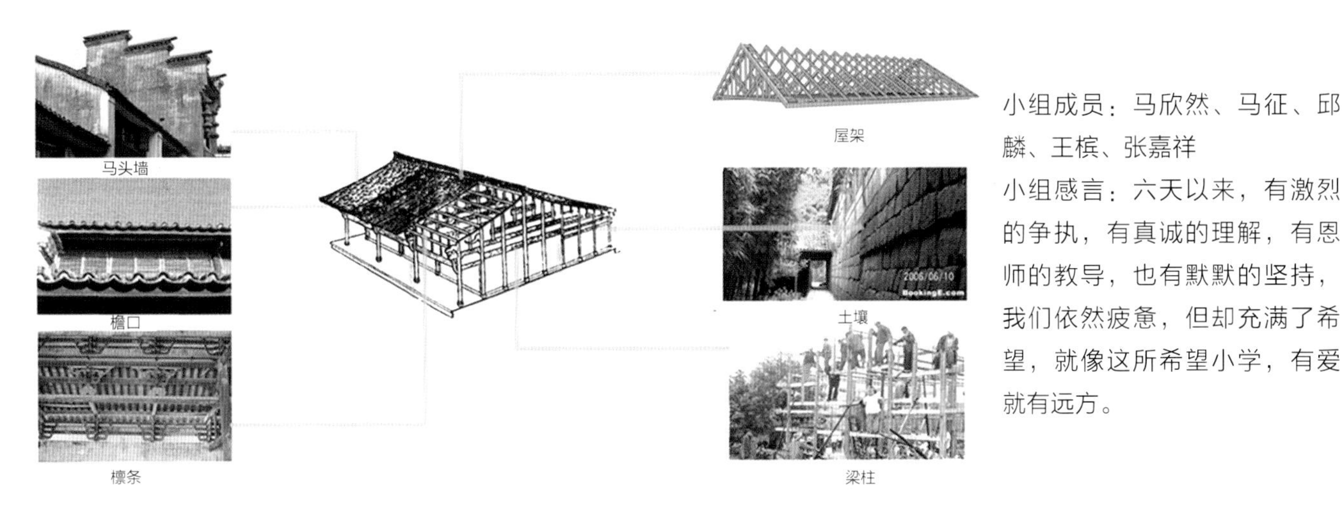

小组成员：马欣然、马征、邱麟、王槟、张嘉祥

小组感言：六天以来，有激烈的争执，有真诚的理解，有恩师的教导，也有默默的坚持，我们依然疲惫，但却充满了希望，就像这所希望小学，有爱就有远方。

材料逻辑

砖混结构　小青瓦　竹栅可卸窗扇　抹灰　山墙材质　玻璃　毛石勒脚

抗震　功能　民俗　经济

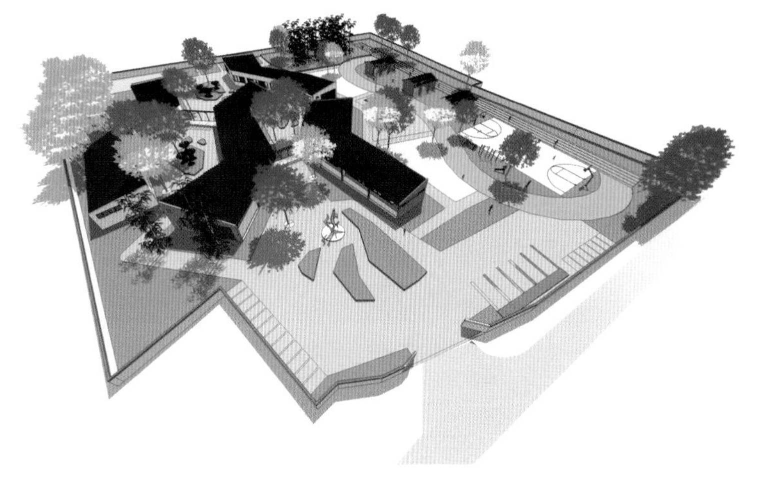

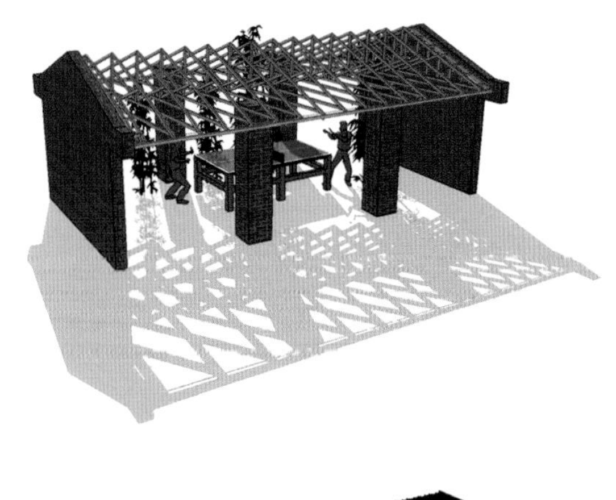

教室不在，环境已改，我们如何找回震前的记忆？我们为此保留了旧校舍的三间教室的柱子和山墙，竹子环布周围，在震后的日子里，希望这三片小天地在为孩子们提供娱乐场地之余，更多的是提醒大家铭记这段历史。

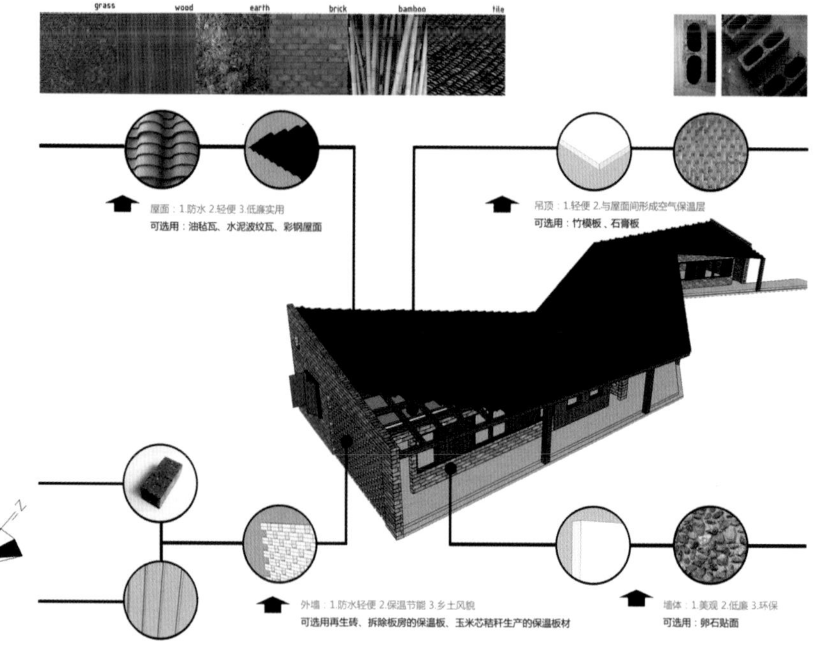

折线形的建筑体量本来有点解构主义的意味，搭配再生砖、瓦片、竹条等充满乡土味道的材料，传统砖混结构的施工技法，使整个建筑群体像一个土生土长的原始村落。这个希望小学的学生是属于乡土的，因此这样风格的设计更能贴近那里孩子的心理，而富有创意的屋顶和一些活泼开洞的墙面更凸显活泼的元素，给孩子们一个充满活力的学习生活环境。

1 教室
2 机动教室
3 图书馆
4 多功能教室
5 计算机准备室
6 计算机教室
7 科学准备室
8 科学教室
9 远程教育
10 体育器材室
11 教室办公
12 少先队部
13 党支部、校长办公
14 传达值班
15 教导处、总务仓库
16 开水间
17 女教师单身宿舍
18 男教师单身宿舍
19 女卫生间
20 男卫生间
21 食堂
22 厨房

一层平面图

项目名称：四川省什邡市梅赛德斯—奔驰小学　灾后重建　　　　**学校：哈尔滨工业大学**

地景性：建筑形态的地景化已然成为当今世界建筑设计的一个倾向，利用覆土建筑地景化的景观特点，实现建筑与环境的高度融合与统一。
公众性：地景建筑的形态与周围环境结合紧密。往往建筑表面与场地连接自然，成为一体。这就在一定程度上提高了建筑的公共可达性和趣味性，为公众提供了良好的集会场所。
防灾性：处在土壤包围中的覆土建筑，由于土壤的弹性、拉力，使受力后的位移受到限制，再加上土壤对结构的自震的阻尼作用，使地下结构的破坏程度远远低于地面建筑，遭受坍塌的危险也必然降低。
节能性：覆土建筑使用的建筑材料和自身结构形态大大降低建筑耗能，节能特性优越。

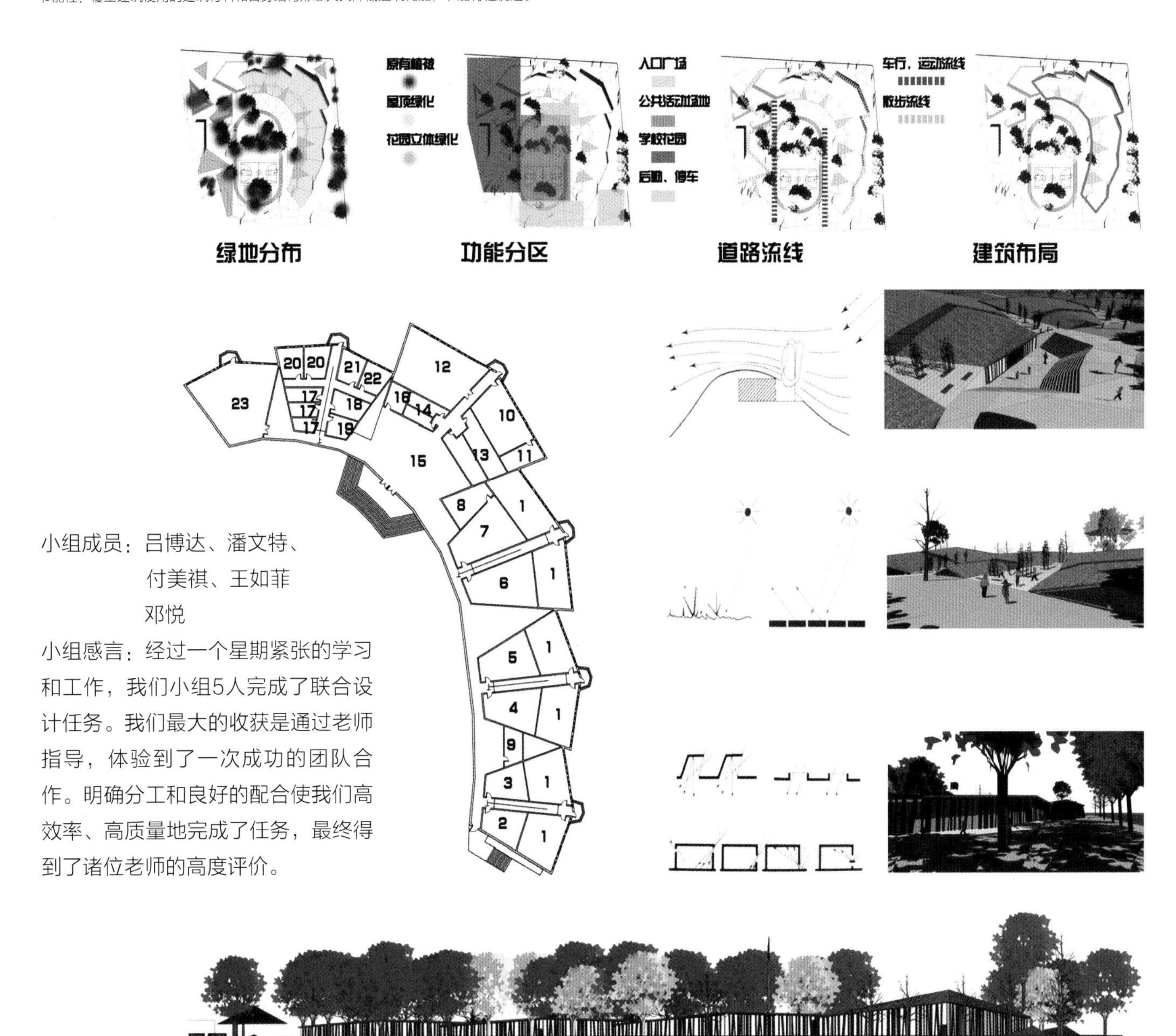

小组成员：吕博达、潘文特、付美祺、王如菲、邓悦

小组感言：经过一个星期紧张的学习和工作，我们小组5人完成了联合设计任务。我们最大的收获是通过老师指导，体验到了一次成功的团队合作。明确分工和良好的配合使我们高效率、高质量地完成了任务，最终得到了诸位老师的高度评价。

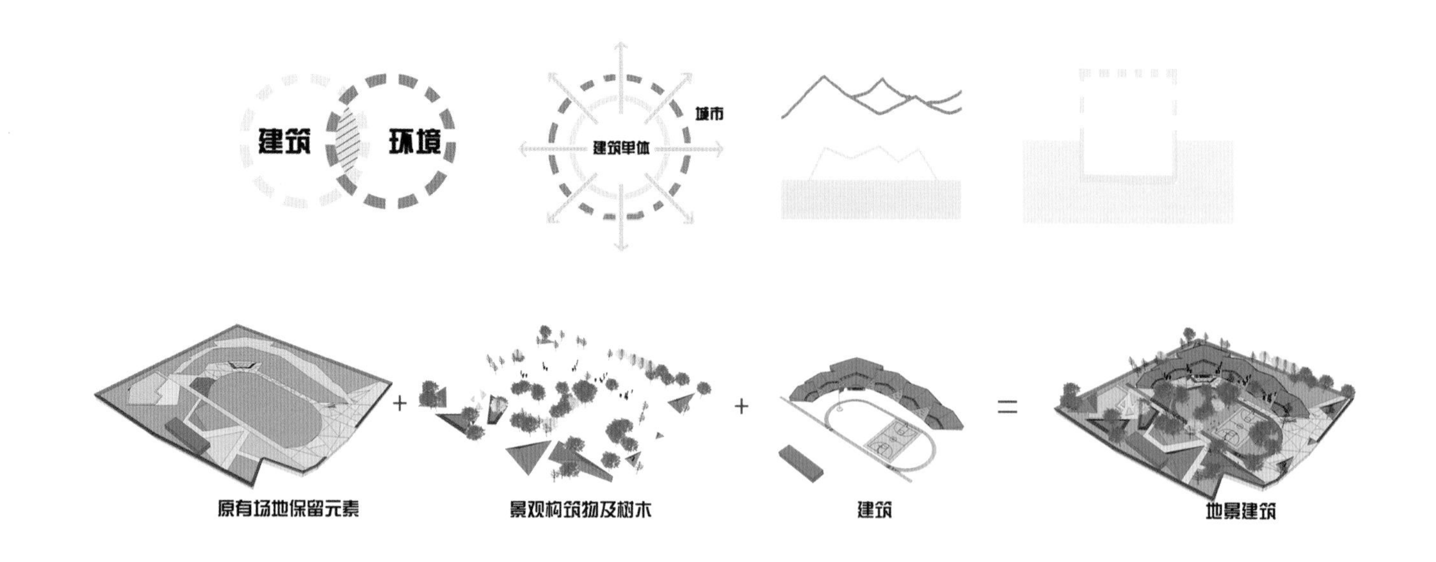
建筑
环境
城市
建筑单体
原有场地保留元素
景观构筑物及树木
建筑
地景建筑

清华大学

建筑学院

清华—香港大学研究生联合设计Studio

清华建筑学院专业型硕士的教学在一年级以设计课程作为主线，分别在秋季和春季学期安排了两门设计课。在这两个课程中，学生可以根据兴趣从不同导师指导的4~5个设计课题中选择一个参加，并完成作业。设计课题大部分都是跨国的联合设计，我们希望通过这种方式让学生接触到国外高校不同的设计理念和方法，并亲身参与到国际交流当中，从而促进其在国际化视野下设计理论和实践上的提升。与此同时，联合设计课程也对清华的建筑设计教学起到了推动作用。

联合设计课程一般选择其中某所高校所在城市的地段设定设计课题，并由不同学校分别在各自的国家完成设计。课程为期一个学期，在前期安排一次各校共同考察现场和交流设计想法的活动，后期则安排在另一所学校进行联合的终期评图。通过这两个环节，不同学校的设计理念得以碰撞和交融。

2010年秋季学期的清华—香港大学研究生联合设计Studio以位于北京内城什刹海东侧的玉河及其两岸区域为地段，要求学生设计一个集污水处理、教育展示及公共活动为一体的设施。应该说这是一个充满各种制约因素的地段上多种功能复合的建筑设计题目，对师生来讲都是一种挑战。在清华的教学中，我们希望学生能够对污水处理工艺进行深入的学习，对北京内城发展的历史、城市空间和公共活动的特点进行深入的调研，并在此基础上运用数字化手法进行设计，使方案能够实现良好的综合效益。

在这次联合设计中，两校学生的作业体现出了不同的特点。清华学生由于能够对地段进行更为深入的调研，因此对场地及周边城市空间的联系，以及城市公共活动等方面有更完整的考虑，另外在设计方法上也综合运用了多种参数化的数据整理和形体生成技术手段，探讨了逻辑清晰完整的形体生成过程。香港大学的作业则基于北京内城城市机理的研究以及一些技术上和观念上生态措施对城市发展的设计理念。联合设计中的这种多样性体现出建筑设计在不同文化背景和技术条件下多元化的价值体系。观念上的不一致和冲突赋予建筑设计开放的意义，也使之充满活力。参与在联合设计中的教师和学生都因此而受益。

（注：本次联合设计课程清华大学建筑学院教师：徐卫国、周正楠、黄蔚欣等研究生共18人；香港大学建筑系指导教师：杜鹃等研究生共10人）。

<古道新木>　王凤涛　顾芳

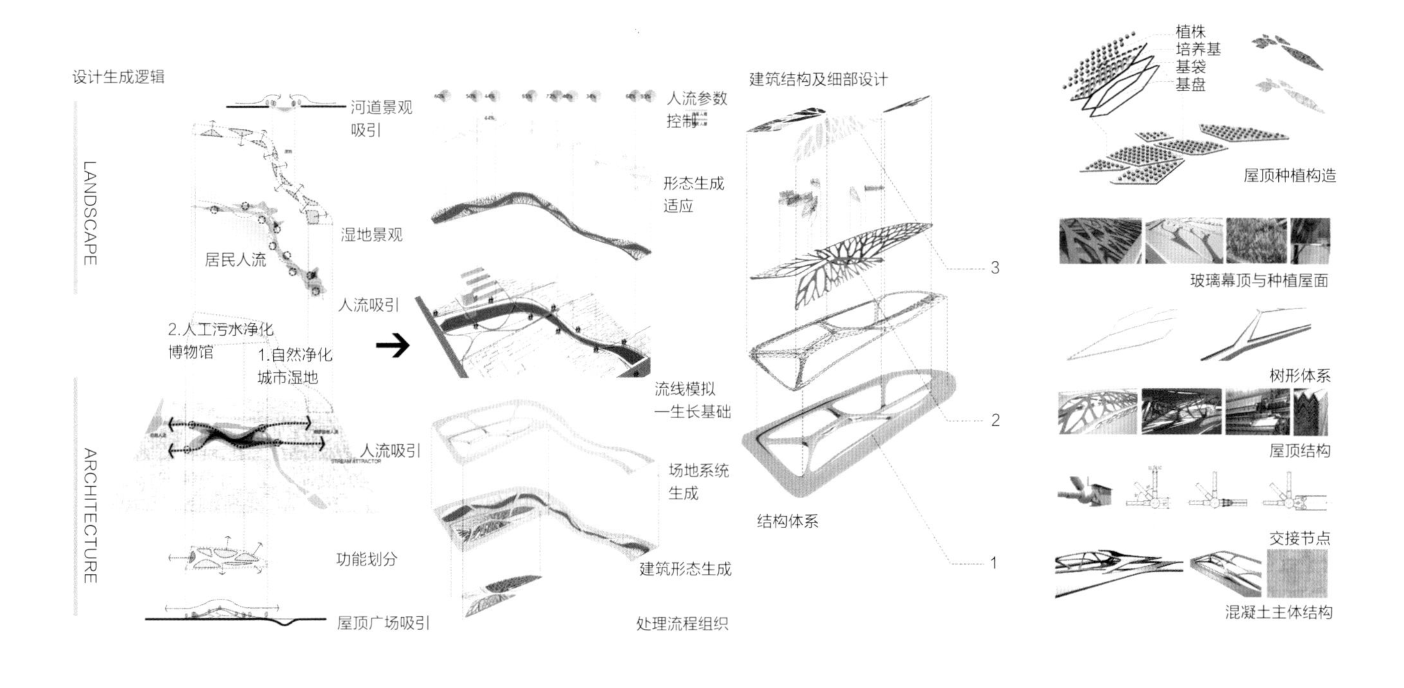

设计生成逻辑
LANDSCAPE
河道景观吸引
湿地景观
居民人流
人流吸引
2.人工污水净化博物馆
1.自然净化城市湿地
ARCHITECTURE
人流吸引
功能划分
屋顶广场吸引
人流参数控制
形态生成适应
流线模拟一生长基础
场地系统生成
建筑形态生成
处理流程组织
建筑结构及细部设计
结构体系
3
2
1
植株
培养基
基袋
基盘
屋顶种植构造
玻璃幕顶与种植屋面
树形体系
屋顶结构
交接节点
混凝土主体结构

景观对水位变化的适应性
不同湿地植物水位需求

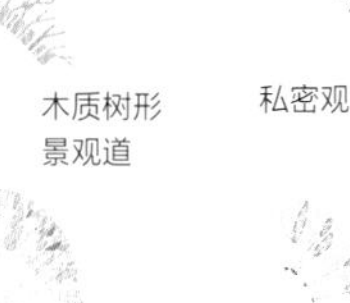

木质树形景观道
私密观景台
雨水集水口
不同高程植物配置
开放活动广场
雨水径流

公共活动区域
行为多样性激发

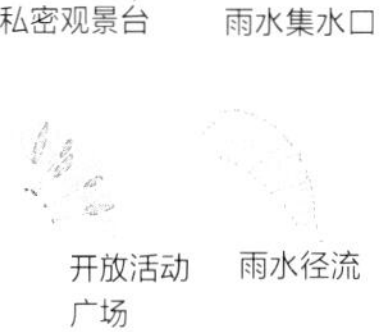

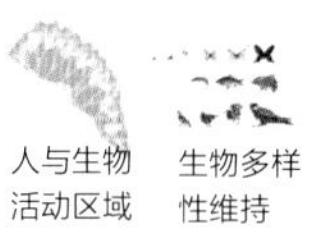

人与生物活动区域
生物多样性维持

<织绿>顾志琦　孔君涛

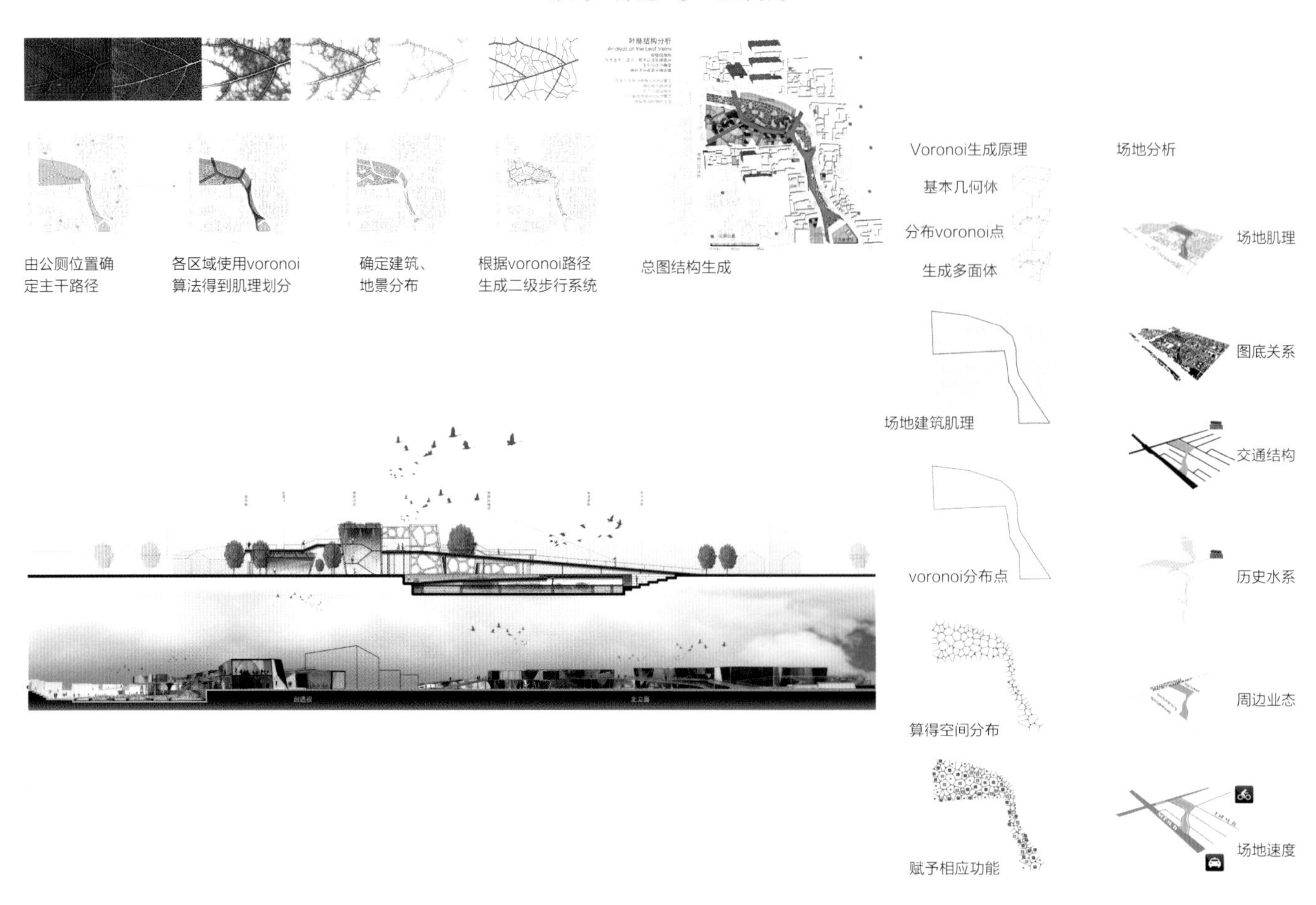
由公厕位置确定主干路径
各区域使用voronoi算法得到肌理划分
确定建筑、地景分布
根据voronoi路径生成二级步行系统
总图结构生成
Voronoi生成原理
基本几何体
分布voronoi点
生成多面体
场地建筑肌理
voronoi分布点
算得空间分布
赋予相应功能
场地分析
场地肌理
图底关系
交通结构
历史水系
周边业态
场地速度

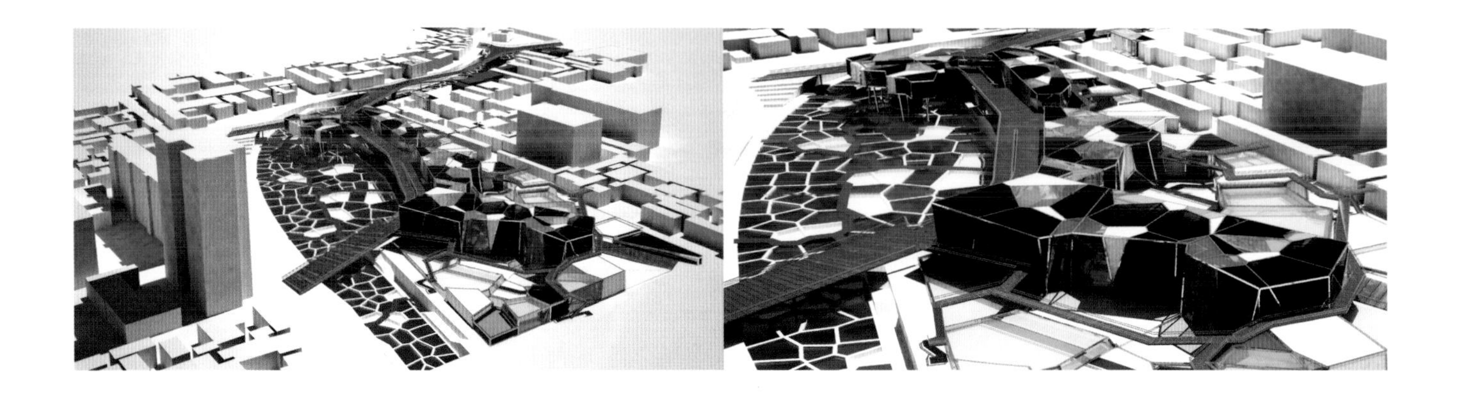

<瑞弗尔胡同>　韩天辞　符傅庆

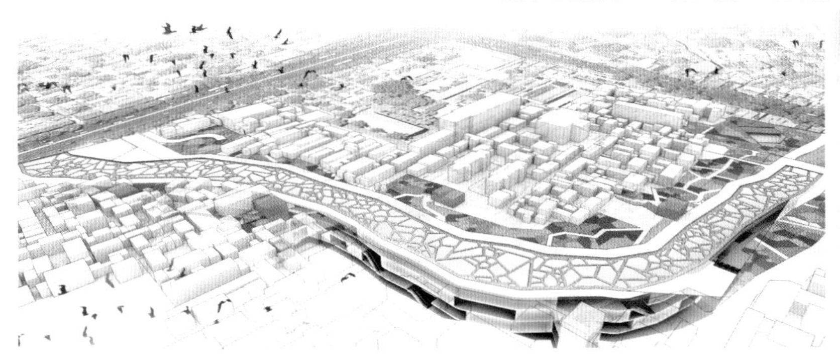

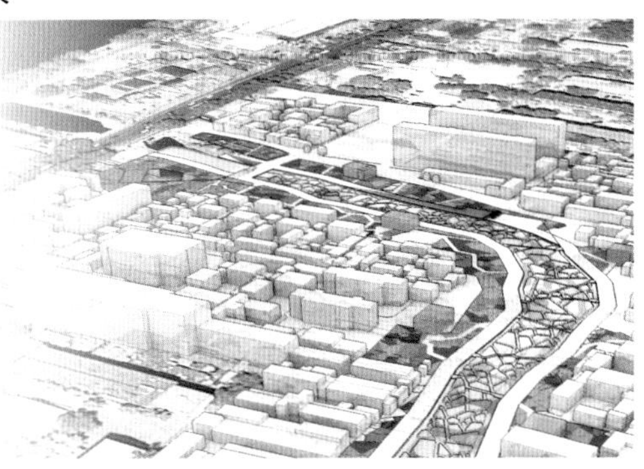

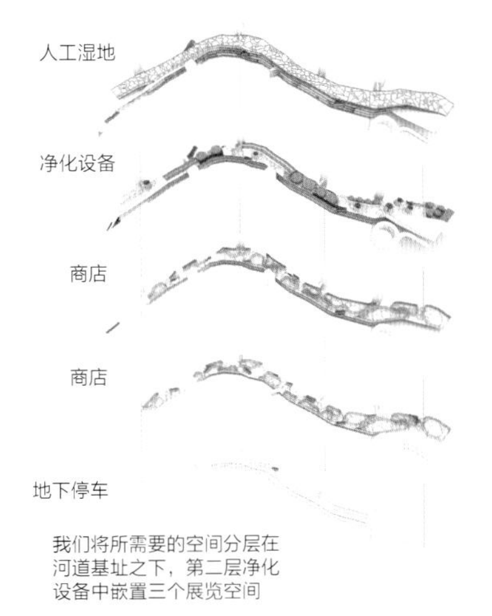

我们将所需要的空间分层在河道基址之下，第二层净化设备中嵌置三个展览空间

河道之下的多层功能

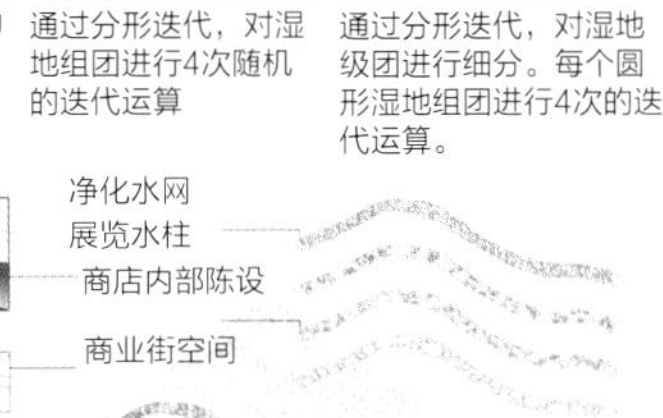

以15米半径的转型为典型湿地组团，将其排布在河道上。总数为15个

通过分形迭代，对湿地组团进行4次随机的迭代运算

通过分形迭代，对湿地级团进行细分。每个圆形湿地组团进行4次的迭代运算。

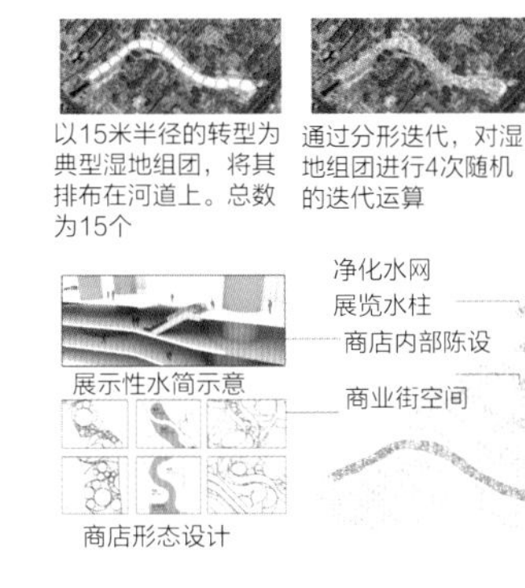

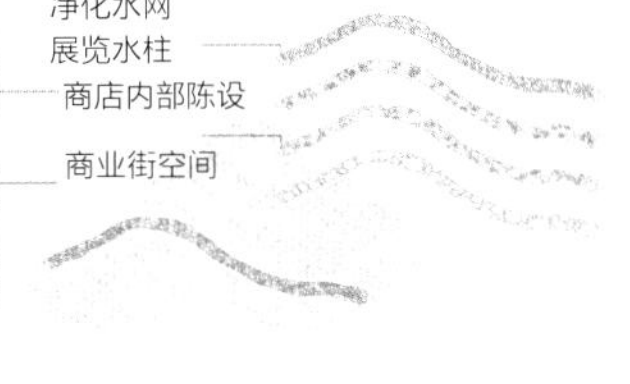

河道之上与河道之下不同的空间效果示意

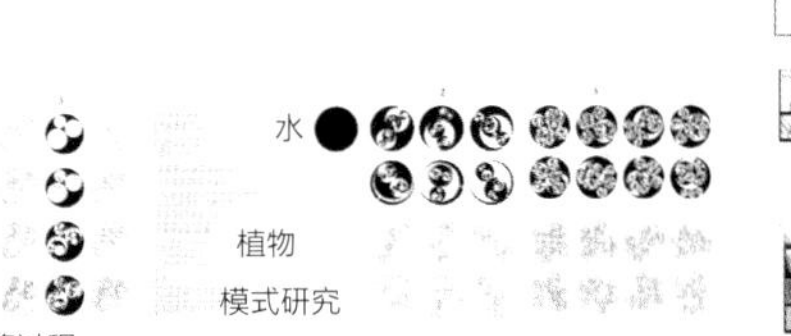

分形迭代计算过程

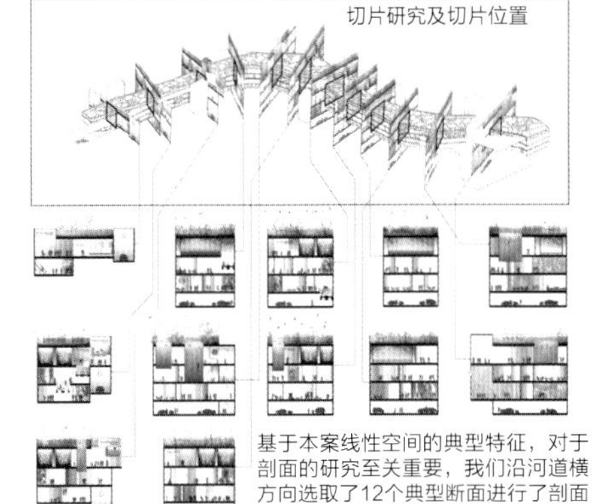

基于本案线性空间的典型特征，对于剖面的研究至关重要，我们沿河道横方向选取了12个典型断面进行了剖面研究，并对沿河道顺向的长剖面上重点空间的放大研究，以深化我们河道下水胡同商业综合体的设计概念

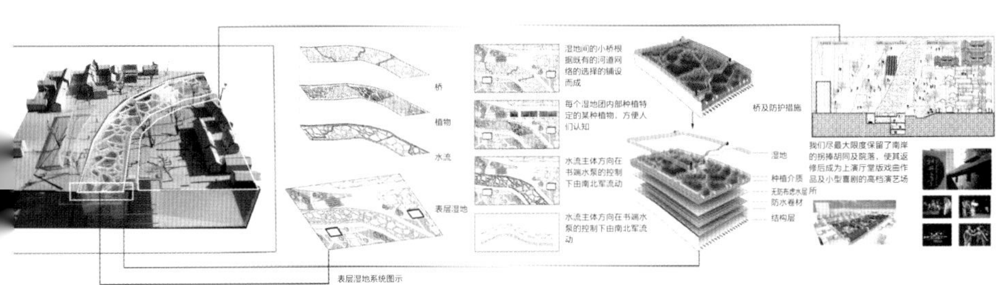

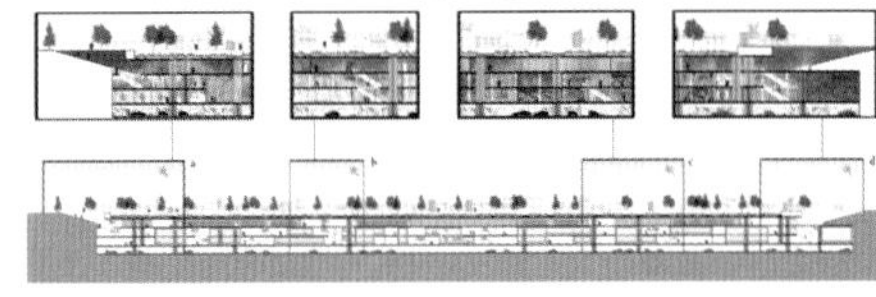

<DOUBLE SCAPE> 陈瞰　周林　罗昆

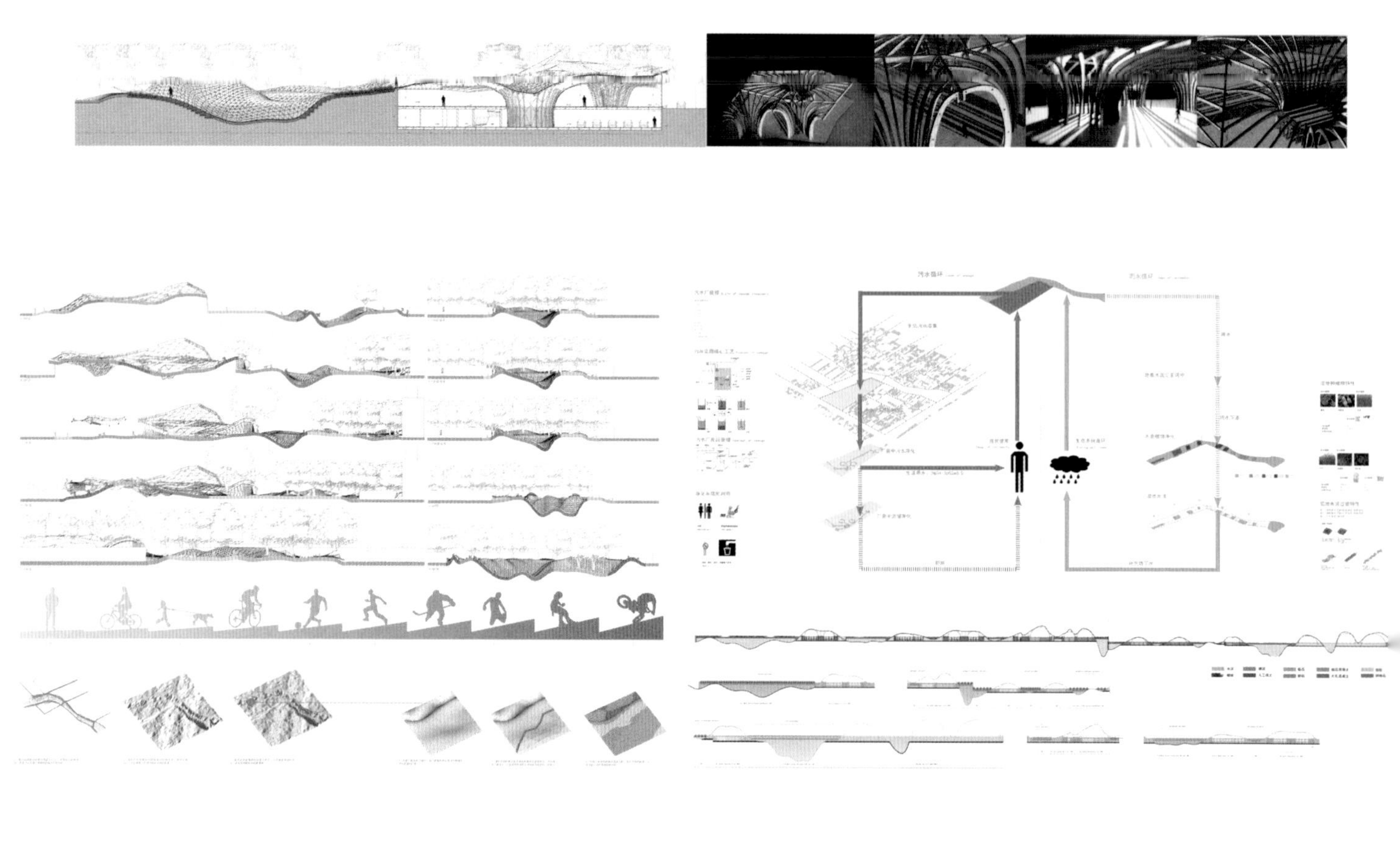

浙江大学

建筑工程学院

浙江大学中外联合教学实践的几点思考

贺勇

教育不仅是一个技术传授、也是一个文化熏陶的过程。建筑教育的一项重要任务就是让学生处于各种各样的生活方式以及价值体系中，不断理解、思考，从而塑造新的空间与环境。在全球化的背景下，学校之间各种类型的交流与合作日益频繁。传统中那种关起门来潜心钻研与探索的态度固然可敬，但是在一个开放的体系之下，在各种价值观念的碰撞中不断修正自己的价值观念与行事方法同样重要。最近5年以来，浙江大学与日本、美国、澳大利亚等多个国家和地区的知名建筑院校展开了系列联合教学，时间长短不一，题目类型各异，形式多样。通过这些年的实践，有以下几点经验与思考：

1. 一个好的题目或主题是联合教学成功的重要保证

一次成功的联合教学，需要学生有极大的热情以及积极主动地投入大量精力，而这在很大程度上又依赖于题目本身是否具有足够的吸引力。我们认为一个好的题目应该有以下几个特征：具有足够的地方性特征；具有比较丰富的场所文脉以及生活内涵；项目的建设与开发涉及价值观念的判断与选择，而且具有多种可能；供研讨的场地范围可以比较大，但最终的聚焦点却相对较小，问题明确，边界清晰。

2. 清晰的设计条件与相对明确的评价准则是展开充分讨论的基础

在以往的联合教学中，有几次曾经由于项目规模过于庞大，而且基本上是全部推倒重建的模式，有着太多的不确定因素，结果导致评价标准变得模糊。特别是有的学生方案基本遵照控制性规划及周边场地的要求，而有的几乎不加考虑，结果使得最终的成果难以展开真正的讨论，而更多地只能是展示各自的思考途径与方法。所以在类似活动中，有必要明确并遵守设计的各种边界条件，只有这样才有可能在专业上展开充分的讨论，在思想上进行交锋。

3. 强调各种非正式场合的交流与讨论

毫无疑问，联合教学是围绕项目展开的专业讨论，但同时也是学生之间关于思想与文化的交流。为了使这种交流更为充分、有效，一个重要的前提就是学生彼此之间能够变得熟悉、成为朋友。所以在专业学习与交流的同时，也要强化各种非正式场合的交流与讨论（例如一同参观、喝咖啡、吃饭及参加晚上的娱乐活动等）。从某种程度上说，这种非正式场合在思想与文化上的交流与碰撞比起专业上的学习更有意义，因为它有利于学生们突破既有的程式，从另一个角度重新审视自己习以为常的惯性思维与行为模式，让自己变得开放与包容，从而对他们未来的工作与生活造成更为持久的影响。

4. 发动媒体介入、举办展览，拓展资源与影响

联合教学活动中，宜尽可能发动一些媒体参与，这些媒体不仅宣传了活动，而且往往提供了即时发表教学成果的机会，如果再加上一些专题性的展览，将会极大地调动学生的参与热情，增强他们的自信心与自豪感，从而以一种积极的心态投入学习中。

总之，通过一系列中外联合教学，我们的学生深深感受到了中西方在文化以及专业学习上的差异，这种切身的体验，是通过泛泛的说教和通常的课程设计难以获得的。交流期间的日程是紧张的，任务也是繁重的，但是总体说来，那种宽松的氛围、兴奋的状态、及由此带给每个人的愉悦也让师生们觉得大量的付出是值得的。的确，一种愉悦的精神，或者说一种幸福的感觉是教育的最高目标与应有指向。

参与学校：日本早稻田大学、美国加州大学伯克利分校、意大利费拉拉大学、中国浙江大学

时间：2008年3月

活动简介：

2008年3月，由浙江大学建筑系分别与日本早稻田大学、美国加州大学伯克利分校、意大利费拉拉大学举办了为期10天的联合教学工作坊（总人数约60人，我系有20名研究生与高年级本科生参与了本次活动），对杭州拱墅区运河周边数个典型地块提出了研究报告和城市设计方案，最后进行方案现场公开展示、公开点评和公开专题性论坛。

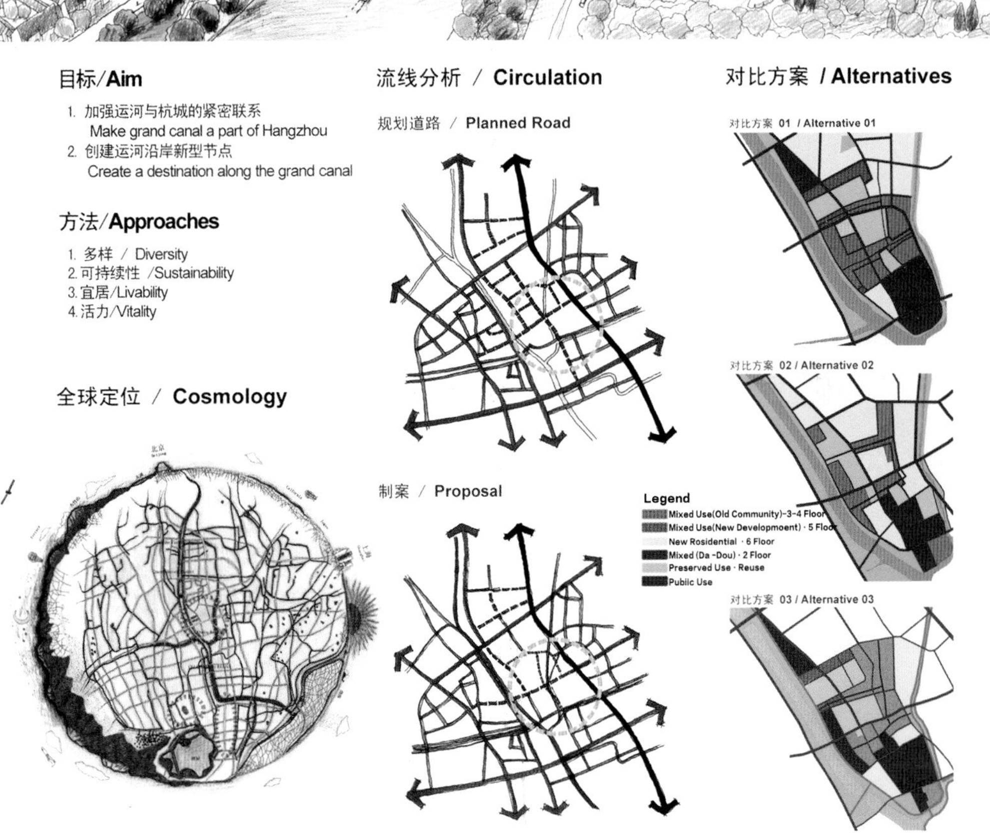

组员：邓　超、孙　翌、罗一南（浙江大学）、李　鸿、金延泰（加州大学伯克利分校）、高井智仁、木村美树雄（早稻田大学）

项目名称：花样运城河　　学校：浙江大学

大兜路沿街立面/Elevation along Dadou Road

项目名称：杭州新火车东站的城市与建筑设计

学校：浙江大学

参与院校：西班牙圣保罗CEU大学　中国浙江大学

时间：2010年2月~2010年6月

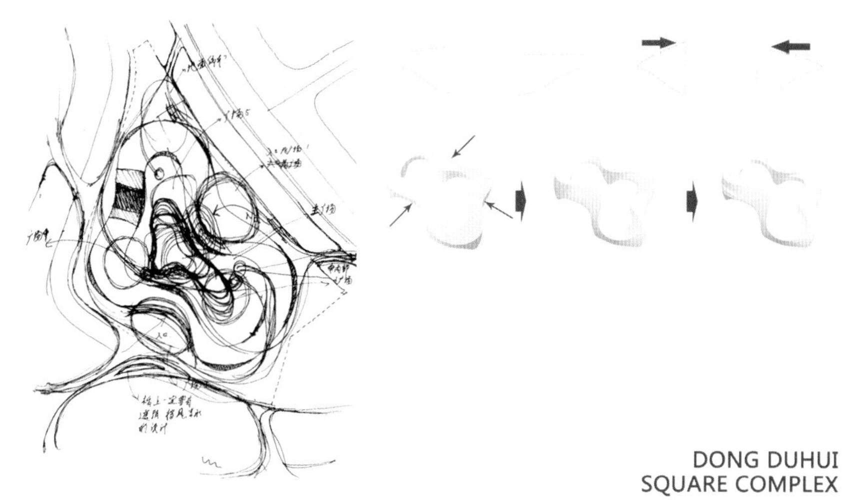

活动简介：

2010年2~6月，浙江大学与西班牙马德里圣保罗CEU大学（该校为西班牙建筑院校中最著名的私立大学）展开了联合毕业设计。题目是针对杭州新火车东站地区的城市与建筑设计。我系3名教师和16名学生于2010年3月赴马德里进行了交流与访问，CEU大学5名教师和60名学生于2010年6月来杭州进行了回访与交流。西班牙著名建筑杂志《Future》对两校的教学成果进行全程跟踪报道，并对其中涌现的优秀作品进行了发表。

DONG DUHUI
SQUARE COMPLEX
WORKSHOP CEU-ZJU

DIRECTED BY JIN FANG
DESIGNED BY GAO FAN

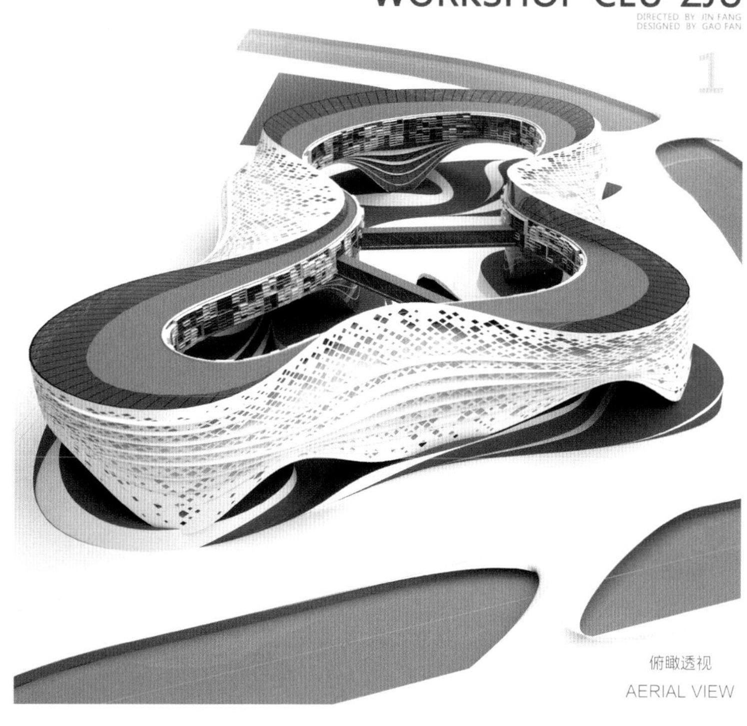

俯瞰透视

AERIAL VIEW

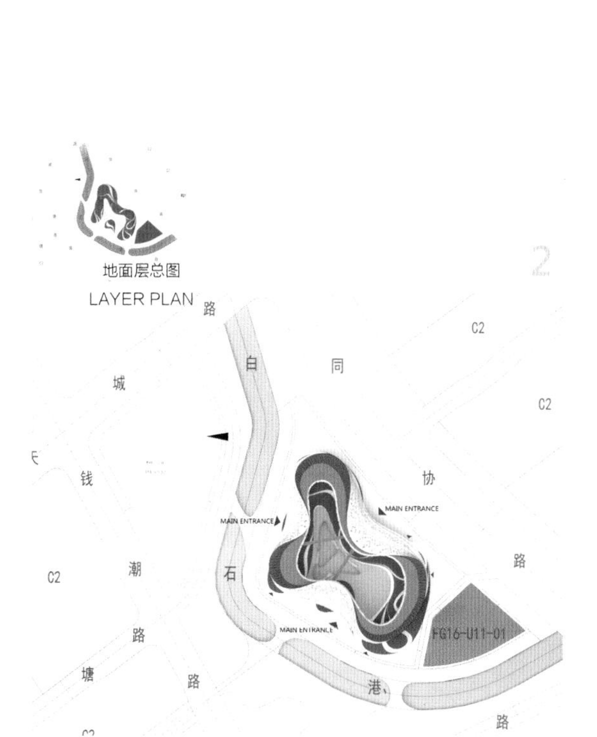

地面层总图

LAYER PLAN

设计：蒋兰兰　指导：王竹

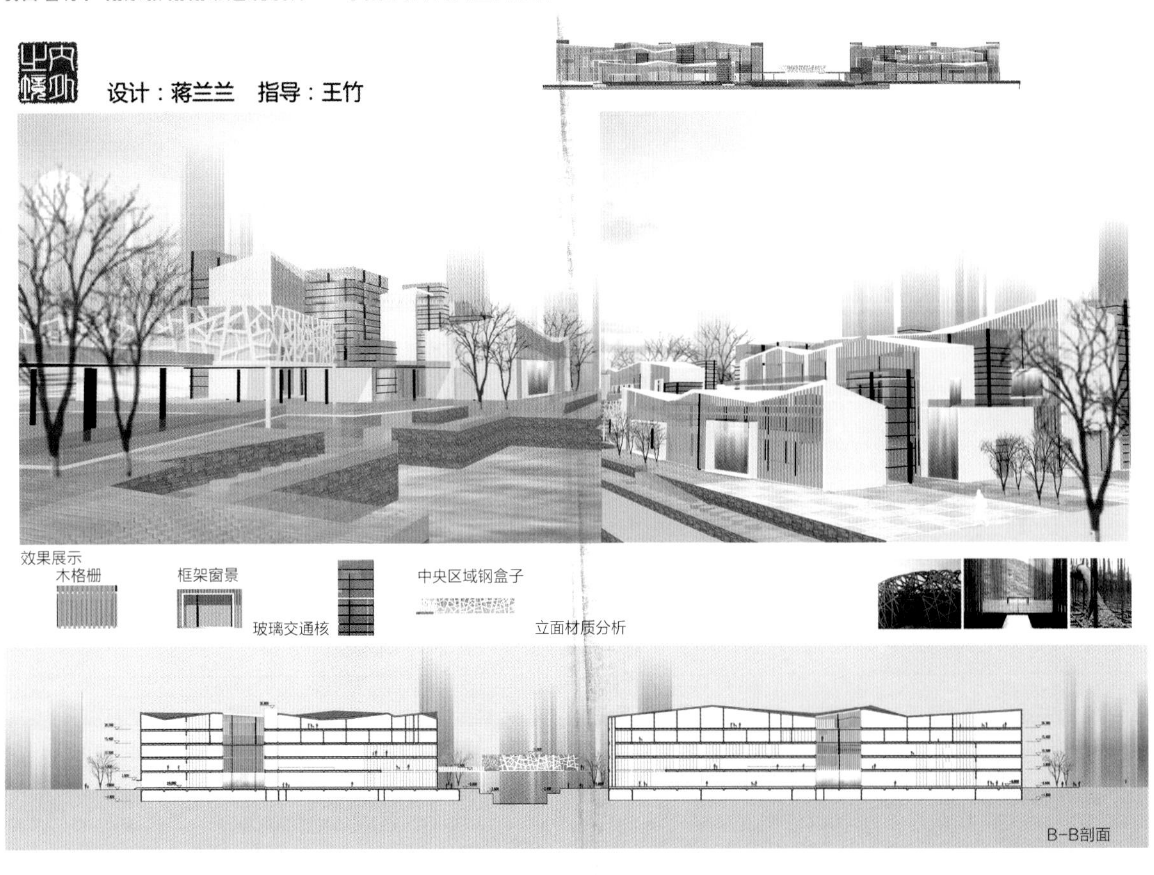

三层防火分区

S1=3589平方米　S2=2351平方米　　三层平面

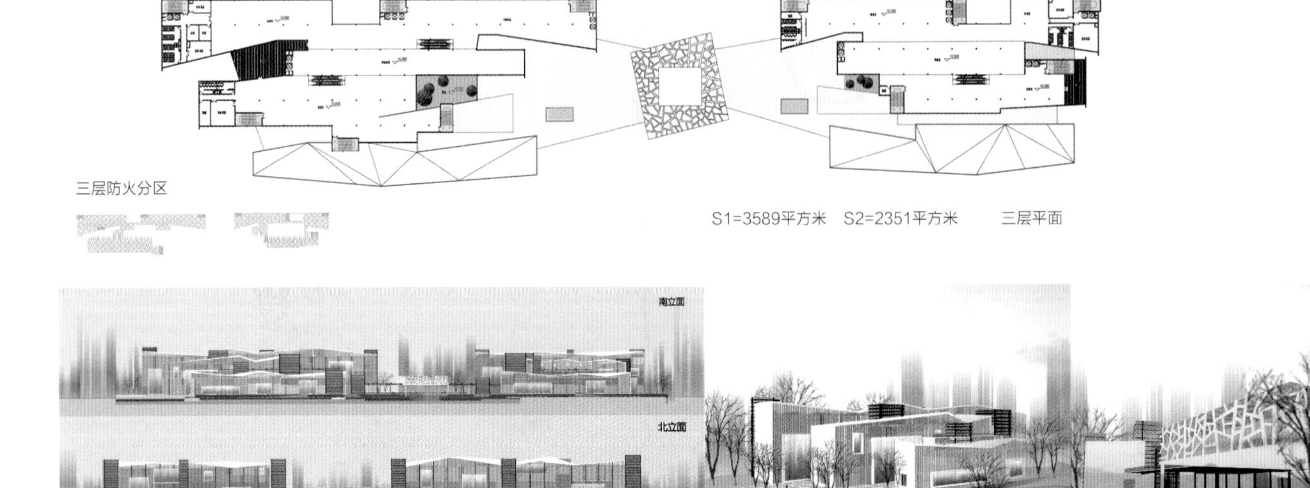

北京地区院校 》

北方工业大学

建筑工程学院

模拟设计院课程教学模式的实践

——建筑学专业四年级建筑设计课教学

卜德清

1. 课程基本信息

授课年级：本科建筑学专业四年级建筑设计课

授课内容：城市设计，高层建筑设计

教学周期：16周

授课形式：模拟建筑设计院工作模式

2. 模拟设计院课程教学目的

1）模仿设计院的工作程序，给学生提供了解设计院基本流程的机会，培养学生的责任感和合作精神。

2）整合其他课程，包括建筑结构课、建筑构造课，建筑设备课的知识，使本课程教学成为一个专业合作模式的综合设计。

3）学习并掌握城市设计方法和高层建筑的设计方法。

4）学习高层建筑设计规范的知识点和应用。主要知识点包括：①高层建筑设计的基本知识，②高层建筑总平面设计防火规范的学习和应用，③高层建筑设计方法和防火规范学习及应用，④高层建筑结构知识，⑤地下车库相关设计规范的学习和应用，⑥高层建筑设备的基本构成和设备系统概念。

3. 教学模式——模拟设计院教学——情景教学

1）组织结构的模拟——设计院的人员建制

2）设计题目的模拟——真实工程 。

3）工作模式的模拟——设计院的工作程序 。

4）管理制度的模拟——设计院的规章制度。

5）工作环境的模拟——模拟设计院空间布局 。

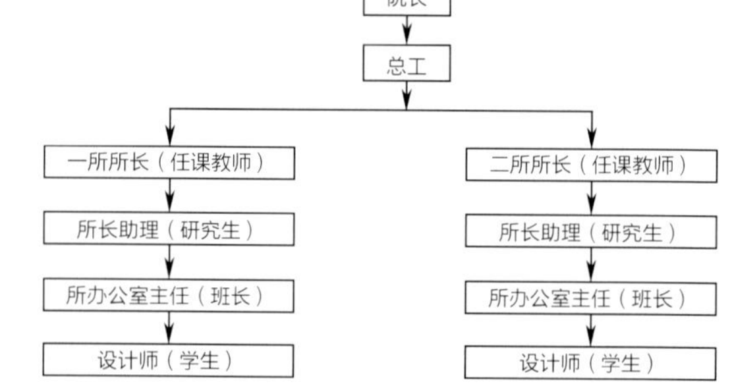

图1　组织结构

4. 组织结构的模拟——设计院的人员建制，见图1

投标项目以小组方式进行，每个投标小组由3~6位本科学生组成，共同完成一个设计题目。

5. 设计题目的模拟

某房地产正在规划设计中的开发建设项目；北方工业大学的建设项目

6. 教学过程控制

课上时间：①集体讲评，讨论前一周完成的设计成果，评定一周成绩。②布置下周作业，讲授下周作业相关知识点。

课下时间：①所长和所长助理详细审核设计师上一次的设计成果图，写出书面评审意见，交由设计师修改。②设计师检索并查阅资料，学习和运用相关知识点，推进本周阶段性设计的进度。

7. 教学过程

（1）第一部分：城市设计 （6周）

1）项目来源：某房地产在开发项目，规划设计中。

2）设计内容：城市综合体规划设计。

3）设计内容包括酒店、办公、商业、公寓等。

4）设计步骤。

房地产公司布置设计任务，城市现状调研。

建筑群体组织与场地设计，概念模型的汇报与讨论。参加人包括总工，所长。设计过程中，设计师给甲方汇报设计方案并听取修改意见。

场地设计、 景观设计。

平面标准绘制审图校对等。

述标答辩，参加评审人员包括房地产甲方代表，院总工程师，各位所长。

（2）第二部分：高层建筑设计（10周）

设计题目为高层五星级商务酒店设计，对前一阶段城市设计的成果中的酒店单体进行建筑设计体现从宏观到微观，从规划到单体的设计程序。要求完成并提交8个阶段成果。

1）优秀酒店实地调研及资料收集。

2）场地设计。

3）功能设计（裙房设计，标准层设计，核心筒设计）。

4）高层建筑设计消防规范学习及应用。

5）地下车库设计与结构设计。

6）造型设计。

7）设备设计。

8）答辩述标。评审人员包括房地产甲方代表，院总工程师，各位所长。

8. 管理制度的模拟——设计院的规章制度

1）参照设计院较为完整的管理制度，颁布模拟设计院管理细则。

2）虚拟工资员工月薪3000元（按月结算、公示），对成绩优秀、有特殊贡献的员工相应颁发虚拟奖金，对未完成任务的员工相应扣除虚拟工资。上下课实行打卡制，迟到或早退相应扣除虚拟工资。

3）管理规定：考勤使用指纹打卡机，人工考勤由秘书负责，迟到扣50元，缺勤扣200元（迟到15分钟算缺勤，上课中途无故退场算缺勤），病假、事假扣奖金。上班需衣着整齐汇报方案须着正装，着装不符合规定扣50元。

4）奖励：设计费分红由所长核算、院长审批（比例待定）。中标方案按任务书承诺金额发放（个人比例由所长核定、院长审批）。院内评审由所长核算、院长审批。其他奖励由所长核算、院长审批。

惩罚：出勤行为不符合要求（如上班时打游戏、在设计院抽烟、喝酒、卫生差）及严重违规有以下惩罚：①警告、罚款，②留院察看，③解聘。

5）出图打印：正式文本、效果图可由设计院报销，模型费用由学生自理。

6）其他：营业执照、税务登记证、图章、院规。

9. 工作环境的模拟——模拟设计院空间布局

①四个设计所各自空间独立；②中型会议室一间；③设计师工作区；④讨论会议区；⑤集体讲评区；⑥资料柜，放置图书，设计规范，设计资料；⑦四位所长办公室各一间。

10. 模拟设计院特点总结

1）模仿设计院的工作程序，体验团队合作设计工作方式。

2）整合其他课程的知识，成为一个大的设计体系内容。

3）更加强调设计的过程控制。

4）教师和学生工作强度较大，学生收获较大。

5）重视设计规范的学习和应用。

6）课堂场景模拟使学生更有学习兴趣和动力。

（1）模仿设计院的工作程序

1）模拟设计院通过可操作的运行模式对学生进行强化训练，使其主动或被动地进入角色，在课程进程中以行为矫正的方式获取知识从而达到教学目的。

2）提供学生了解设计院基本流程的机会，培养学生的责任感和团队合作精神。

（2）整合其他课程的知识成为一个大的设计

1）在设计过程中使用其他课程的知识，如建筑结构、设备水暖电、建筑构造，把每一部分知识安排成一个小的专题训练，在使用时激活这些课的知识使它们变得生动起来，并把它们整合成一个大设计课。使学生充满热情地工作，接触设计院的工作模式，更好地实现我们的培养目标。

2）建筑构造课。

3）建筑结构课。

4）建筑设备课。

（3）更加强调设计的过程控制，保证教学质量

通过设计过程的控制把每一个教学环节质量做扎实，将整个设计过程分为若干个单独单元，分阶段按要求完成并提交设计成果。

（4）教师和学生工作强度较大

由于要求每一个阶段单独完成设计成果，并核算工作量和奖金（将来作为评分依据），学生的工作量加大了，学生的工作强度加大了，要想拿到这个学分，就要扎扎实实地完成每一个小的过程成果。每个阶段的成果都要求很详细、很具体。这样把教学过程做得更为扎实，学生收获更大。

（5）重视设计规范的学习和应用

1）每当遇到规范问题时就敦促学生自己去查规范，培养学生养成白觉查阅设计规范的习惯。

2）从上课的第一天就布置课堂上将增加一次规范条文考试，包括《高层民用建筑设计防火规范》、《建筑设计防火规范》、《汽车库修车库停车场设计防火规范》…… 随时可能考，让学生课下自学规范，使学生保持不断学习规范的状态。

（6）课堂场景模拟使学生更有学习兴趣和动力

模拟设计院属于一种情景教学模式，这种学习环境和学习模式大大增加了学生的学习兴趣，激发了学习热情，调动了学习积极性。通过实践，获得了良好的教学效果。

（注：本项目受2008年北京市高等学校教育教学改革立项项目《建筑学职业教育背景下的人才培养模式》资助。项目完成人：张勃、卜德清、王小斌、杨绪波、林文杰、张宏然）。

模拟设计院的意义

模拟设计院通过可操作的运行模式对学生进行强化训练，使其主动或被动地进入角色，在课程进程中以行为校正的方式获取知识。

模拟设计院规章制度

（1）上下班实行打卡制，迟到或早退相应扣除虚拟工资。

（2）虚拟工资员工月薪3000元，成绩优秀、有特殊贡献者相应颁发虚拟奖金；任务未完成、迟到早退等相应扣除虚拟工资。

（3）模拟设计院提供相关规范及设计类的书籍以便查询。

模拟设计院空间模式

（1）每个班分为两个所，分别为一所和二所，每个所有一个独立的空间。

（2）每位设计师有自己独立的工作空间。

模拟设计院人员构成

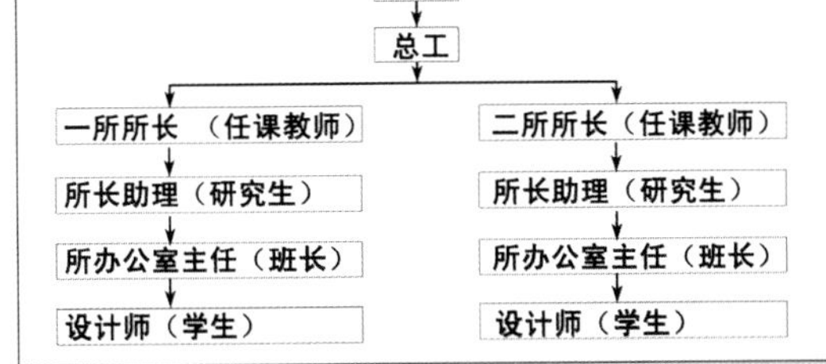

模拟设计院教学流程及设计成果展示

第一部分城市设计

设计题目为城市综合体设计，设计内容包括酒店、办公、商业、公寓等。

具体内容包括：①建筑群体组织、②场地设计、③景观设计、④总平面标准绘制等。

流程图

城市设计 → 现场调研及资料收集 → 建筑群体组织及场地设计 → 景观设计 → 总平面标准绘制 → 总工审图

设计过程随时向所长汇报，总平面成果有总工审图。

城市设计方案投标：参加评委有房地产商，院总工，所长。

投标以后评出投标名次，按评委提出的意见进行总平面修改，按照规划报批深。

度进行深化cad，最后完成规划总平面图。

调研报告

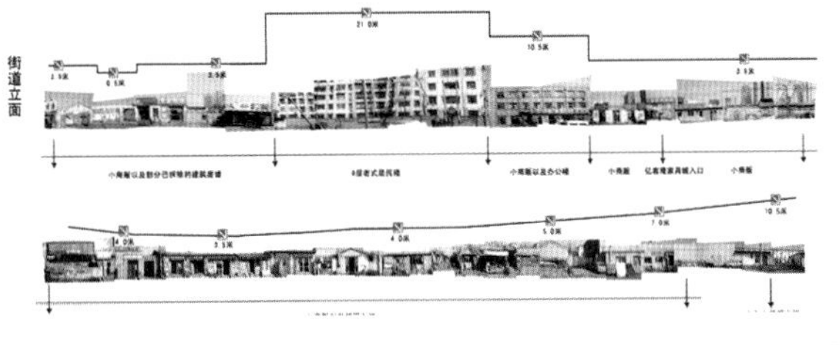

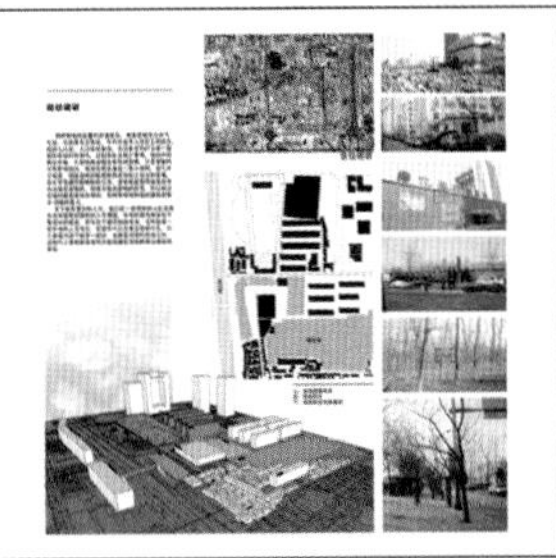

项目名称：北方工业大学模拟设计院主题展示

学校：北方工业大学

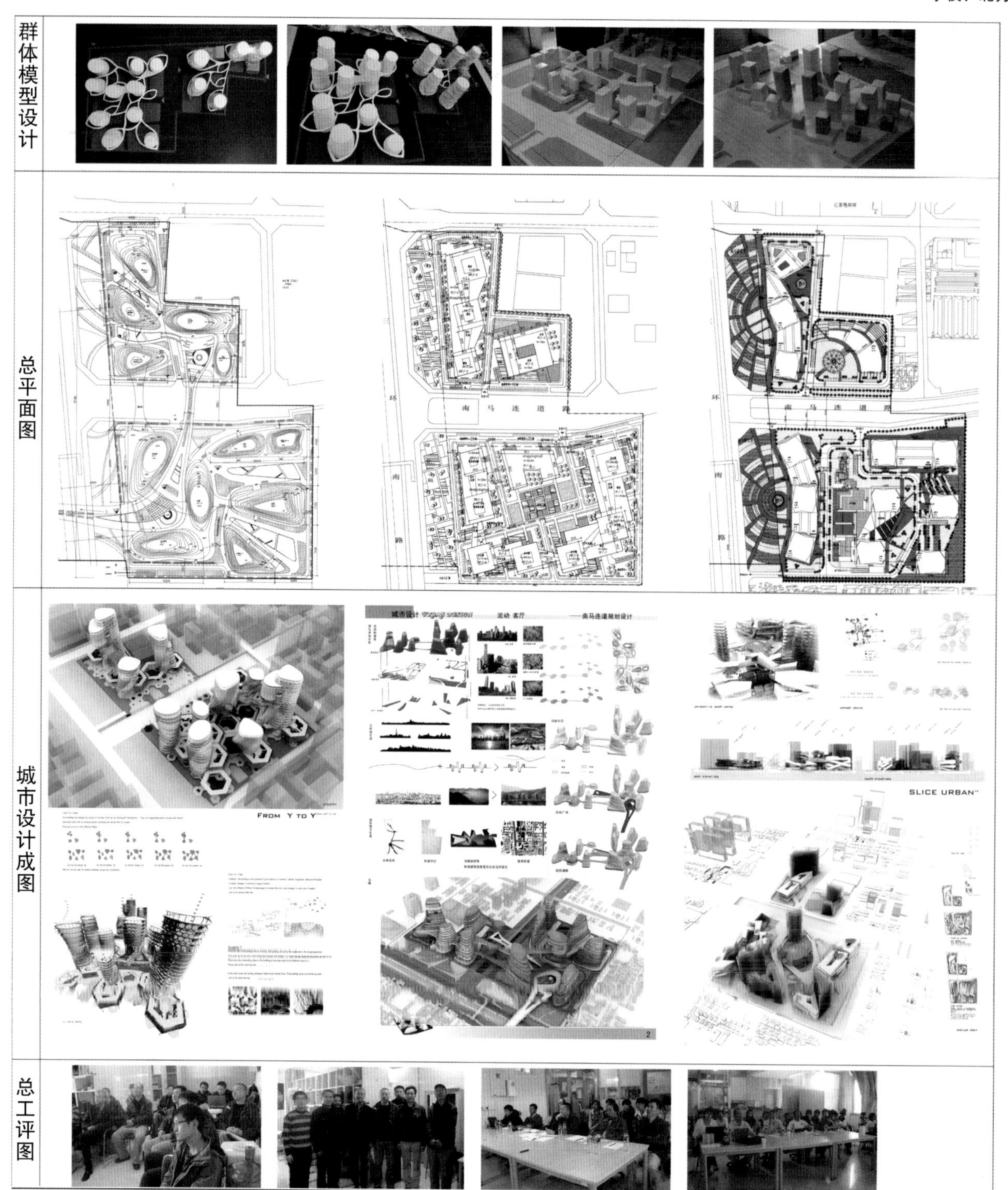

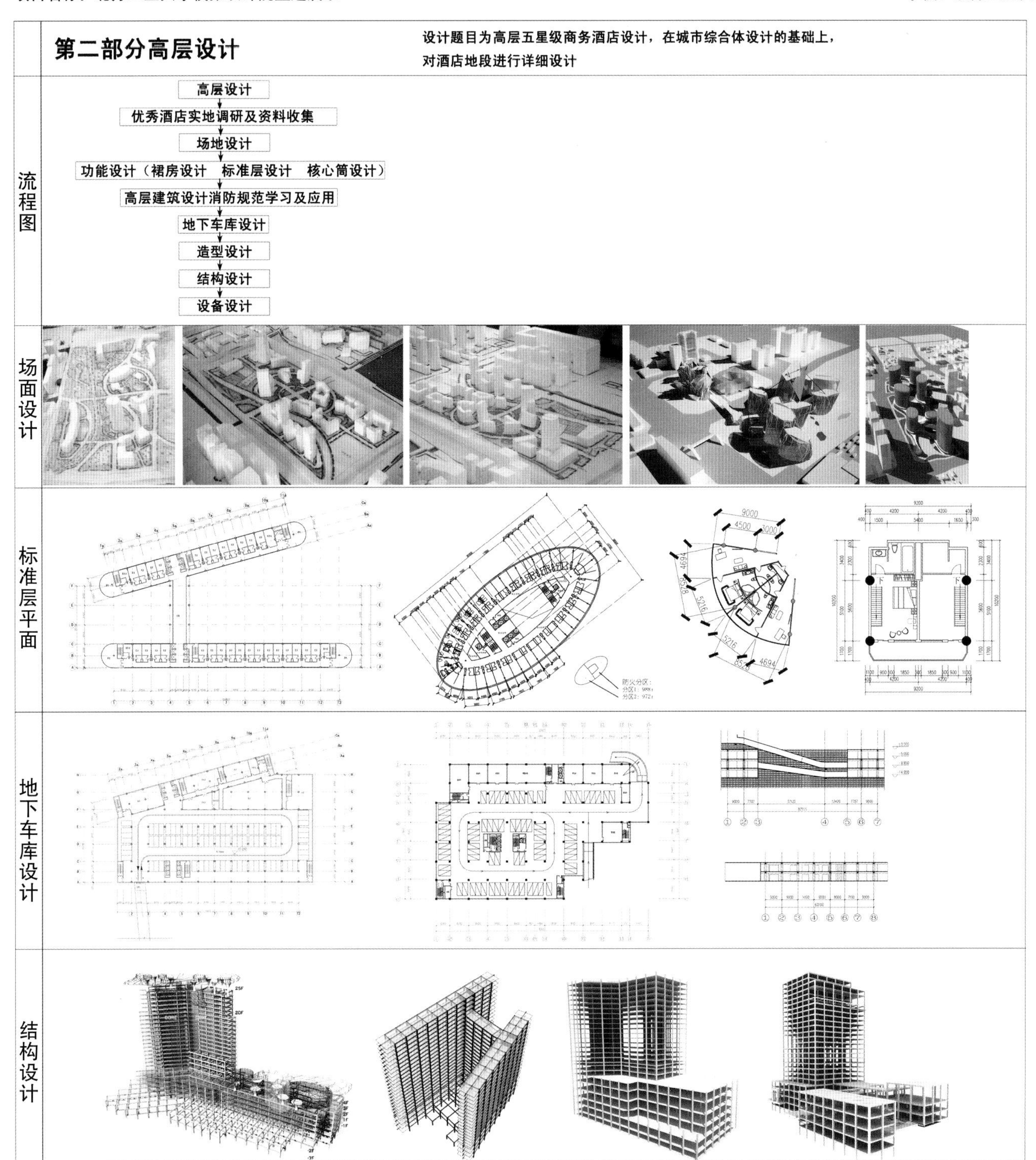
第二部分高层设计
设计题目为高层五星级商务酒店设计，在城市综合体设计的基础上，
对酒店地段进行详细设计
流程图
高层设计
优秀酒店实地调研及资料收集
场地设计
功能设计（裙房设计　标准层设计　核心筒设计）
高层建筑设计消防规范学习及应用
地下车库设计
造型设计
结构设计
设备设计
场面设计
标准层平面
9000
4500
3000
4694
5216
9200
4200
防火分区：
地下车库设计
结构设计
25F
20F

造型设计成图
第三部分真题投标
投标方案：1. 北方工业大学实验楼方案招投标
2. 北方工业大学第十公寓方案招投标　3. 北方工业大学游泳馆设计招投标
流程图
真题投标
收集资料现场调研
开会制定工作进度表并确定项目召集人及参加人员
中期开会确定方案
形成方案
方案后期表现绘图
制作册子、模型及多媒体
投标
投标方案：实验楼
柱之森
植物通过光合、呼吸作用同大自然交换能量，如果将树木的形体加于建筑之上，并附着以植物，那么建筑也成为了大自然的共同体。

北京交通大学

建筑与艺术系

各学校联合教学的途径与方法

韩林飞

北京交通大学国际联合教学主要内容包括：从城市入手，以问题的自我总结为引导，用城市与建筑设计的方法探讨解决这些问题的途径。通过课程学习及设计实践，了解和掌握城市设计、建筑设计的基本实践内容、城市与建筑设计师的工作特点以及用城市与建筑设计的基本原理和方法诠释现代城市与建筑的问题，重点培养学生在实际现场中发现问题、理解不同城市地段现场问题、用城市与建筑、空间的手段解决问题的能力。

学生能够根据不同国家经济社会背景、不同城市的发展问题、不同设计现场的实际特点，综合运用城市与建筑设计的原理和方法、知识进行城市与建筑的设计，完成从城市尺度的分析到建筑尺度的平面、立面、剖面及部分细部的设计，比如从1:10000到1:5000、1:1000、1:500、1:100、甚至到1:10的建造尺度 。

1. 联合教学引发的思考

北京交通大学近三年组织的联合教学为2007年度中韩交流，2008年度中荷交流，2009年度中俄交流。通过这三年的国际联合教学实践，可以用“界”与“无界”为题来阐述我们的思考和体会。

（1）界

所谓“界”，指的是界限、区别、差异，这些差异包括不同文化、不同社会关系、不同经济基础、不同语言、不同信仰及不同生活经验等，从专业角度来看，在国际联合教学当中“界”主要包括三方面的内容，即文化背景、对建筑的理解以及教学方法的不同。

（2）无界

所谓“无界”指的是大同、相通、融合，在国际联合教学当中主要包括三方面的内容，即专业方向的无界、新的建筑理解的无界以及设计方法的无界。

1）专业方向：在当代建筑学的发展过程中，建筑学专业需与时俱进，在专业方向的培养上紧跟时代步伐，例如非线性的研究，材料的创新等。学校是培养人才的地方，在建筑学专业方向上，学校最终为社会输出的是具有社会责任感的建筑师，这是各国建筑学教育体制的共同努力方向。

2）建筑新理解：中国的“精神空间”与外国的“实体空间”并不矛盾，两者通过多样的空间塑造手段实现融合与共生，这是当代建筑发展的趋势，也是全球化大背景下对建筑学的新理解。当代建筑形式多元化，建筑材料丰富，建筑空间多种多样。在此基础上，国际联合教学需要学生通过建筑的手段解决实际问题，通过对空间的运用，创造宜人的生活环境。

3）设计方法：不同国家的建筑学教育都重视学生扎实的基本功，注重运用多元化的设计手段，关心对未来发展的预见和思考。而在建筑审美方面，追求“形式美”是所有设计方法的最终目标，平衡、和谐、均质、对比等是共通的审美原则，对形式、体块、空间、形体的逻辑关系的塑造是共同的设计手段。

2. 教师与学生在国际联合教学中均有收获

（1）教师

全球化背景中开放与严谨的教学模式，国际教师条例明确的教学与现场设计示范，甚至于手把手的传教，使双方均受益匪浅。

（2）学生

不同背景下的文化交流在城市规划与设计专业领域的体现，使双方学生收获颇丰。学生的积极性和进取精神、互动式的教学方式为双方学生思维创造性的发挥提供了空间。各国学生均各有所长，通过教学的交流与互动，互通有无。学生之间的相互教学与设计互动，提高了双方学生对专业领域中语言交流的重视度 。

3. 今后联合教学的发展方向

国际形势的发展趋势是建筑学发展的大框架背景，其内容主要包括：全球化、多元化、未来方向以及可持续发展。

（1）全球化

全球化是指全球联系不断增强，人类生活在全球规模的基础上发展及全球意识的崛起。国与国之间在政治、经济贸易上互相依存。全球化亦可以解释为世界的压缩和视全球为一个整体。这就意味着教育工作应缩小国际空间差异，联合世界各国高校资源，共同推进建筑学教育发展。

（2）多元化

多元化的简要定义是：任何在某种程度上相似但有所不同的人员的组合。在建筑学范围内，我们需要不同国籍、种族、文化、语言、信仰的参与者共同讨论，构成多元化的发展模式。

（3）未来方向

面对经济与文化的高速发展，未来变得变幻莫测。我们应通过交流与互通，对未来的发展趋势做预测与准备，迎接更广更高难度的挑战。紧跟时代步伐，对未来建筑学的发展及建筑学教育模式做新的尝试。

（4）可持续发展

可持续发展涉及自然、环境、社会、经济、科技、政治等诸多方面，在建筑学发展方面指的是建筑材料、建筑空间的良性循环。例如中国的“舍”的概念，指的是空间的临时占有与循环再生，而不是欧洲建筑几百年的屹立不倒。从这个意义上来讲，中国的建筑更具循环性，更留给后代发展空间。

北京交通大学建筑与艺术系&莫斯科建筑学院

building

slogan

poster

(old—new)contrast

complaint

ruins

learn from a big tree

沉舟侧畔千帆过，病树前头万木春.

section skin

1950s-1970s

2010

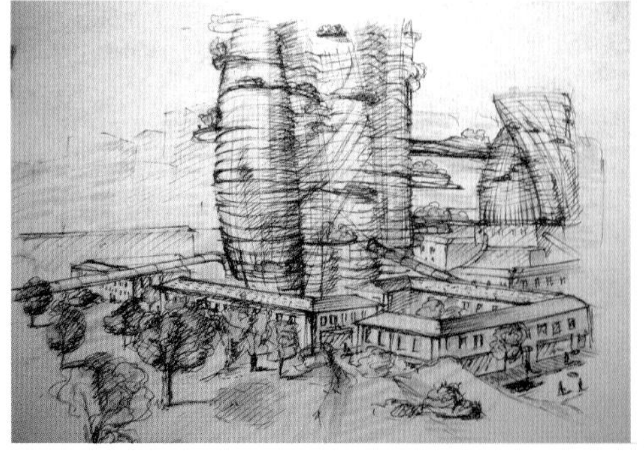

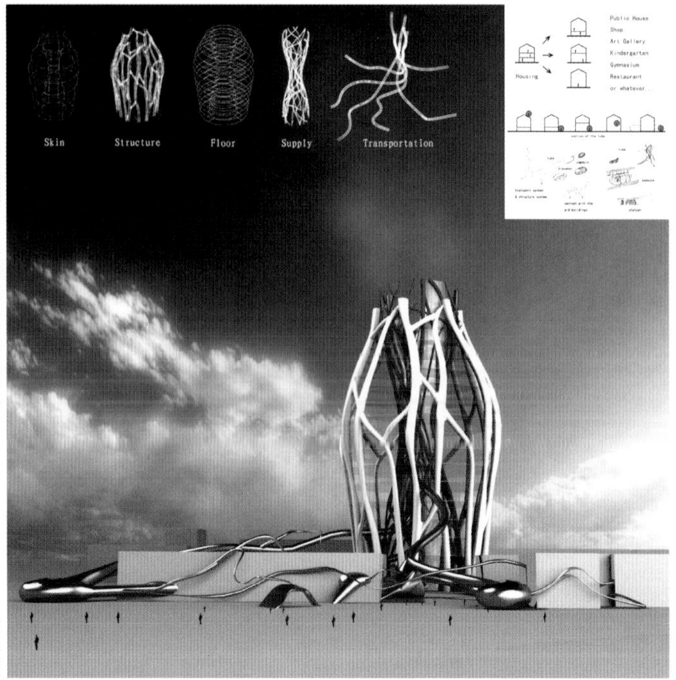

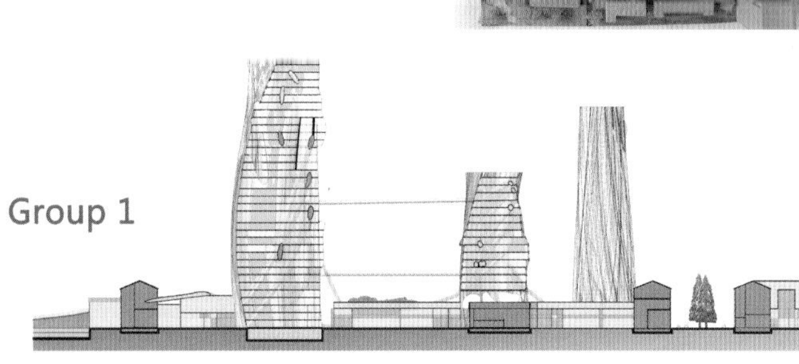

Group 1

Group 2

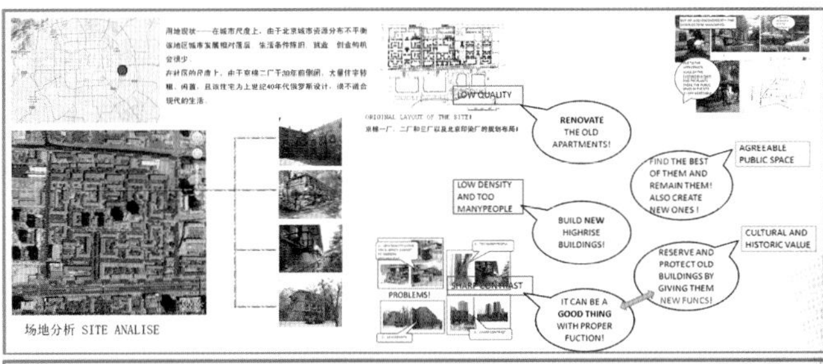

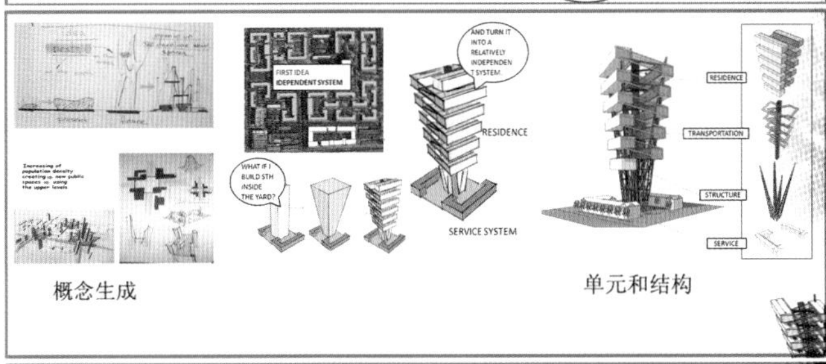

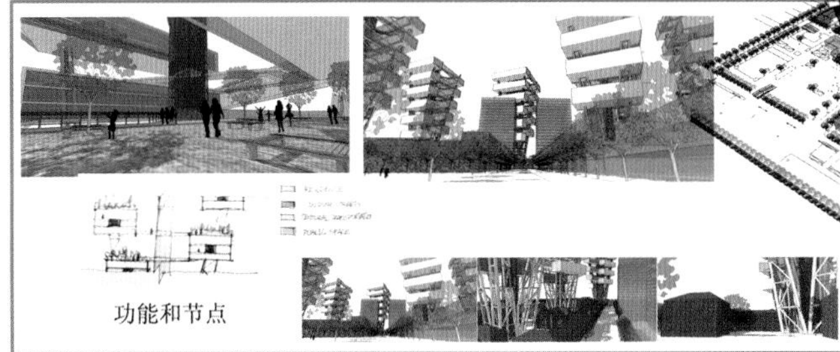

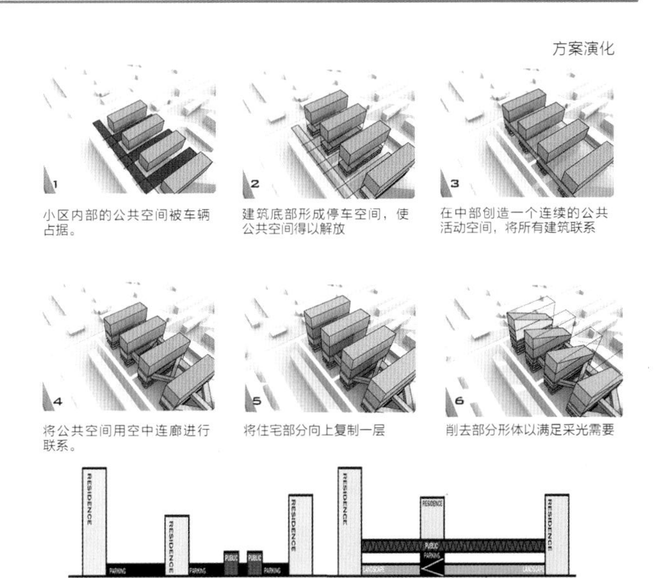

Group 3

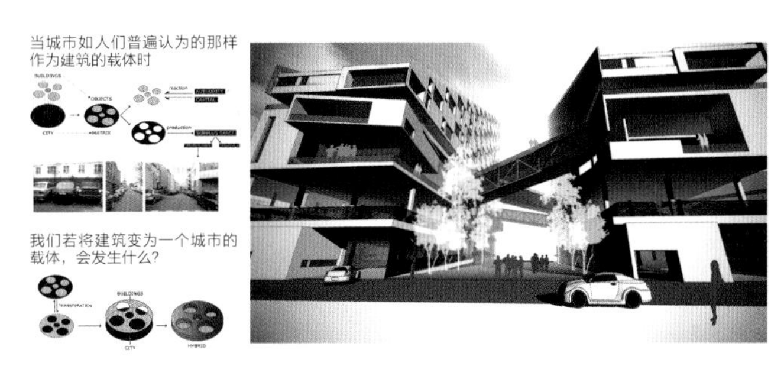

当城市如人们普遍认为的那样作为建筑的载体时
我们若将建筑变为一个城市的载体，会发生什么?

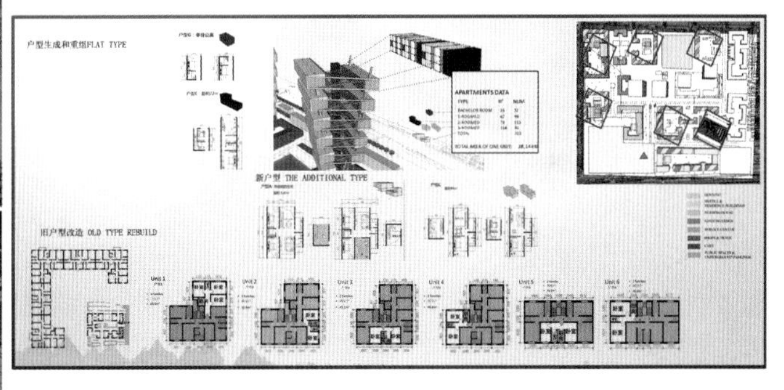

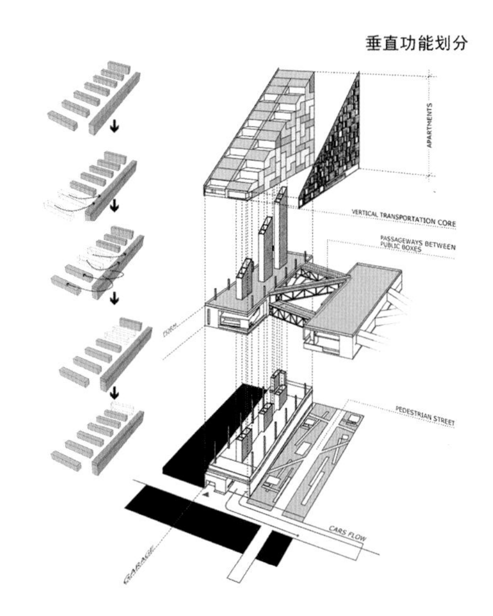

北京交通大学建筑与艺术系&成均馆大学建筑学科

Xisi Bei's condition

Function

Figure/Ground

Road, East to West

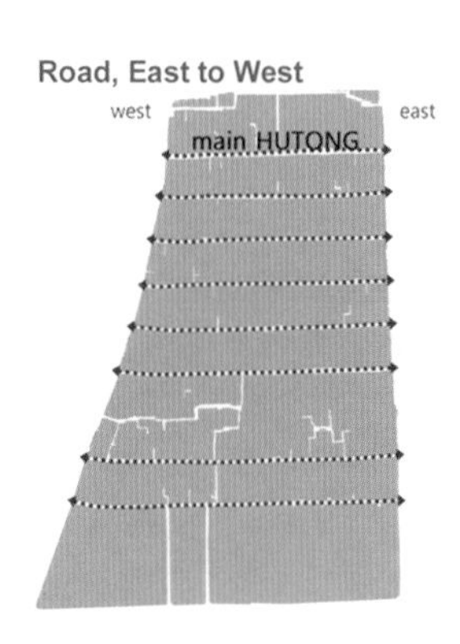

Green area

Disease area

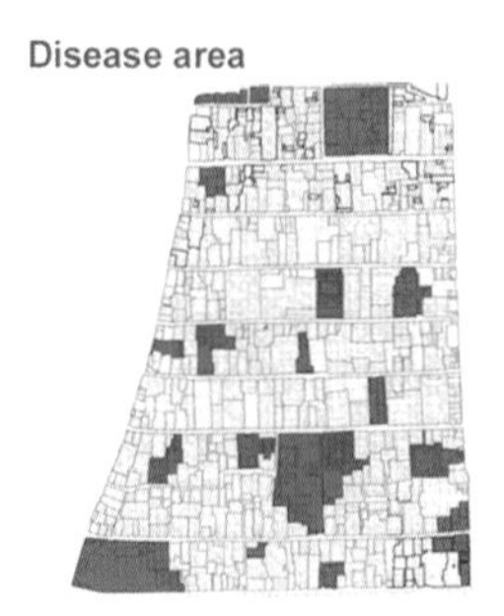

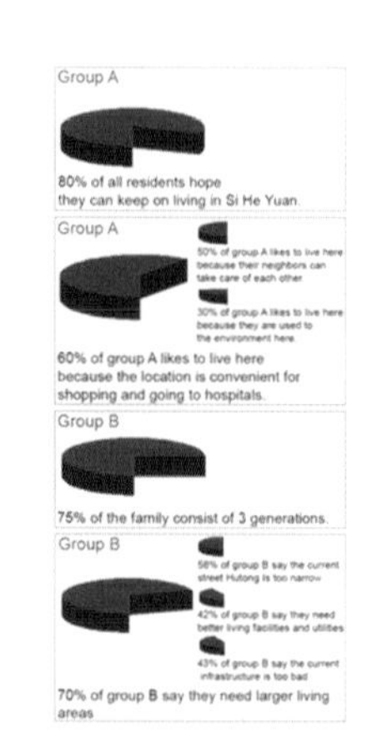

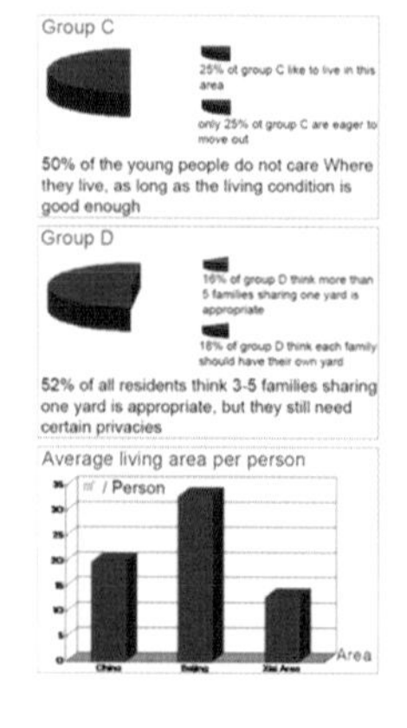

基地信息

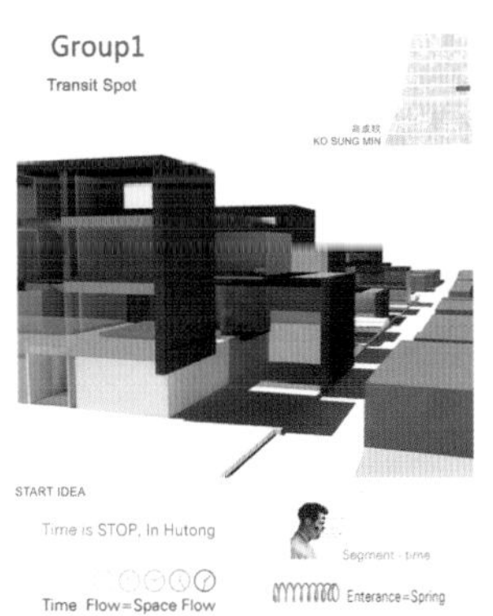

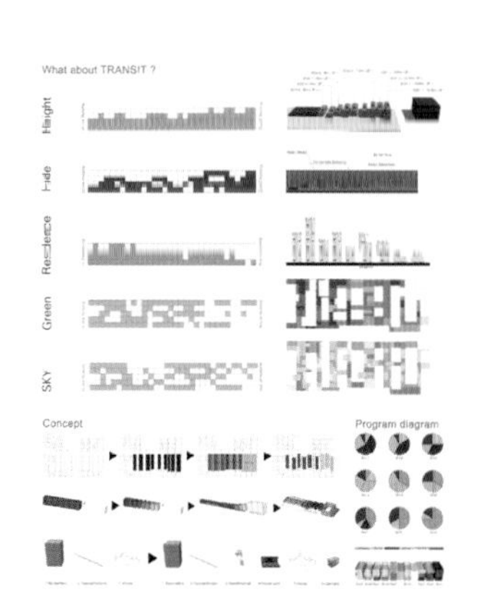

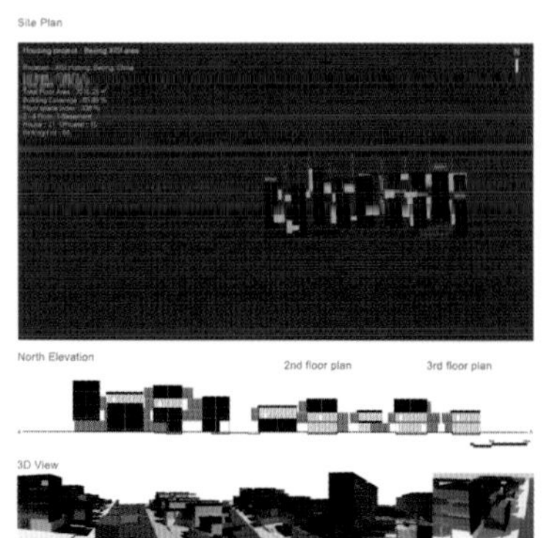

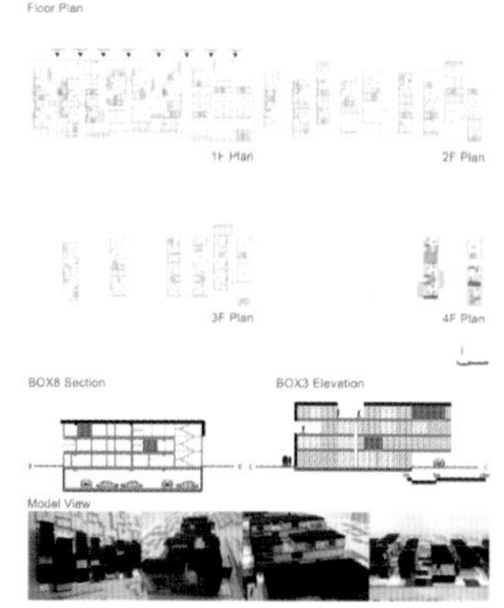

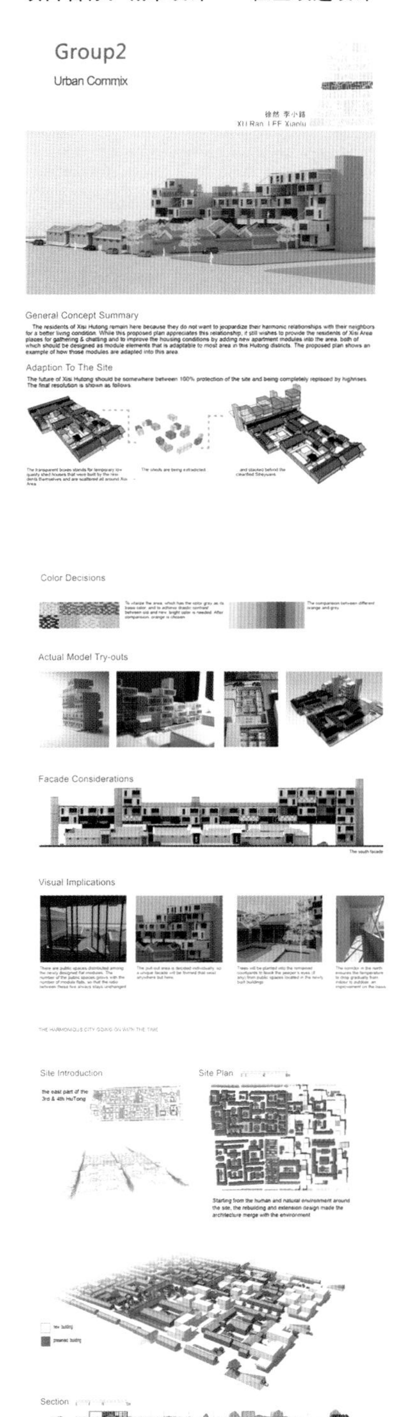
Group2
Urban Commix
XU Ran LEE Xiaolu
General Concept Summary
Adaption To The Site
Color Decisions
Actual Model Try-outs
Facade Considerations
Visual Implications
Site Introduction
Site Plan
Section

Site Plan
Preserved Area
Demolished Area
Add Road &Green
Final Plan
Group3
Harmonious City : extraction and trasformation of the courtyard
ZHANG YANG WANG JUEWEI
General Concept Summary
Commercial Unit PLan
Elevation

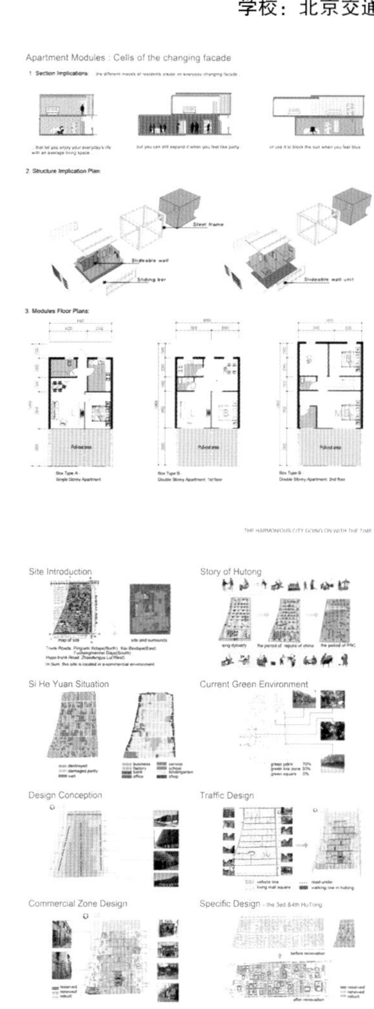
Apartment Modules : Cells of the changing facade
Site Introduction
Story of Hutong
Si He Yuan Situation
Current Green Environment
Design Conception
Traffic Design
Commercial Zone Design
Specific Design

北京交通大学建筑与艺术系&荷兰屯特大学

Group 1 该组成员为应对该区域缺乏吸引力，居住人群文化程度较低的状况，采取延伸市中心，改造可利用的现存建筑，建造文化通廊等措施以重新激活此区。

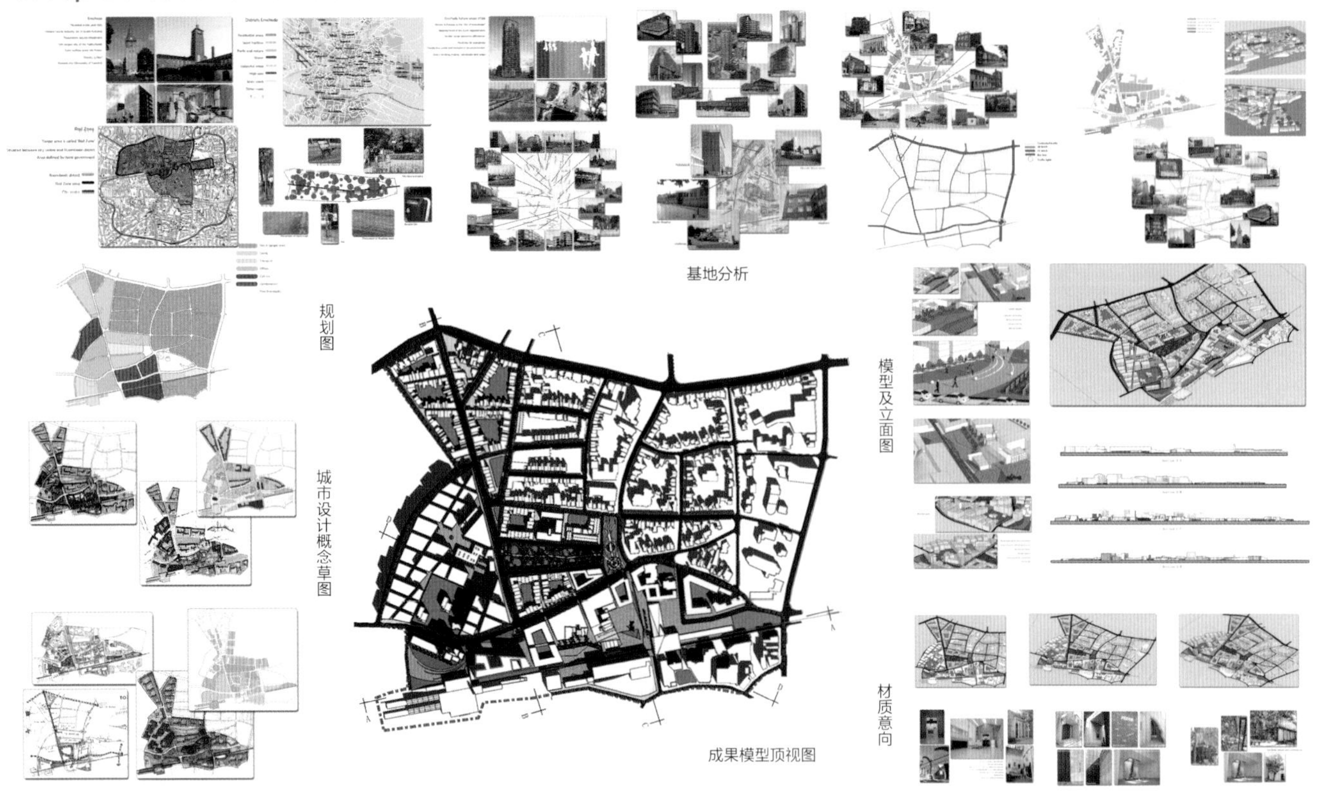

Group 2 该组强调城市的互动空间，将该区北向连接城市中心，将其改造为更加人性化并且更具活力和吸引力的地区。

Group 3 该组分析并且挖掘当地城市空间的价值，加强该地区与城市中心的联系并且发挥其附属中心的作用。

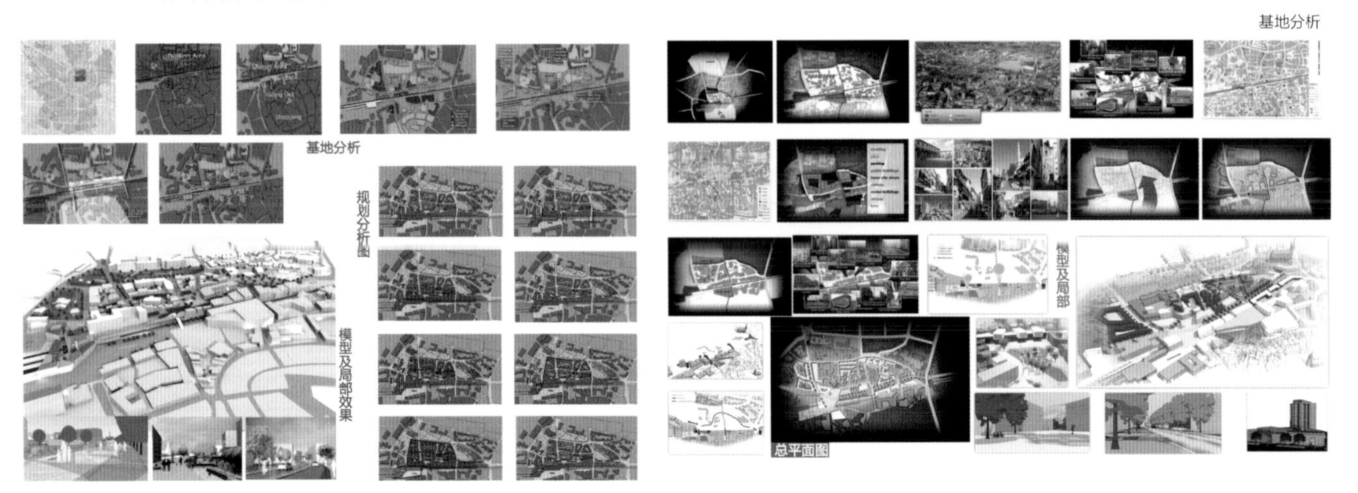

北京林业大学

园林学院

基于景观都市主义的毕业设计联合教学尝试

北京林业大学园林学院

1. 联合教学的途径与方法

（1）风景园林专业特点

作为一个以培养风景园林专业人才为目标的院系，其建筑设计教学不同于一般建筑院校，有着自身的特点。我们的学生毕业后大都从事风景园林设计师的工作，有着广泛的创作空间。事实上，当代的风景园林规划设计具有非常广泛的专业领域。从传统的花园、庭院，到城市公园和绿地系统、城市广场、城乡风景道路系统、街道、居住区，校园、公司园区以及国家公园、自然保护区，甚至整个大地的生态规划都成为风景园林设计师工作的范围，这使得风景园林设计师成为人居环境的主要设计师和创造者。

（2）风景园林专业设计课教学内容

针对风景园林专业特点，我院在设计课程体系设置上涵盖了风景园林规划设计、建筑设计、城市设计和生态规划四方面的内容，以培养基础厚、知识广、能力强、可交融的复合型设计人才为目的，使学生受到全面良好的专业训练。

（3）毕业联合设计选题切入点

景观都市主义。

研究与设计相结合。

综合运用风景园林规划设计、城市设计与建筑设计三方面知识。

（4）选题背景

近年来风景园林已成为当今处理大尺度环境、社会以及经济问题的有力工具。作为一种新兴学科，景观都市主义的出现有望将区域风景规划和城市设计融合在一起，形成具有预见性和适应性的实践方法。概括地说，景观都市主义是指景观取代建筑，成为城市空间的基本结构 。

基于以上认识和思考，我们在北京林业大学风景园林专业本科毕业设计联合教学中，尝试引入“景观都市主义”的概念和策略，指导风景园林专业学生充当城市设计“引领人”的角色，从城市景观构架和开放空间体系出发，探索风景园林设计教学的一种新模式。

（5）联合模式、师资配备与学生的选拔

联合模式：与规划设计院联合教学、真题假作。

师资配备：导师组负责制、由经验丰富的教师与规划设计院高级工程师组成。

学生的选拔：报名选拔，选择综合能力强的优秀学生。

毕业联合设计小组：4人/组、一个题目。

（6）时间安排与教学组织模式

时间安排：通常为3个月，包括集体现场调研、中期阶段性汇报和最后成果汇报。

教学组织模式：集体评图、独立完成的方式。

重要环节：现场调研，中期阶段汇报和最后的成果汇报，有目的地穿插进行系列讲座（除本专业之外，涉及跨学科的知识的引入）。

2. 联合教学引发的思考

风景园林专业的学生从“景观都市主义”出发所作的城市设计尝试取得了较好的效果，摆脱了传统城市设计过多注重建筑要素和形体环境、而用景观“填补伤疤”的弊端，使得城市的景观空间和开放空间体系成为城市设计考虑的出发点和最重要的因素。这种融合了人工与自然、形式与功能、风景规划和城市设计的“景观都市主义”预示着城市设计的一种新的发展方向。学生的方案也从不同的切入点探讨了基于“景观都市主义”的城市设计所提供的丰富的空间和可能性。

我们认为只要具备了广博的知识储备、扎实的基本功、高水平的文化素质和很强的综合能力，风景园林师完全有能力引领城市规划与设计的工作，并利用景观都市主义的观念和方法，提供新的城市架构，谱写新的篇章。

3. 今后联合教学的发展方向

针对风景园林专业特点，今后我院的毕业联合设计仍会延续“景观都市主义”及相关的理论基础，但在联合模式上会更加多元化，除了与规划设计院联合教学外，我们正在尝试与国内其他园林院校、建筑院校以及国外大学间的联合教学，以促进更多层面的交流，引发更多角度的思考。

总平面图

- 依托南湖湿地景区，以水系作为城市空间的核心，营造低密度休闲商务区
- 强调人性尺度和步行空间感，实现步行/公共交通导向的发展策略
- 在建筑和空间设计中充分利用环境，实现可持续发展
- 在分期开发策略中实现适用性和灵活性

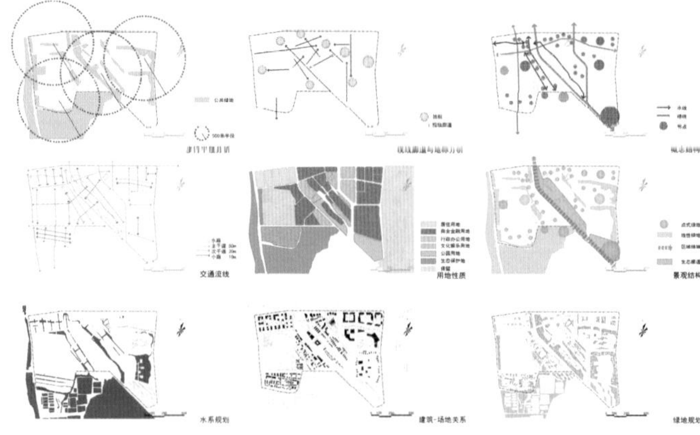

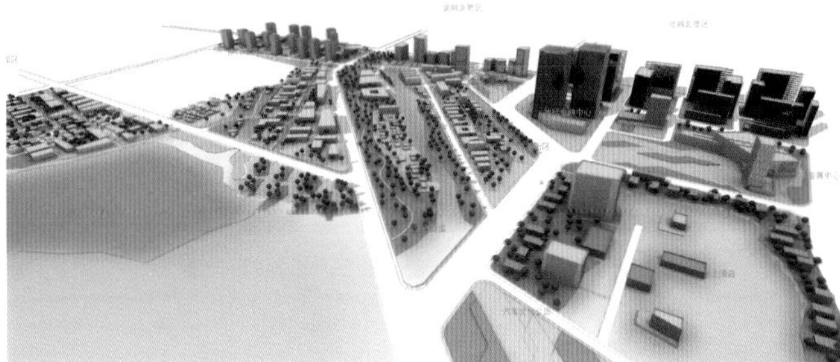

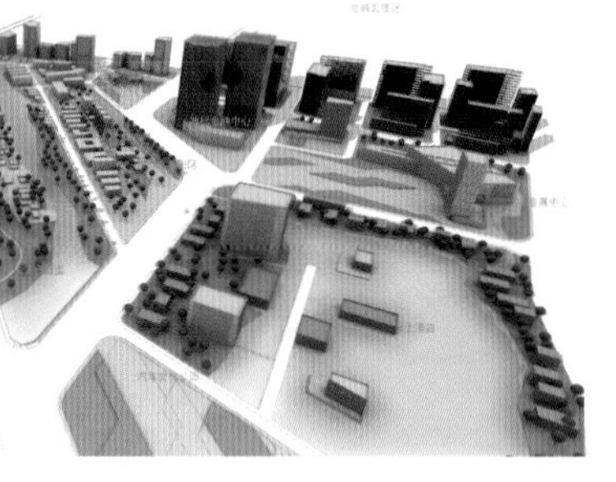

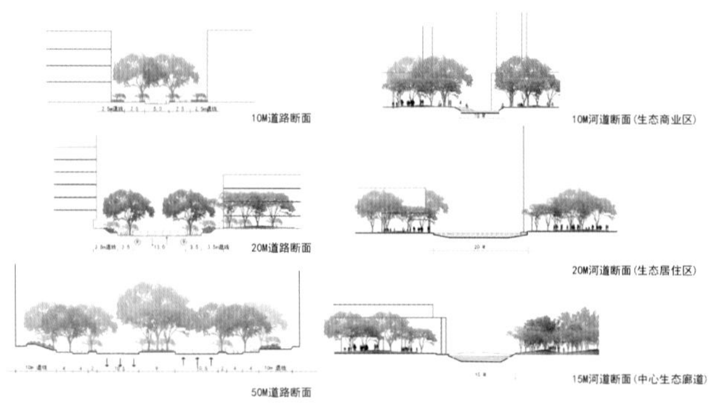

中心生态走廊

生态居住区

商业步行街区

金融会展区

规划理念

创造一条生态走廊，连接新老城区的城市空间。丰富的绿色河道系统是淮北市一个显著的景观特征。在RBD新区的设计中，它将扩张与延伸至新建的水道开放空间网络之中。水乡邻里不仅创造了一个绿色的生态环境，而且为新城中心树立了一个强有力的个性特征。

以生态网络作为城市设计框架，利用现有自然绿化空间与水系网络作为城市空间的结构依据。结合特有的水网自然资源，精心组织景观元素，形成自然河道网络协调共生，具有水乡特色的现代化都市新区。

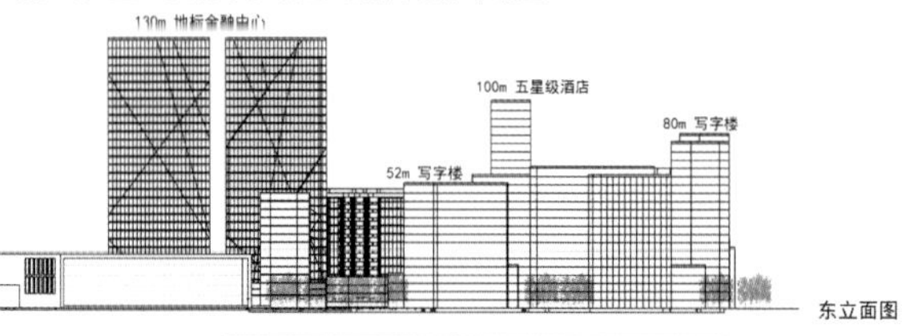

东立面图

2005级涂一　指导教师：秦岩

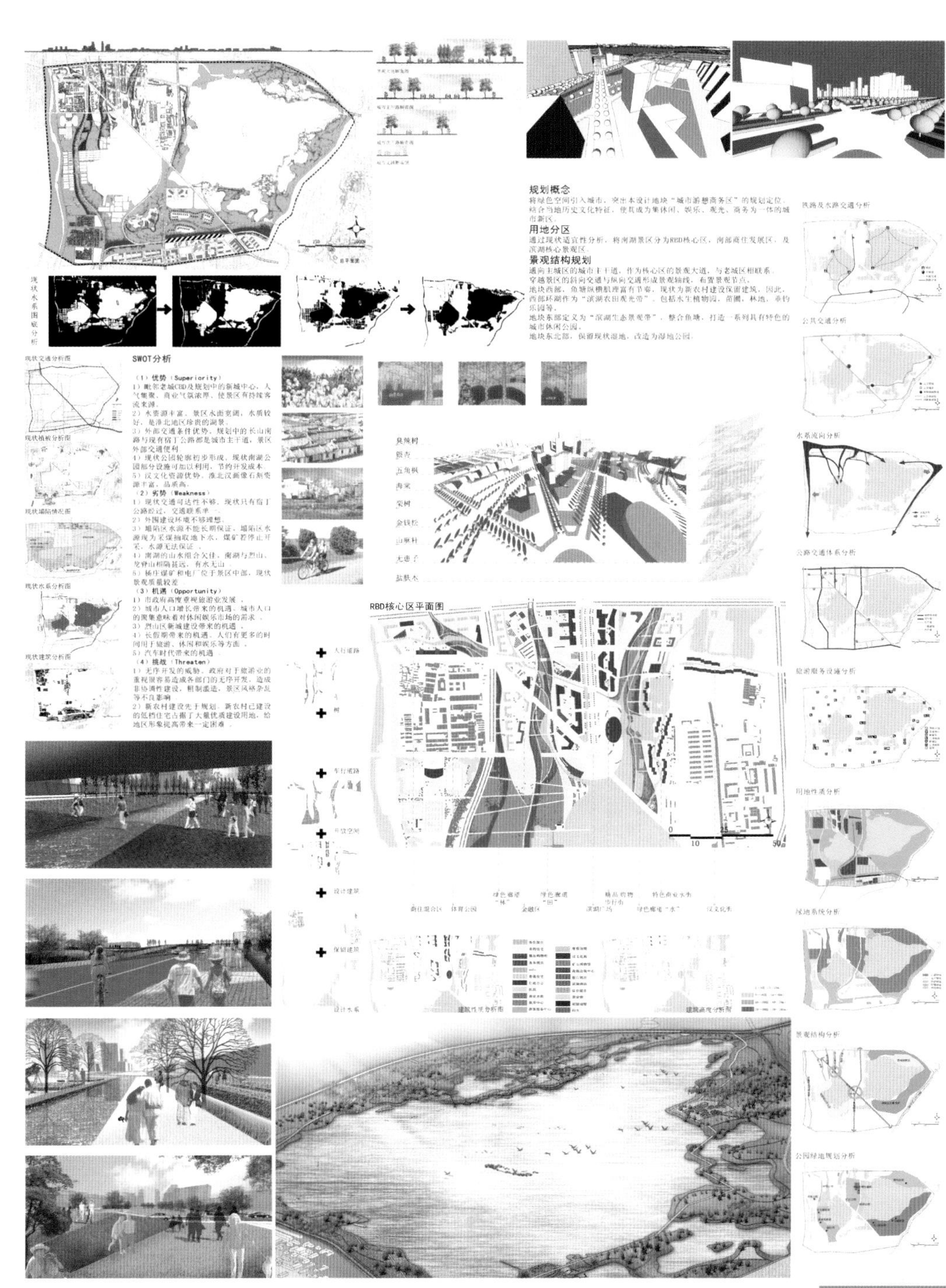

城市空间

通过三条绿色廊道，即三条插入城市空间的绿带，使城市空间与自然空间相互渗透。绿色廊道遵循“设计结合自然、顺应气候”的原则，呈南北方向曲线格局，与城市主导风向相应，使南湖清新自然的空气通过三条绿带渗透到淮北老城，RBD新区成为老城与自然的过渡地带。三条绿色廊道纵向分割了城市区域，将RBD新区划分为三个半岛状分区，分别满足金融会展区、商业水街区和商住混合区三个功能区划。

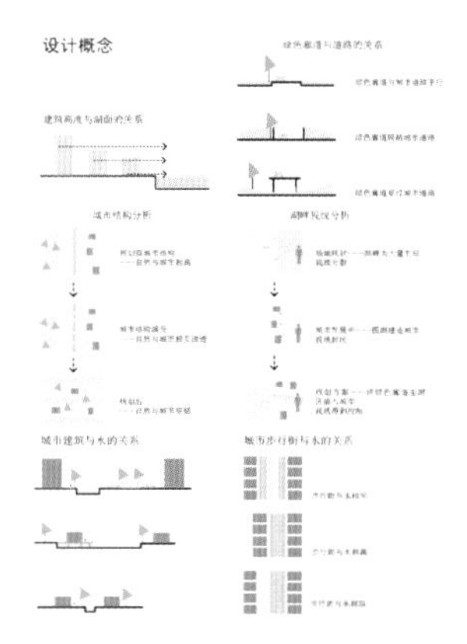

景观结构

景观结构为“一条景观大道，三条绿色廊道，一个中心节点”。一条景观大道。即中央通向老城区的道路，两旁进行景观设计，体现新城节奏。三条绿色廊道主题分别为“林”、“田”、“水”，以体现场地原有特征。一个中心节点及景观大道通向湖面的终点，设有滨水广场及水幕喷泉等景观。

2005级张雪辉　指导教师:秦岩

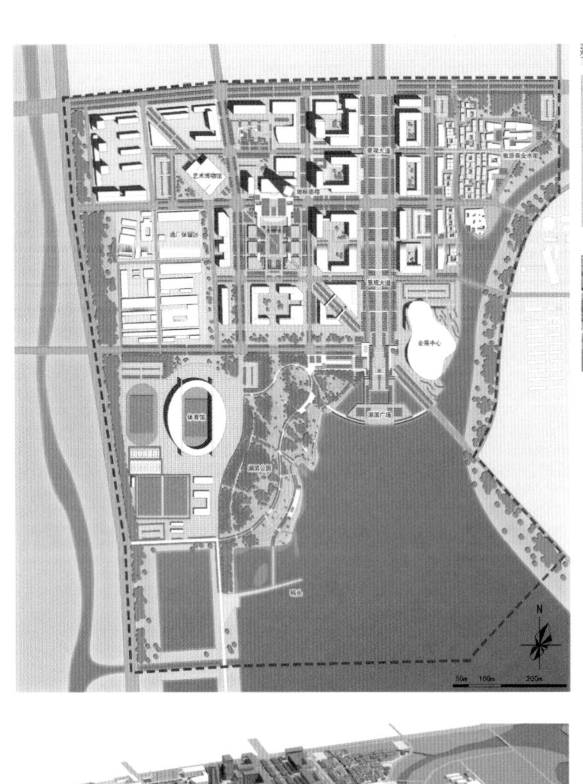

建筑密度

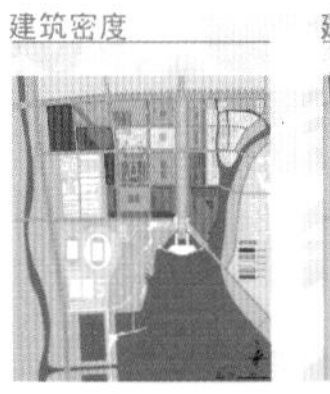

建筑高度

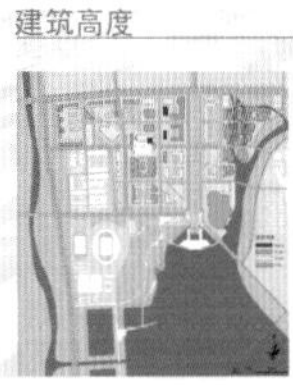

道路等级

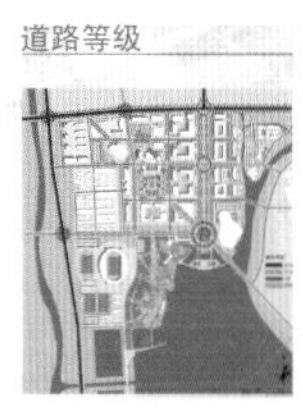

动态交通和静态交通

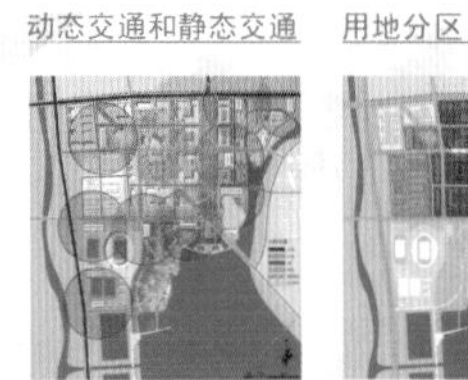

用地分区

景观结构

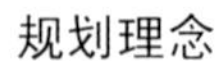

规划理念

利用通向自然——南湖的轴线将城市和自然融为一体，在老城区和新城区之间建立都市发展新轴线。

开放空间设计策略——以绿色作为城市空间的架构，设计以人为本的空间尺度，确保公共活动空间的可达性，鼓励不同尺度及多样性的开放空间。根据不同尺度、功能与地点进行不同层级开放空间的控制，创造多层面的宜人空间。

滨水空间开发——作为城市的开敞界面，滨水空间综合建筑和城市空间，保持与城市中心景观在视觉上的通透和开敞，使其成为城市生活景观的延续及城市公共空间的有机组成部分，与城市融为一体。

中央商业广场

界定轴线

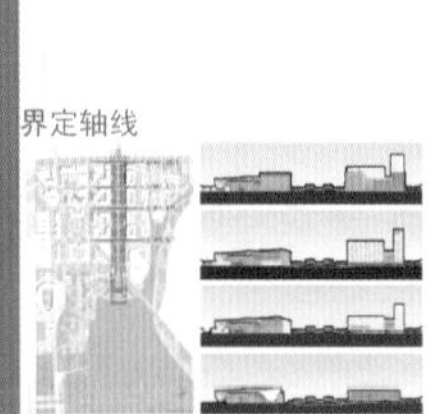

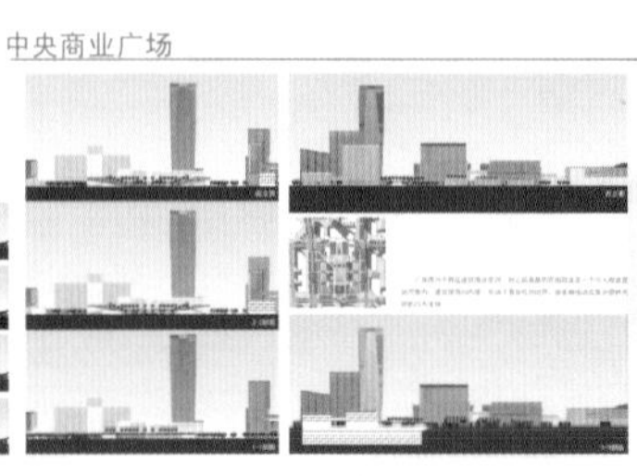

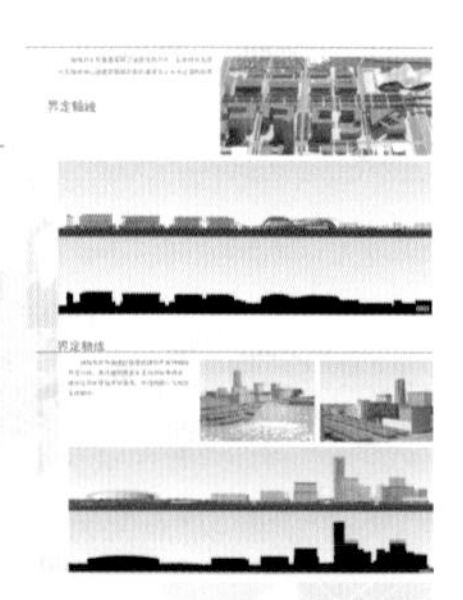

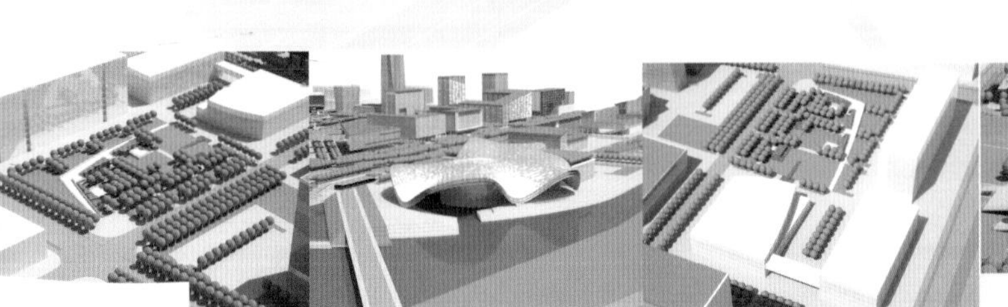

2005级刘通　指导教师：秦岩

规划理念

基于场地现状和规划设计要求，设计以场地重生为理念，规划设计公园式度假中心。从恢复、重塑到引入新的元素，经过合理组织与规划，丰富场地人文及自然文化，反映场地地域文化和自然哲理，对区域的整体环境质量和居民生活水平有一定积极作用，使场地焕发新的活力，整个区域得以重生，唤起人们心中的自然情感。

恢复、引入、汲取、空间、丰富、开放、文化、演变、哲理、自然……

2006级王欢　指导教师：秦岩

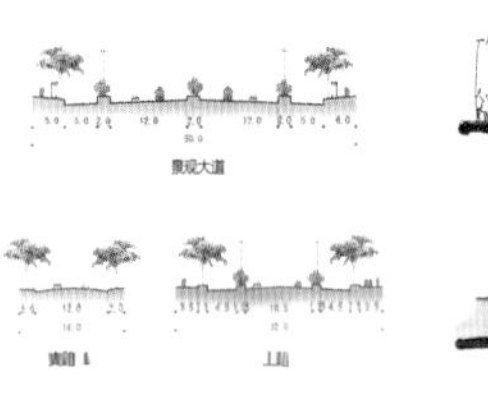

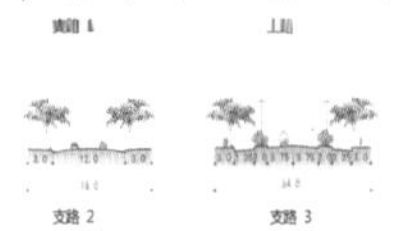

唐山湾规划用地构成表

用地名称	用地面积（ha）	比例
居住用地	115.35	24.08
公共设施用地	96.65	20.18
行政办公用地C1	7.15	1.49
商业金融用地C2	45.25	9.45
文化体育娱乐用地C3	42.75	8.93
医疗卫生用地C5	1.5	0.31
工业用地	33.59	7.01
对外交通用地	15.07	3.15
道路广场用地	47.92	10.05
道路用地S1	16.52	3.45
广场用地S2	16.83	3.56
停车场用地S9	[illegible]	[illegible]
市政公共设施用地	19	[illegible]
绿地	99.62	20.8
公共绿地G1	45.04	9.4
其他绿地G2	54.58	11.4
特殊用地	35.25	7.36
发展备用地	25	5.22
城市建设规划用地（合计）	478.93	100
水域		

道路系统分析

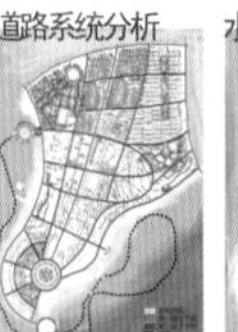

水系分析

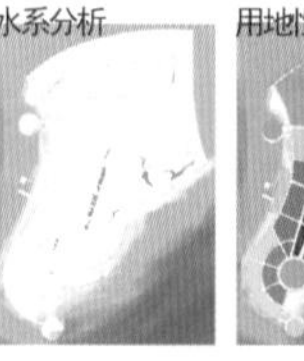

用地性质分析

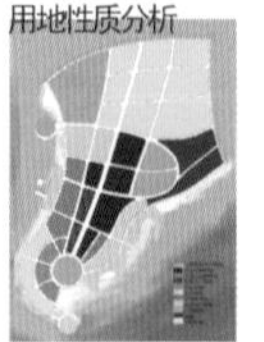

规划结构分析

景观架构分析

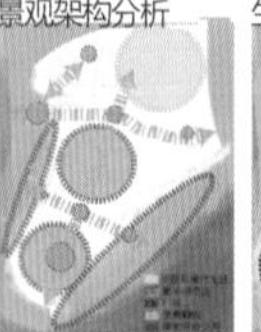

生态架构分析

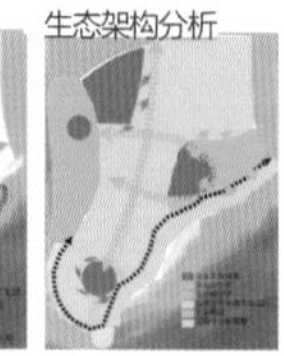

在空间布局上力求凸显唐山湾两大特色：一是生态功能；二是海洋旅游。总体呈“一带三心八片”格局。

一带：滨海景观带。

三心：国际游轮服务中心，海上娱乐运动中心，渔家文化活动中心。

八片：渔港风情体验片，激情海域体验片，休闲生活居住片，繁华都市购物片，艺术文化交流片，体育文化旅游片，高档住宅度假片。康体养生自然片。

主景观轴：以一条南北向的景观大道十路为主景观轴，沿对角线连通整个城市公共空间。

游艇渡口

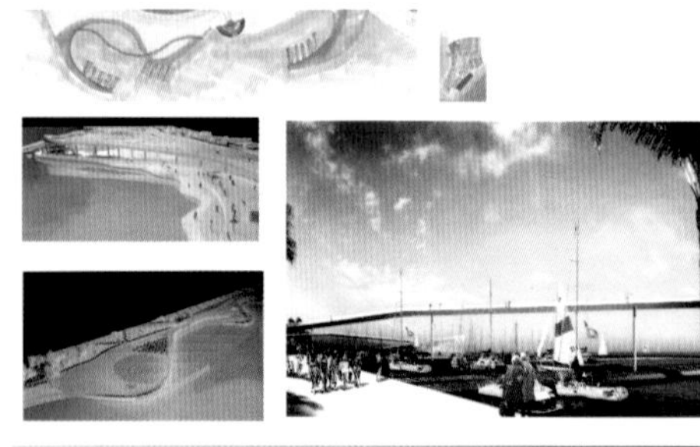

体育公园

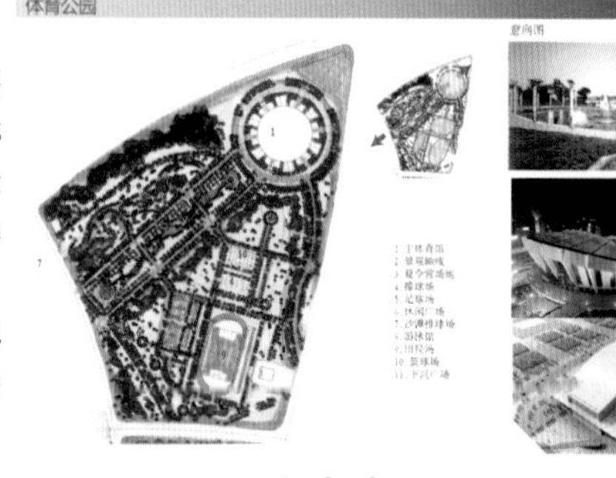

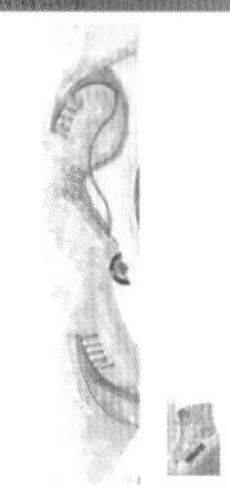

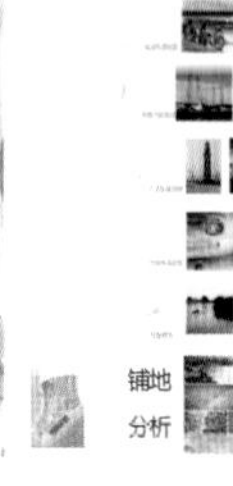

时间轴线

铺地分析

景观元素

植物分析

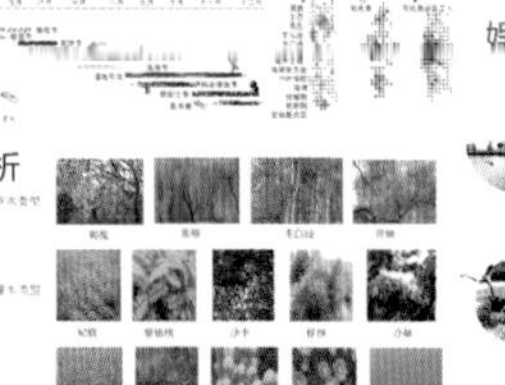

娱乐活动分析

2007级卜菁　指导教师：秦岩

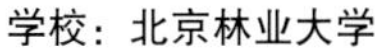

现状分析 SITE ANALYSIS
项目背景 PROJECT BACKGROUND
综合权衡环境、经济、社会三方面总体效益，遵循主题化发展思路，从唐山湾的实际情况出发，对各个功能进行合理排布。在地块核心区域通过引入水系、加入绿带等形式营造适宜人居的生态环境，在此基础上排布区域的核心功能，即高端居住和高端度假。东西北三面注意与外部环境和功能呼应，分别设置城市公园、渔家文化体验以及中高层住宅。南侧滨海区域保持自然岸线，建设游艇码头，并提供水上运动场地。
方案分析 PROGRAM ANALYSIS
总平面图 GENERAL PLAN
剖面1 1：300
剖面2 1：200
剖面3 1：200
北
0 80 320 640
1 中心标志物
2 中心绿带
3 游艇码头
4 溪流湖泊
5 高档别墅区
6 中高层住宅区
7 亲水木栈道
8 度假村
9 特色餐饮
10 小栈桥
11 滨海沙滩
12 水剧场
13 酒店商业区
14 购物中心
15 步行散步道
16 艺术展览馆
17 浅水池
18 城市公园
19 休憩绿地
20 办公区
2007级冯艺佳 指导教师:秦岩

项目名称：新疆柴窝堡辣子鸡街修建性详细规划　　学校：北京林业大学

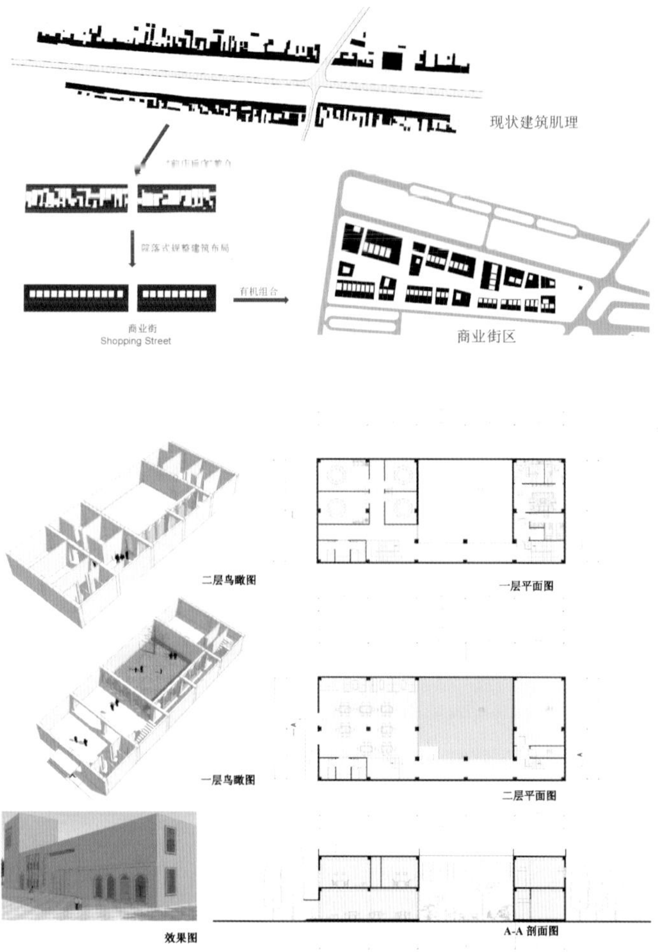

规划原则

延续历史，保持活力；
改善环境，提升品质；
地域特色，品牌效应。

规划目标

转变经济增长方式，促进行业又快又好发展。
发展现代服务业，提升行业整体水平。
加快发展和完善餐饮服务业的特色街区建设，形成规模优势，成为新的经济增长点。
以提升地块商业品质、提升顾客消费感受为根本出发点，改善餐饮环境。
在保持并提升“柴窝堡辣子鸡街”生命力的同时，减少过往车辆对街区的影响。
在提升餐饮建筑形象，完善餐饮功能的同时，体现民族风情与地域特色。
在改造与兴建的同时，保护当地自然环境特色。
在提升“柴窝堡辣子鸡”品牌的同时，注重与柴窝堡风景旅游区其他景点衔接，为打造高品质的柴窝堡风景旅游区贡献力量。

2007级毛祎月　指导教师：郑小东

项目名称：新疆柴窝堡白杨沟牧民定居点修建性详细规划　　　　学校：北京林业大学

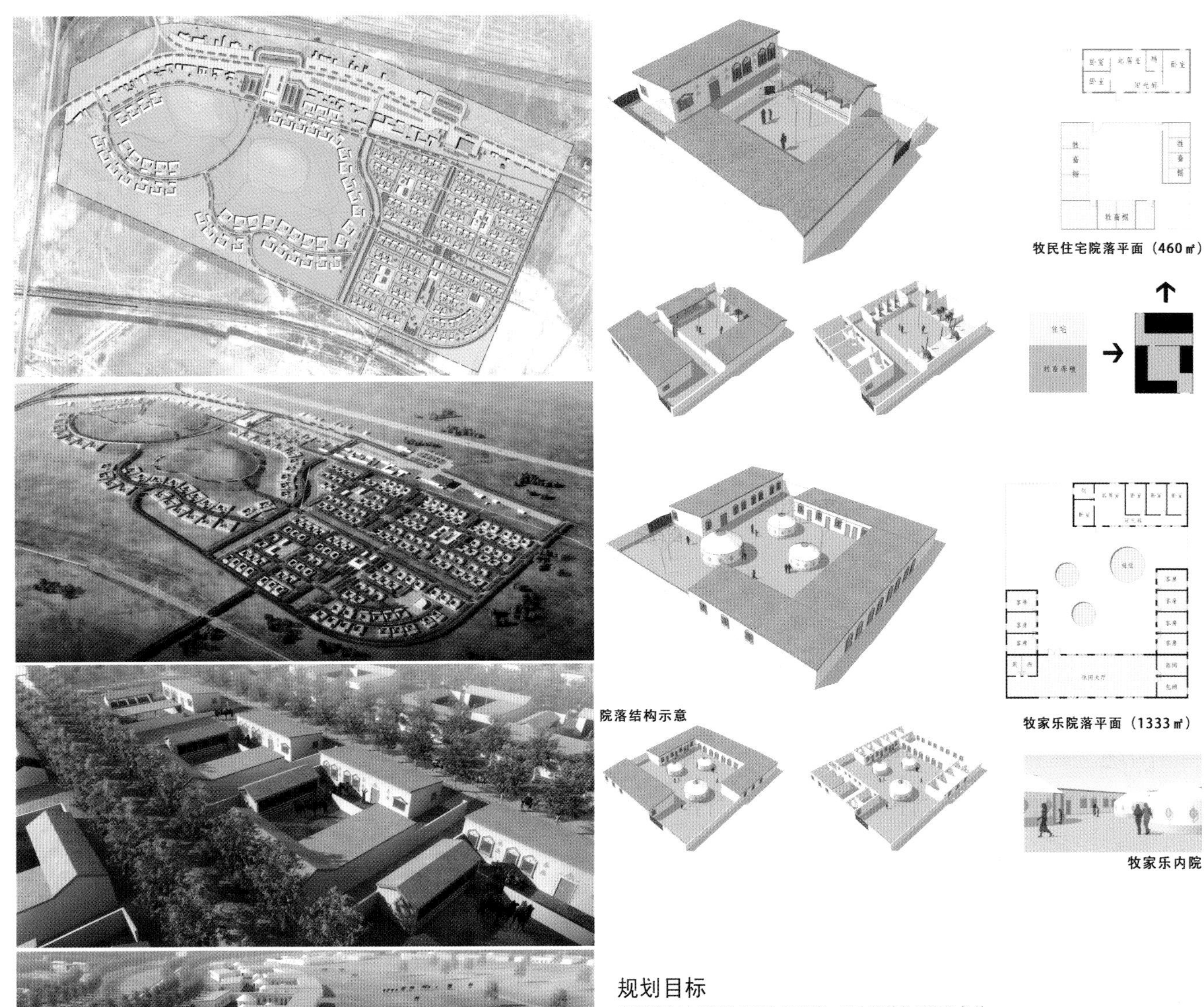

规划目标

贯彻新农村“富民安居”的政策，首先改善牧民居住条件；
尊重民族特色和地域特色，营造优美的牧区村落景观，让白杨沟村展现新貌，使之成为绿色旅游服务点；
将“富民”和“安居”相结合，为牧民新居和开展旅游业提供条件，以旅游业带动当地第三产业发展。

规划方法

对于建筑，采取改造与新建相结合的方法，改造现有建筑，并规划新区供牧民居住；
对于当地自发开展的旅游业，施以恰当的引导，为其提供良好的硬件条件；
梳理交通，实现车行、人行、后勤交通分流，使之各自有序运行；
保护和提炼新疆牧区景观特色，保护和合理利用现状地形和植被。

2007级李泽　指导教师：郑小东

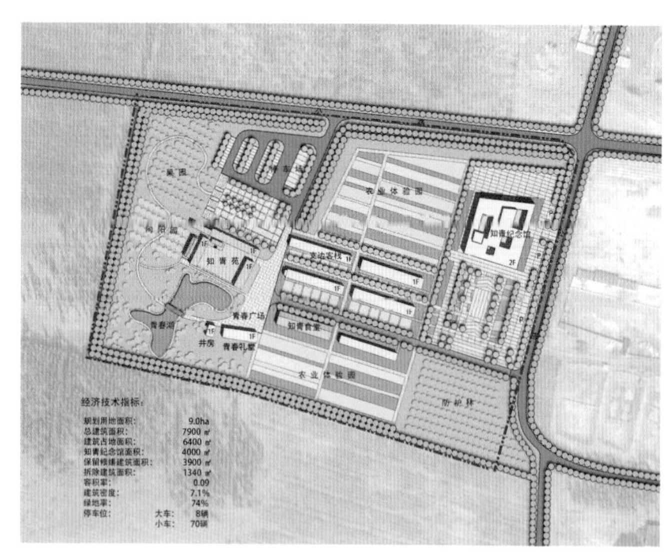

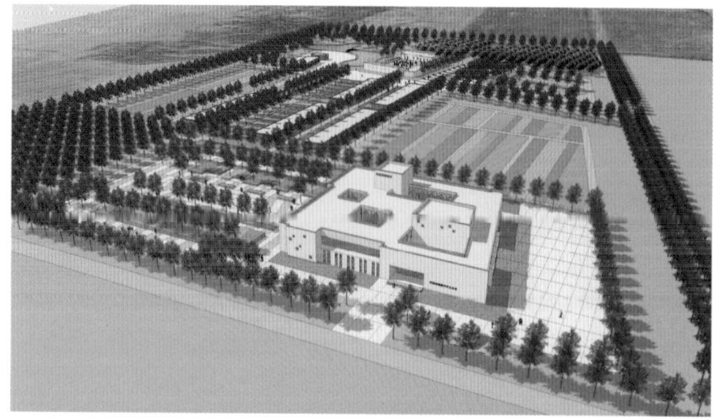

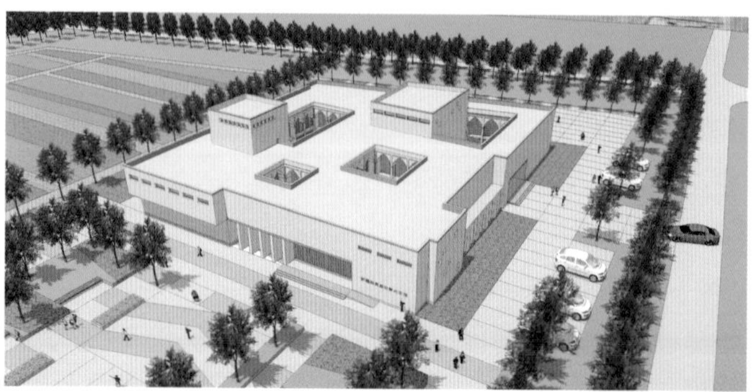

规划目标

提出兼顾绿色生态、爱国主义教育和旅游产业效应的综合规划发展模式；
完善园区的旅游服务设施；
打造品牌旅游项目，建立乌鲁木齐市首个知青主题文化园区。

规划方法

打造具有特色的知青文化展示中心；
建立园区景观步道系统；
开辟室外公共空间，使之成为建筑与自然的过渡；
保护和合理利用现状建筑及防护林地。

2007级贾玉劼　指导教师：郑小东

活力园

结合已完成的道路设计线型，将场地如一颗宝石般镶嵌于蜿蜒的道路之中。同时结合地形做成碗状，力图营造场地从土壤中“长”出来的感受。尺度怡。使用者可以从中找到一种形式上的陌生感和尺度上的亲切感。

名人广场

纪念碑应当是记忆的归属，是人们找寻过去、找寻归属感的地方。纪念性广场也可以和地形有效的结合。在此次设计中，将原有道路线型进行整合，将原来零散的道路、小场地用舒展的线条串联起来。同时将纪念碑式墙体与挡土墙结合，花坛也选用流线型，具有指向性，化零为整。

冥想园

如何创造一个安静的可以让人冥想的环境？安静是一个前提条件，但是光有一个安静的场地并不能让人进行思考。丰富的空间变化、视线转换，有趣的心灵体验，适当的空间体验，蕴含意味的景观小品，丰富的植被，这些都是构成让人思考的条件所在。冥想园从一个简单的形式问号“？”出发，利用地形的整合，创造出意蕴深远的、“留得住”游览者的场地。

马王堆广场

“城市大舞台”是对马王堆广场的定位，即在体现历史文化的同时，成为市民文化集中的场所。在对马王堆文化进行深入探究后，选定几个特色形式作为设计出发点：马王堆挖掘1号墓坑，古代布料纹样等。

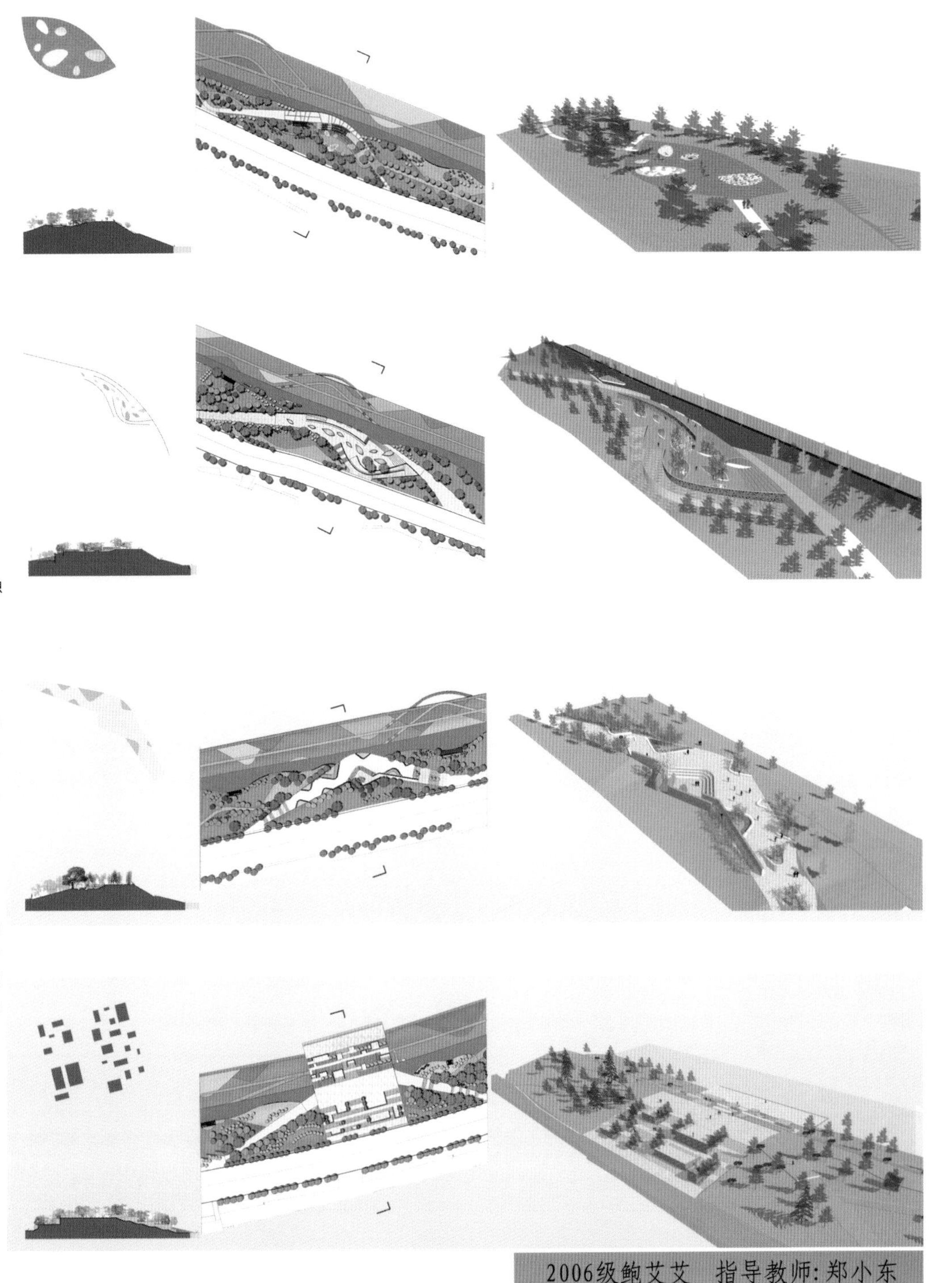

2006级鲍艾艾　指导教师：郑小东

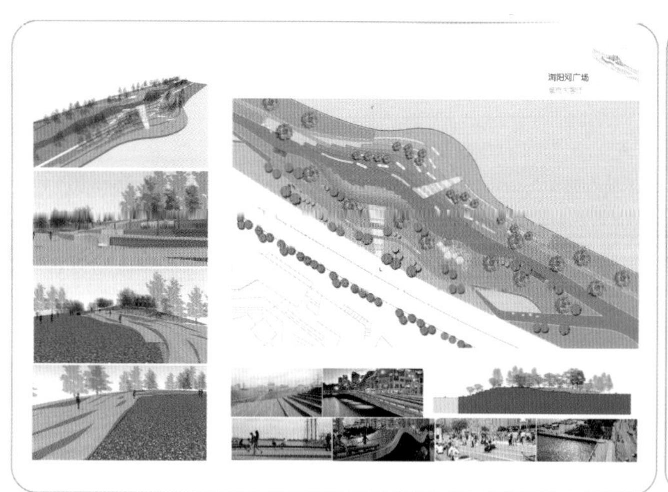

浏阳河广场

为突出浏阳河“九曲十弯”的特色，在坝顶路上设计如浪涛般竖向起伏的台阶，并与道路相连接，形成既可通过又可停留休息的构筑体。而为了吸收坝顶路与水面将近7米的高差，沿江一面采取平面上曲折蜿蜒的曲线形设计，设计了台阶状平台，这样不但可作为观景用，同时平台也为码头提供了空间。同时，由城市道路穿越坝顶主路到河岸边也设置了快速到达的楼梯，为使用者提供了更多的选择。

秋色园

秋色园顾名思义是展现秋天风光的园子。为了强调这一特性，秋色园采用了秋叶为设计意象，运用于铺地、花坛、座椅、墙面的镂空，甚至整个广场的平面形式等来展现。但是秋色园的设计不是二维化的平面设计，而是一片三维折起的秋叶，显得十分生动。折起部分不仅可以充当挡土墙的功能，同时将空间内向化，与外围城市道路有了一个若隐若现的隔断。

儿童广场

为了寻求节点广场形式的统一性，儿童广场从铺地形式上采取了与管理用房统一的龙鳞状多边形。在这些多边形的高低竖向变化中寻求多种形式的活动方式，如旱喷、沙坑等。多彩的铺地增强了趣味性，也成为吸引儿童的重要因素之一。从保证儿童安全方面来讲，广场铺地大部分采用塑胶铺地，减少伤害性。在广场周围的攀爬架不仅可以用于玩耍，更重要的是能够提高安全系数。麻绳及木材的使用更是增添了一份野趣。

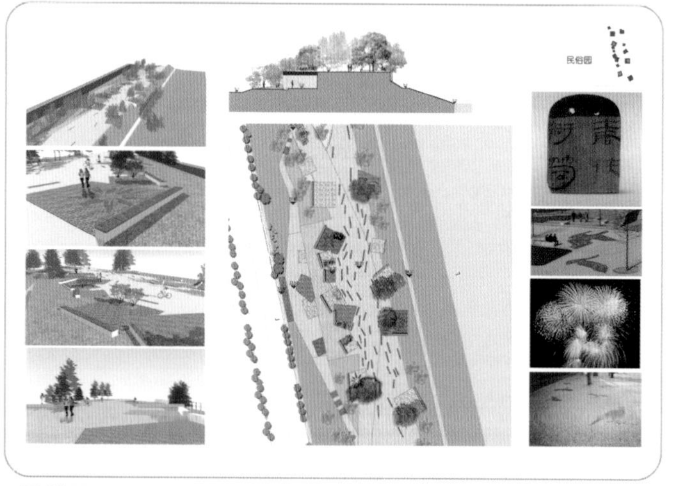

民俗园

民俗园将长沙当地民俗特色做一个集中展示。设计将马王堆出土的木牌形状抽象，在广场中用不同的铺地形式划分出大小不同、或交错或分离的小场地，配以条凳供人们休息、交流。铺地则提炼当地特色，抽象出如花炮、瓷器、菊花石等图案形成铺装。考虑到夜间景观效果以及浏阳河特点，位于坝顶主路的广场部分铺以条状地灯，晚上亮灯时就像小船在河里一样，能够营造出不一样的氛围。

2006级王梦婧　指导教师：郑小东

中国矿业大学

建筑工程学院

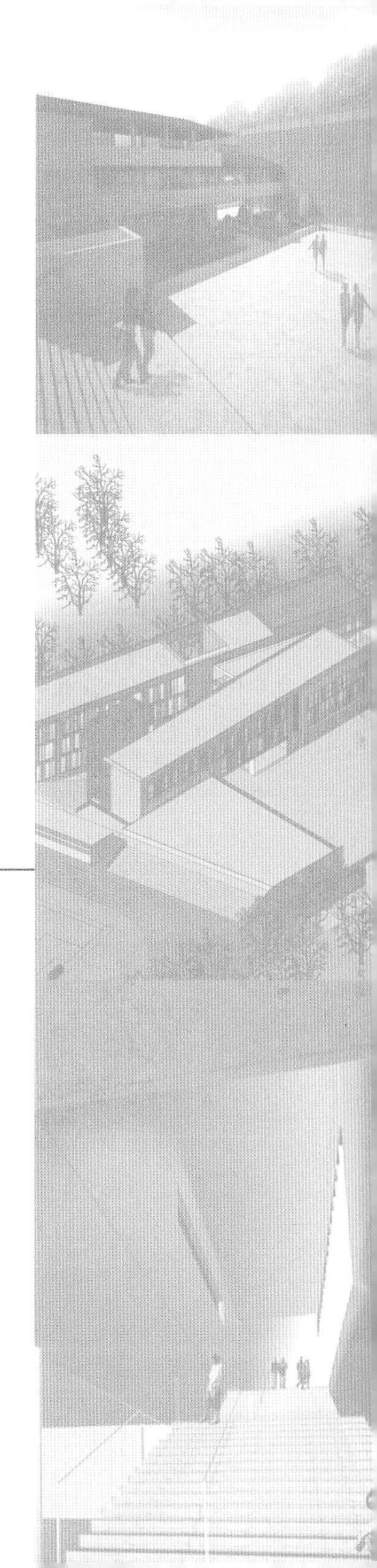

中国矿业大学（北京）是教育部直属的重点大学、“211工程”“985工程”学校，建筑学本科2001年开始招生，在读学生人数150人，研究生2007年开始招生，设有包括建筑设计及其理论、城市规划与设计、建筑历史与理论、艺术设计学、美术学、建筑技术科学在内的6个硕士点，现在在读学生60人。

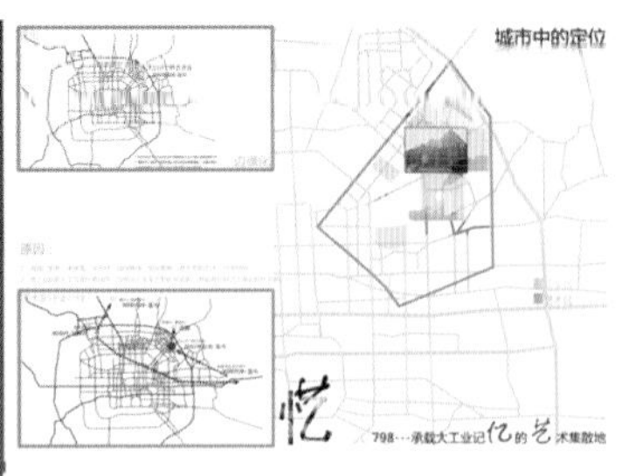

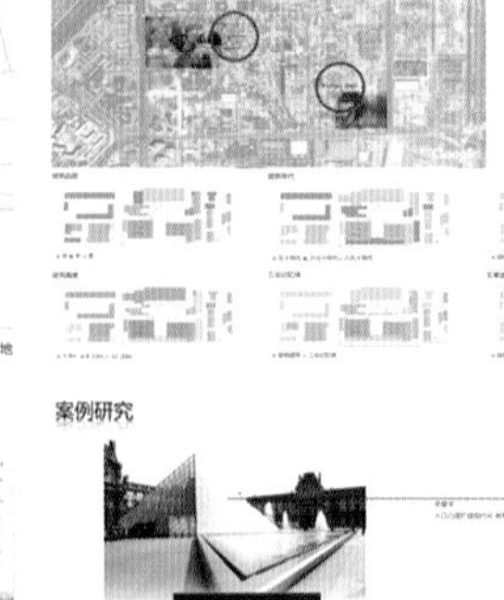

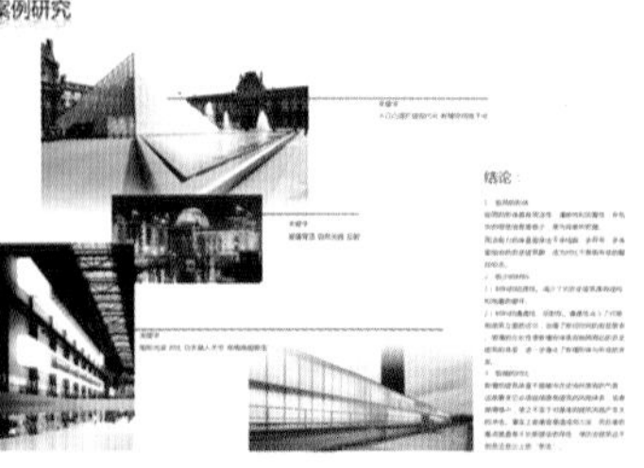

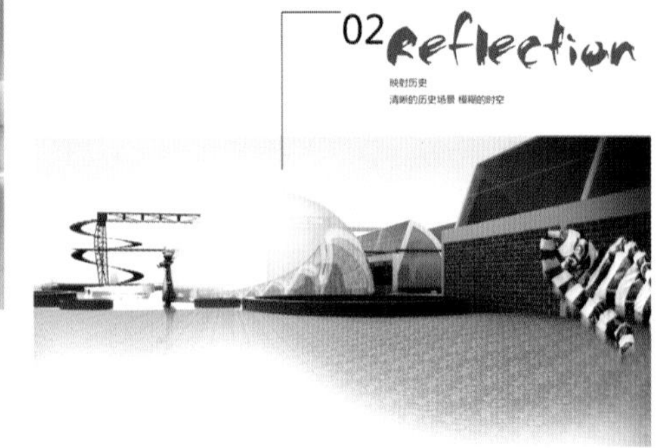

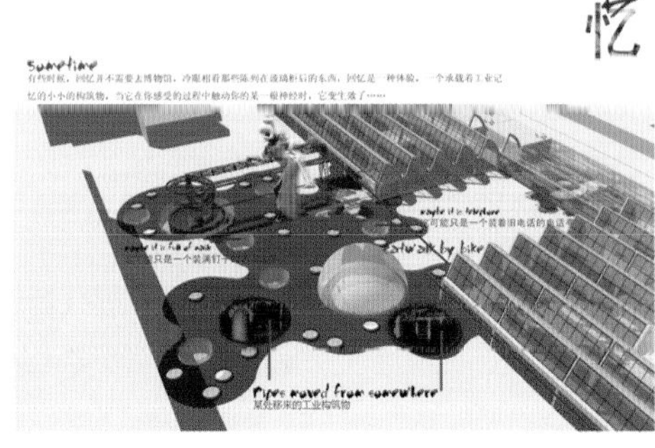

提供与工业建筑近距离接触的机会
空中俯看展览，加速观赏体验

指导老师：赵立志

学生：晋晶

设计策略

01——铁皮

铁皮的大工业特质明显，很容易勾起人们对大工业生产的记忆。铁皮的黑色为最大包容色，同时柔软的材质感与坚硬的混凝土框架和砖石墙面形成对比，极易成为图底关系中的“底”，为艺术品的展示提供良好的平台。

02——反射

局部的铁皮采用高反射性的材料，模拟水的状态，映射出屋面结构与周边建筑。在这里出现的是清晰的历史场景，但却是模糊的时空……

03——彩色玻璃

用现代而又轻质的玻璃材料取代了原本笨重的砖石墙体，同时橙黄彩色纹理的运用保证了与原有砖石墙面的协调感，有效增强了环境的整体性。

04——大工业感受场

在这里，铁皮冲出墙体的束缚，在广场上融化开来。这样一个内心疯狂的建筑，当它的屋顶被陆地上的人们所感知的时候，人们才能感受的到它空间的丰富，这是一种对室内铁质场所的强烈暗示。

这里所展示的，可能只是一个装满钉子的玻璃盒子，可能只是一个装着旧电话的电话亭，也可能是在798中其他地方拆下的工业小品……因为，有些时候，回忆并不需要去博物馆，只需相看那些陈列在玻璃柜后的东西。回忆是一种体验，一个承载着工业记忆的小小的构筑物，当它在你用五官感受的过程中触动到你的一根神经时，它便生效了……

05——CAT WALK

你想不想像猫一样爬上高高的工业厂房，触碰一下那弧形的混凝土？一条CAT WALK提供给你近距离接触工业建筑的机会，同时你可以从空中俯瞰展览，丰富参观体验。

项目名称：校园博览建筑设计 **学校：中国矿业大学（北京）**

本方案设计充分考虑建筑与景观的融合,使建筑成为景观的一部分，尽可能多地创造出供人休憩的场所。在建筑中，屋顶绿化以及从地面引至建筑屋顶的斜坡,不仅增大人们休憩活动的范围，而且使建筑成为连接前广场与绿化地带的绿色桥梁。绿化部分呼应建筑的形式，使两者成为整体，在绿地中局部起坡，用简洁的手法创造多样的景观形式。前广场的局部设计让整个基地的景观元素得到延续。

指导老师：王小莉

学生：李珩

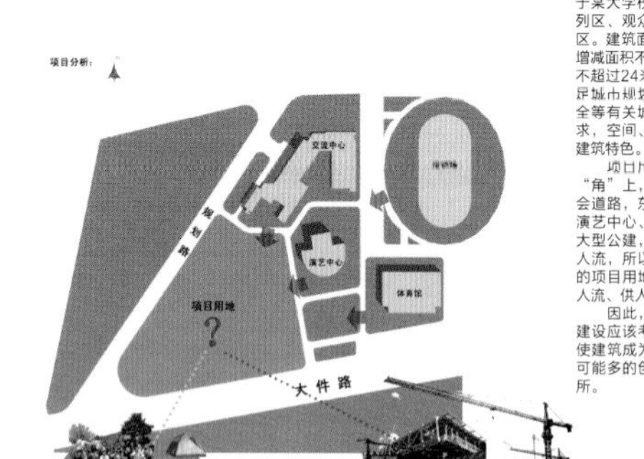

项目分析：
交流中心
演艺中心
体育馆
项目用地
大件路
本博览建筑拟建设地点位于某大学校园内，内容包括陈列区、观众服务区、业务办公区。建筑面积10100平方米，增减面积不超过5%，建筑高度不超过24米。建筑设计应能满足城市规划、消防、环保、安全等有关城市建设各方面的要求，空间、造型处理体现博览建筑特色。
项目用地处于校园的一个“角”上，其西北和南面为社会道路，东北侧为交流中心、演艺中心、体育馆、运动场等大型公建，并随时会带来大量人流，所以位于这样一个节点的项目用地应该成为一个接纳人流、供人休憩休闲的场所。
因此，用地上博览建筑的建设应该考虑与景观的融合，使建筑成为景观的一部分，尽可能多的创造出供人休憩的场所。

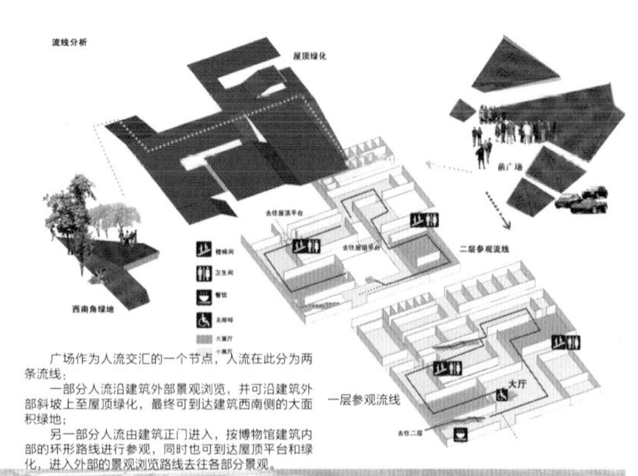

流线分析
屋顶绿化
前广场
二层参观流线
一层参观流线
西南角绿地
大厅
楼梯间
卫生间
餐饮
无障碍
大展厅
广场作为人流交汇的一个节点，人流在此分为两条流线：
一部分人流沿建筑外部景观浏览，并可沿建筑外部斜坡上至屋顶绿化，最终可到达建筑西南侧的大面积绿地；
另一部分人流由建筑正门进入，按博物馆建筑内部的环形路线进行参观，同时也可到达屋顶平台和绿化，进入外部的景观浏览路线去往各部分景观。

屋顶的高侧窗，不仅丰富和发展了建筑的屋顶造型样式，而且满足了博览建筑在采光方面的要求。

入口处厅堂及通往二层展厅的大楼梯

休息、梯步及展厅透视

屋顶平台透视

【效果图——入口鸟瞰】

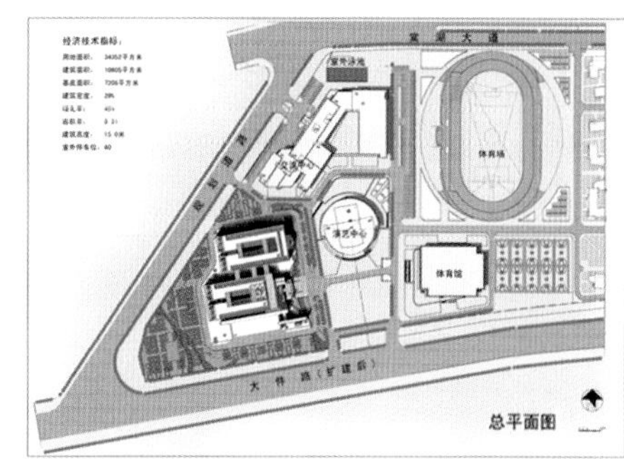

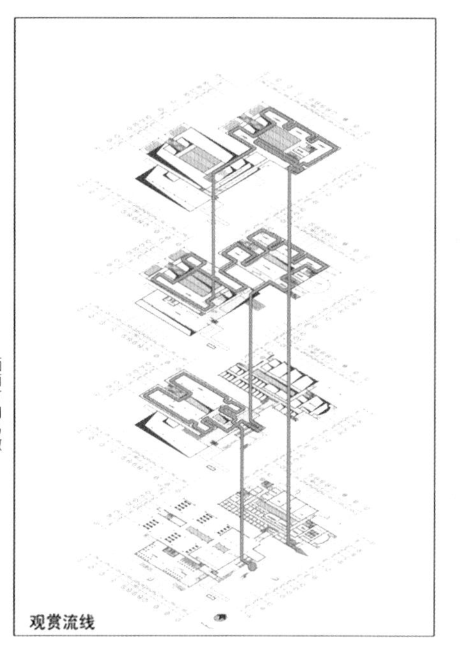

入口节点透视

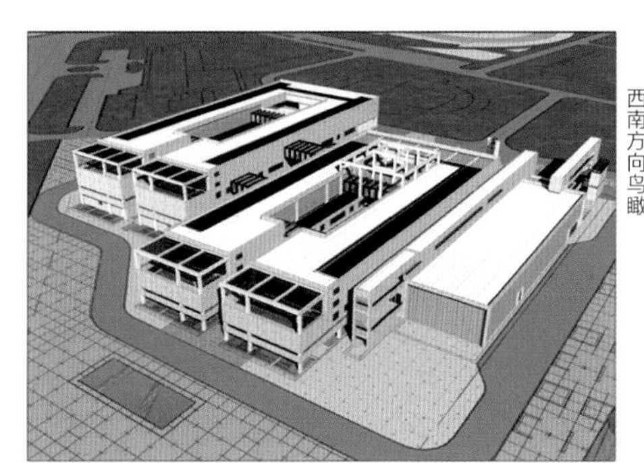

西南方向鸟瞰

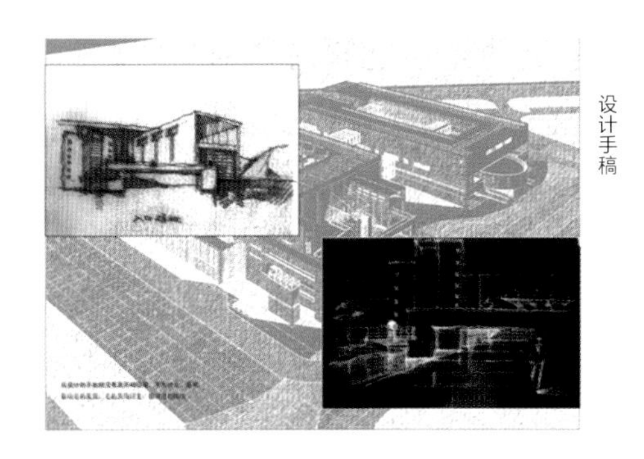

设计手稿

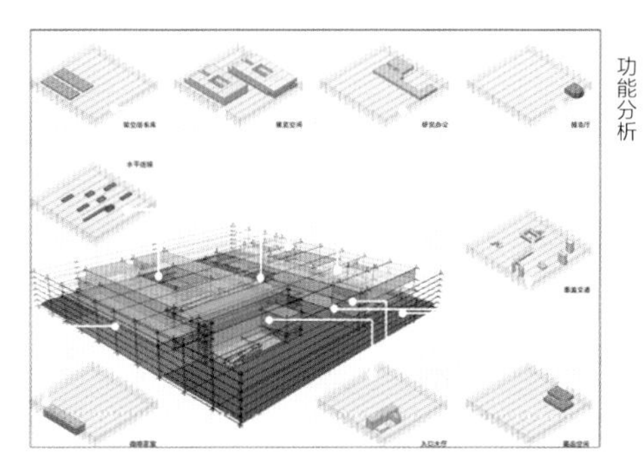

功能分析

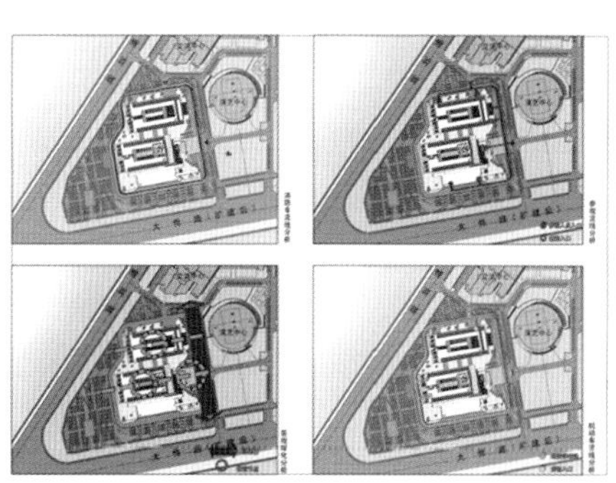

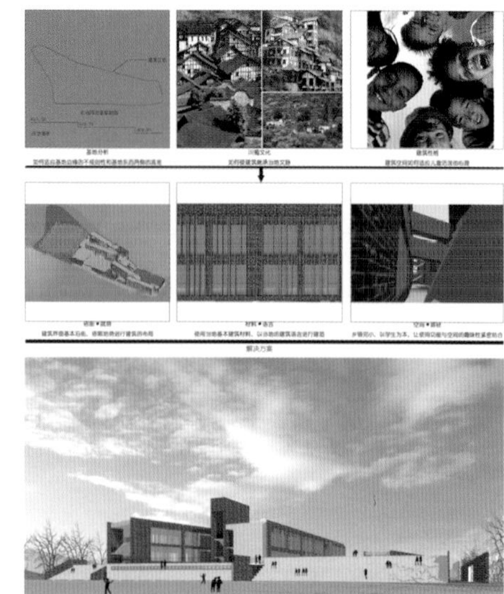

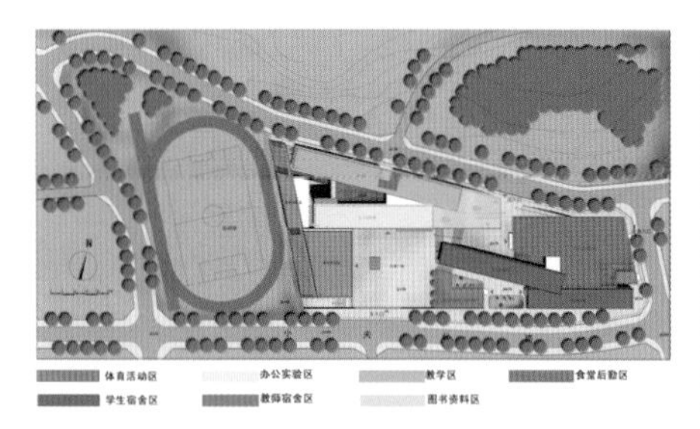

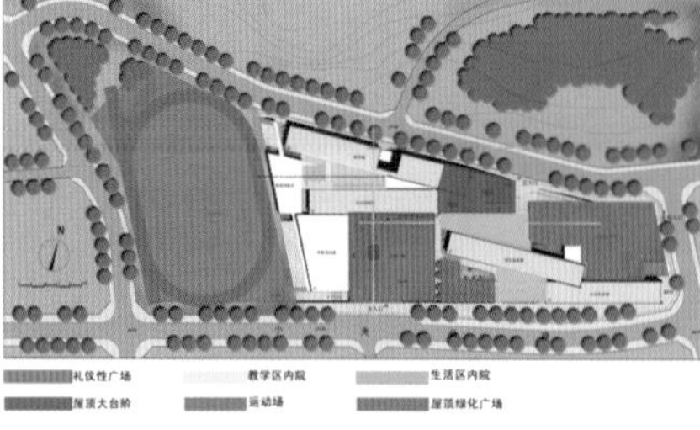

流动的空间和运动的儿童

用墙、台阶、坡道、屋顶等建筑语汇为儿童营造了一个统一丰富的校园空间，空间视线流通，可以彼此到达

结合地势

基地东低西高，建筑整体趋势由东西向的片墙引导，从长向街面上看有如自然生长的山坡

经济性

此项目为灾区重建项目，经济性不容忽视，建筑形体方整、平直，结构形式简单，充分利用屋顶、台阶等营造交流空间，提高校舍利用率，建筑外立面采用普通的清水砖，结合地方材料木材，减少成本

对于当地文化的尊重

外立面用简单的建筑材料营造，具有时代气息的效果，教学楼立面采用竖向窗，开窗方式自然，象征书籍，外廊用木条，竖向构成，满足采光通风的同时形成丰富的光影效果

总平面图

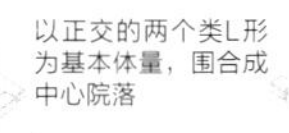

以正交的两个类L形为基本体量，围合成中心院落

根据地形走势将其中一个L形沿逆时针方向偏转12°，另一个L形保持正交不变

分别将两个体量按动静和公私分区进行不同尺度的切削打断，形成切合村落尺度的新体量

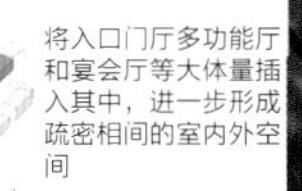

将入口门厅多功能厅和宴会厅等大体量插入其中，进一步形成疏密相间的室内外空间

均匀置入交通核，嵌入主要功能体块之中

利用具有当地特色的风雨廊将各功能体块部分之间联系起来，形成疏散的环路

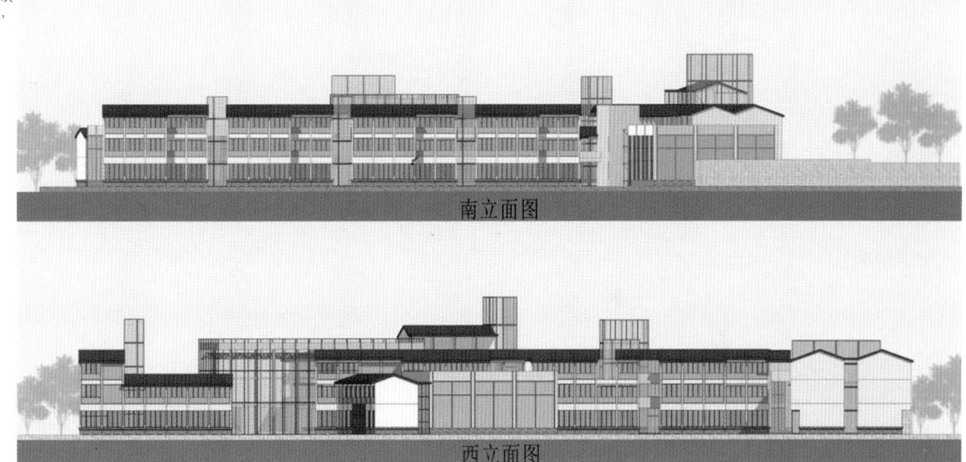
南立面图

西立面图

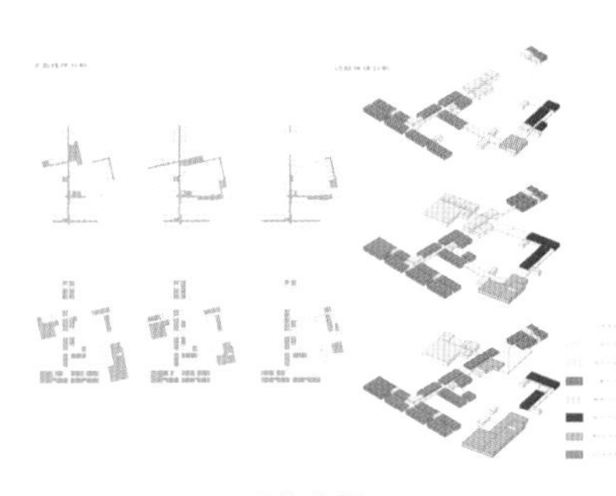
功能分析

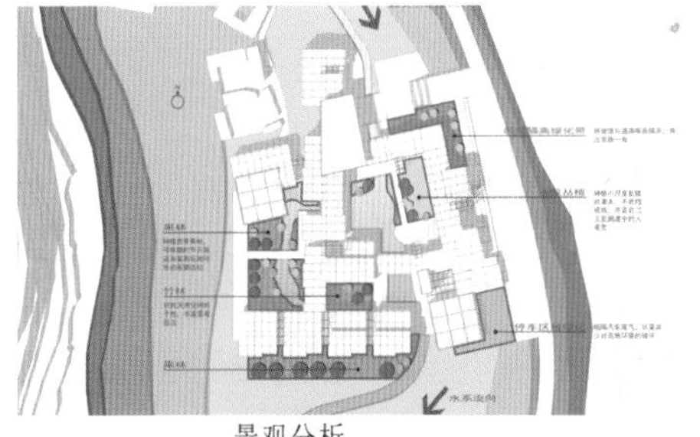
景观分析

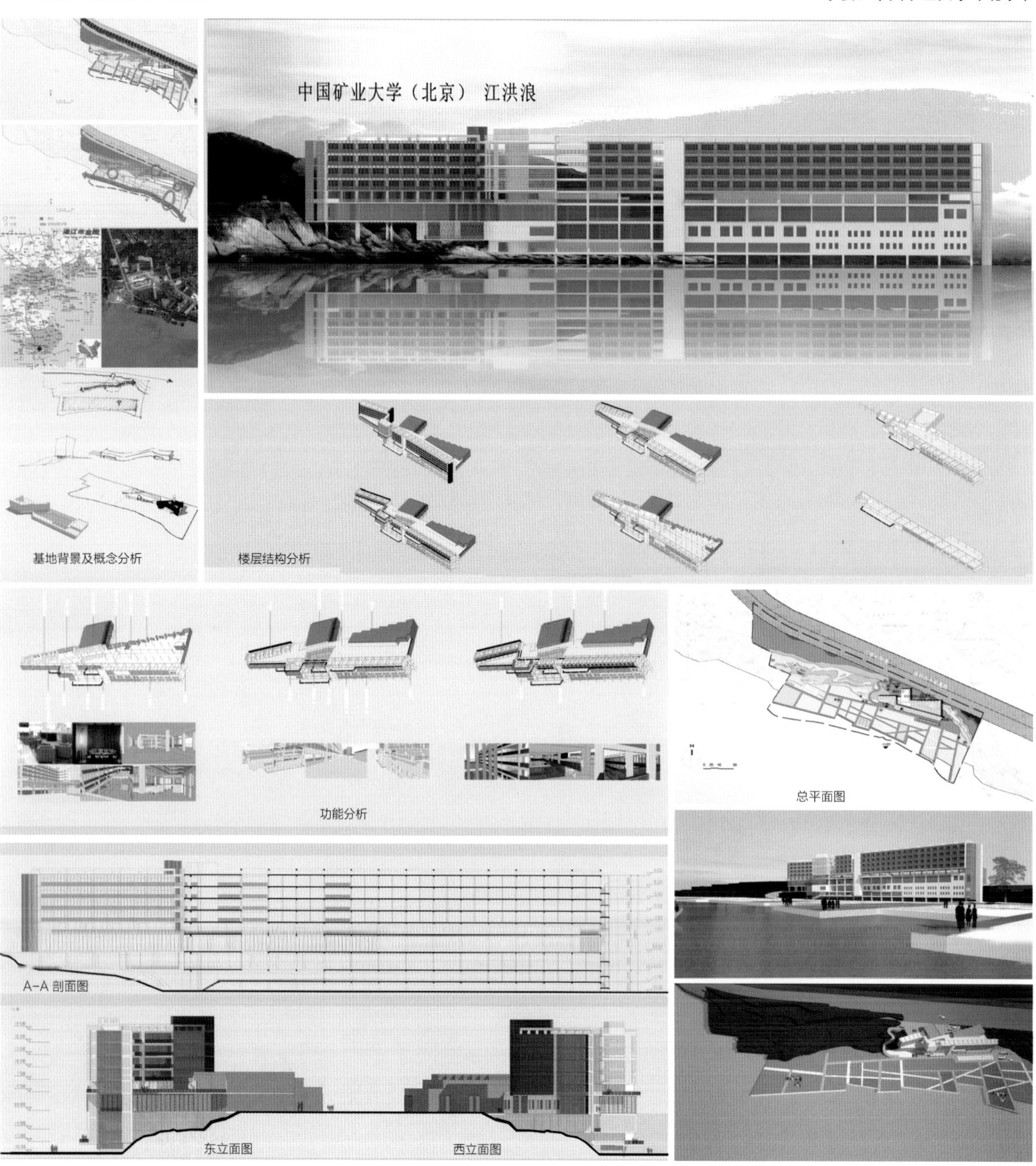
中国矿业大学（北京） 江洪浪
基地背景及概念分析
楼层结构分析
功能分析
总平面图
A-A 剖面图
东立面图
西立面图

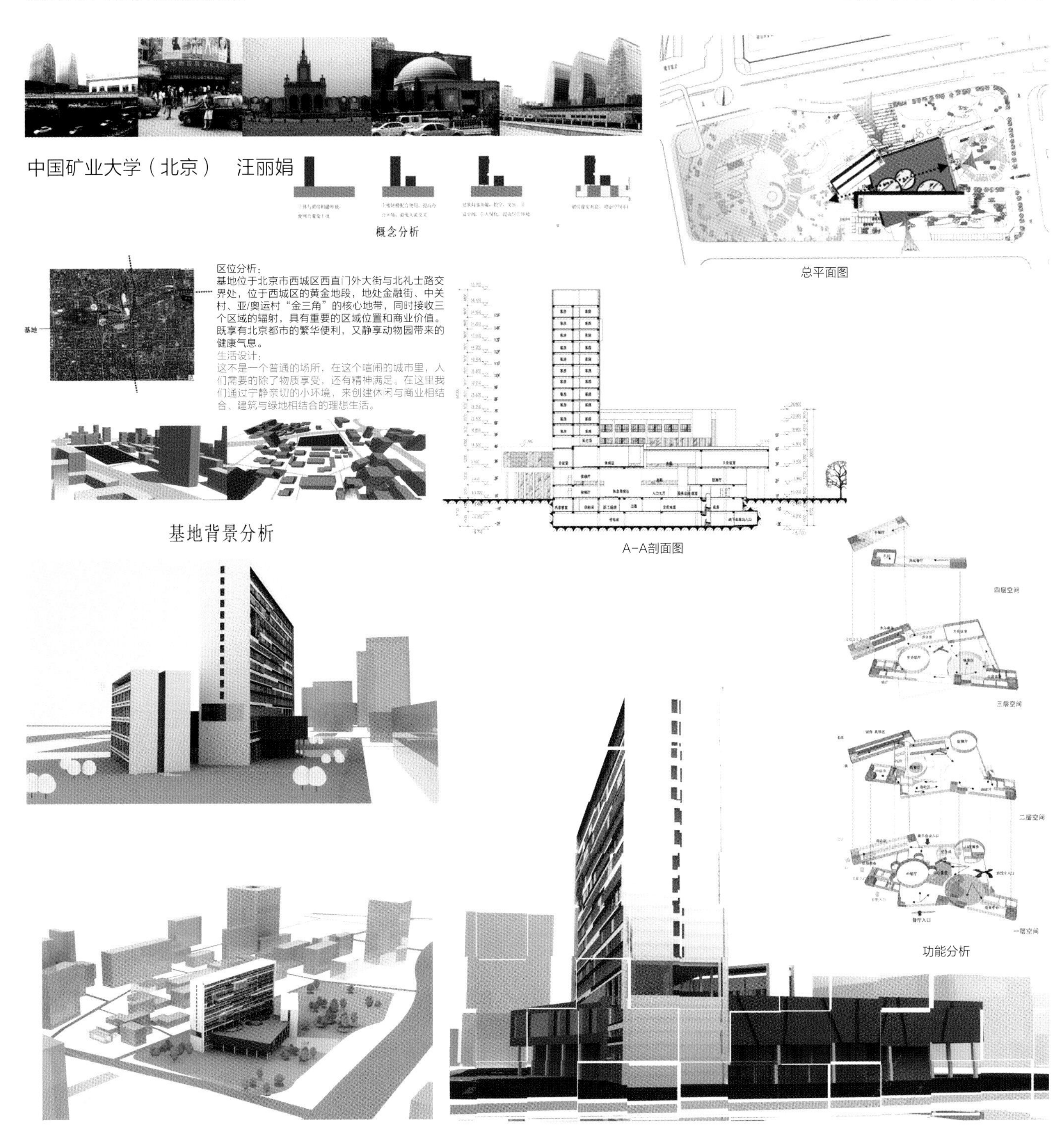
中国矿业大学（北京）　汪丽娟
概念分析
总平面图
区位分析：
基地位于北京市西城区西直门外大街与北礼士路交界处，位于西城区的黄金地段，地处金融街、中关村、亚/奥运村“金三角”的核心地带，同时接收三个区域的辐射，具有重要的区域位置和商业价值。既享有北京都市的繁华便利，又静享动物园带来的健康气息。
生活设计：
这不是一个普通的场所，在这个喧闹的城市里，人们需要的除了物质享受，还有精神满足。在这里我们通过宁静亲切的小环境，来创建休闲与商业相结合、建筑与绿地相结合的理想生活。
基地
基地背景分析
A-A剖面图
四层空间
三层空间
二层空间
一层空间
功能分析

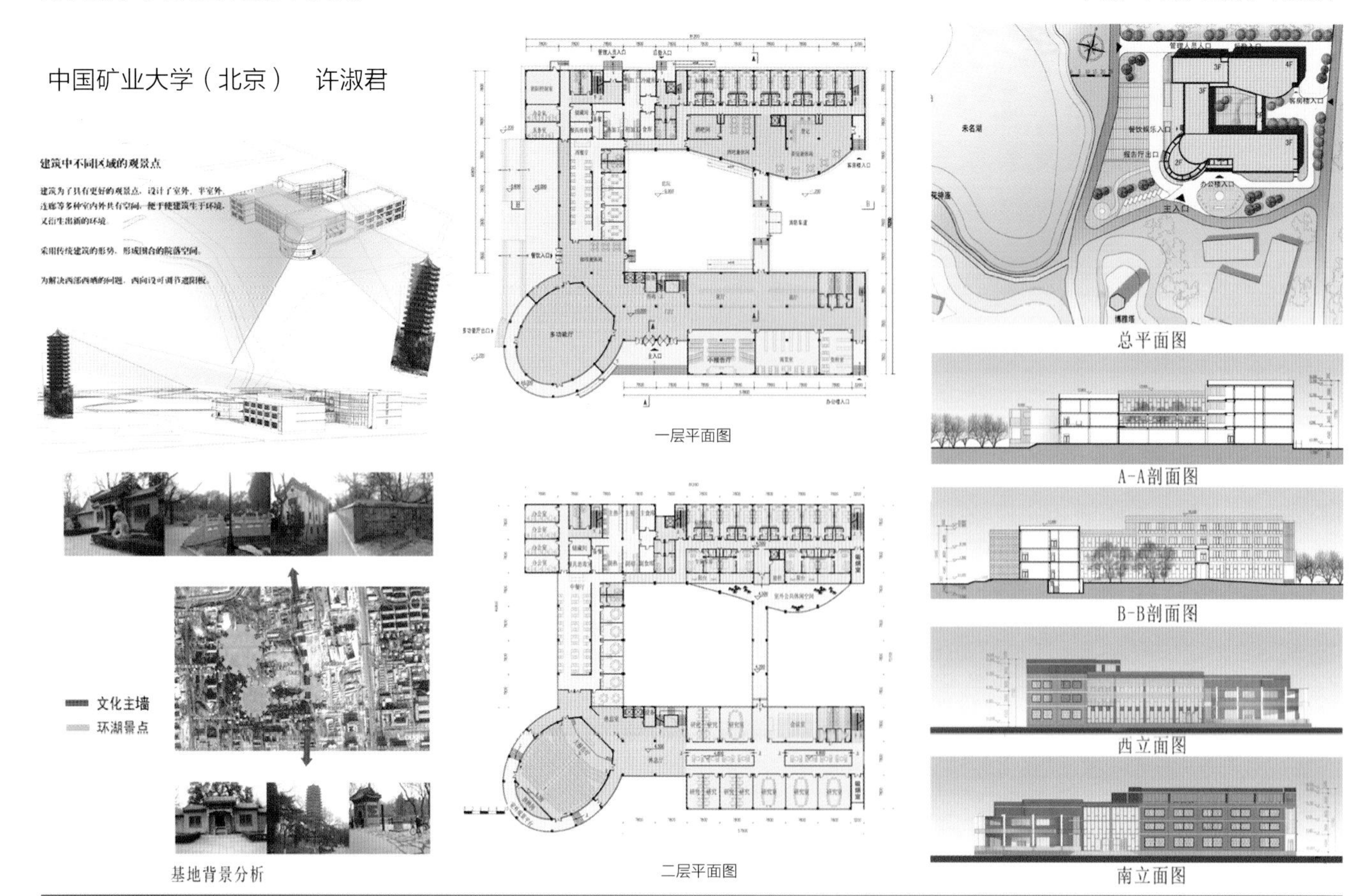

中国矿业大学（北京）　许淑君
建筑中不同区域的观景点
建筑为了具有更好的观景点，设计了室外、半室外、连廊等多种室内外共有空间，使于使建筑生于环境，又衍生出新的环境。
采用传统建筑的形势，形成围合的院落空间。
为解决西部西晒的问题，西向设可调节遮阳板。
文化主墙
环湖景点
未名湖
管理人员入口
后勤入口
客房楼入口
餐饮娱乐入口
报告厅出口
办公楼入口
主入口
博雅塔

基地背景分析

一层平面图

二层平面图

总平面图

A-A剖面图

B-B剖面图

西立面图

南立面图

夜景效果图

中央美术学院

建筑学院

将建筑设计进行到底

——从模式建立到过程控制

程启明

在经历了三十年大规模城市建设以后，伴随着GDP的不断增长，“反思”及步入世界的梦想又一次严峻地摆在了中国人的面前。二战结束以后，日本在城市建设方面也经历了一个三十年的高速发展时期。所不同的是，在这三十年间，日本建筑学界涌现出一批举世公认的优秀作品和建筑师。

1. 问题的提出

谈及优秀建筑作品的出现，讨论往往会陷入一个无解的窘境。原因是建筑从开始设计到建造完成要受到太多方面的约束，题目大了，结果自然会变得让人难以把握。为了避免这种现象的发生，在这里所议论的问题仅限于建筑教育领域。

（1）问题出在哪里

表面看来，中国的建筑教育体系和课程设置是不存在什么问题的，构架完善，规模较大。关于这一点，朱文一的《当代中国建筑教育考察》和常青的《建筑学教育体系改革的尝试》都可以作为佐证。然而，在如此完整的体系之下，为什么没有培养出一批走向世界的建筑师呢？针对这个问题的回答，我们在教学中有意识将中日两国的学生设计作业进行了比较，结果发现，尽管在大的关系把握和形式表达方面中日学生之间并不存在较大的差别，但在细节处理方面，两国学生的工作却存在有明显的不同，日本学生会花大量的时间去对细部进行设计，而中国学生更加关注的却是如何更像大师。另一方面，从设计成果方面来看，一个完成得比较全面，一个似乎还没有完成。建筑的艺术实现是讲究细部的，没有对细部把握，艺术构成从何谈起。

（2）认识的问题

认识是一个没完没了的事情，特别是上升到哲学层面，认识更是一个没有终极的发展过程。这是因为“人们对于本质的认识，不是一蹴而就的，而是一个不断反复、不断深化的过程。这不仅因为事物的现象是错综复杂的，往往真真假假、鱼龙混杂，而且还因为事物的本质有一个逐渐暴露、渐渐展开的过程，因而人们对事物本质的认识也必须经历由片面到全面、由不深刻到深刻的发展过程。”由此可见，面对一个复杂过程，对建筑本质有所认识时，建立一个认知模型，见图1，可能是一个非常好的选择。因为有了模型的支持，关于建筑本质的认识就变得非常的具象化，结果可以使人对自己的工作能力和成果类别有一个直观的判断。现实中，许多人关于建筑的认识并不是基于自己的经验，这可能与没有建立自己的认知模型有关。别人说建筑是艺术，自己也说建筑是艺术，至于建筑为什么是艺术？建筑在什么条件下才能成为艺术？自己并没有去深究过，关于建筑的认识从来都是停留在“虚像”的层面上。

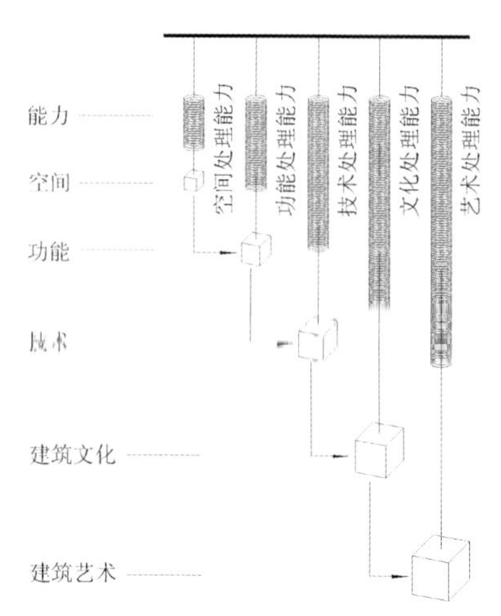

图1　建筑认知示意图

（3）失控的问题

较几年前比较，现在学生的作业越来越有大师的风范，仔细想起来，这种现象的发生似乎也很有道理，出版业的发达、网络信息传播技术的成熟、计算机辅助设计功能的增强等，可能都会为这种现象的发生提供条件。不可否认这是进步，但与此同时，失控的问题也逐步地显现出来。在这里，失控是与设计深度联系在一起的。是学习大师、还是学习大师成为大师之前学习过的东西？是将学习的重点过多地放在所谓的创意方面？还是放在对基本规律的掌握方面？在过去，建筑的各个界面是用线画出来的，不清楚构造关系就很难将两个面结合到一起。但现在则不同了，通过使用sketchup、rhino等软件，即使是对构造关系不清楚，也不会影响将多个面硬接在一起。我们是否注意到了这些掩盖在表面光鲜亮丽后面的不足和欠缺？

（4）语言混乱的问题

语言既然是工具，就存在一个对应问题。拧螺帽最好是用扳手，用钳子就比较费劲。这是一个几乎无人不知的道理。然而，在设计中却极少有人借鉴这一个经验。虽然学习过许多的语言，如中国传统语言、希腊柱式语言、哥特语言、现代语言、后现代语言、新现代语言、现代有机语言等，但能够有效运用的人却很少。关于这一点，从近些年来各校的学生作业中就可以看得出来。难道不知道建筑语言对建筑的文化性和艺术性的表达具有规定性和限定性吗？语言不丰富，哪里会有城市空间的多样化构成？

2. 控制系统建立

说艺术构成与控制有关可能会有人感到疑惑。但如果你去认真地揣摩一件作品的话，体会到控制的存在可能就是一件十分简单的事情了。试想一下，一件作品，如果没有思想、技能等方面的控制，怎么会成为一件艺术品。艺术品出自于艺术家之手，是因为艺术家具有“控制”能力。控制住了思想，便可以将作品和人联系在一起；控制住了技能，便可以和审美联系在一起。基于这种认识，在教学过程中我们尝试性地建立了一个控制系统，教学成果控制表见表1。

表1 教学成果控制表

教学单元	教学内容	教学要求（针对学生）
集体教学 布置课题	1. 布置课题 2. 概述课题设计的重点和难点 3. 结合以往教学经验提出设计成果标准要求	1. 对所做课题有一个比较概念性的认识 2. 了解课题设计的基本方法 3. 明确教学目标 4. 做好调研准备 5. 提出教学计划安排 6. 教师分组，为分组教学做好准备
分组教学	1. 对调研情况进行检查 2. 梳理设计思路 3. 定义设计内容 4. 介绍建筑空间解析的基本方法	1. 强调建筑设计的五步曲a、空间解析b、量化分析c、整体构思d、局部处理e、调整完善 2. 对建筑空间的组合过程进行设计拆分，使学生对建筑空间的分析变得有条理、有层次 3. 对使用功能进行强调 4. 强调建立功能空间分析模型的重要性 5. 通过“设计圆锥体”的图式表达，让学生认清楚设计所涉及内容
空间解析	1. 学生汇报调研成果和研究对象 2. 对学生所初步建立起来的设计思考进行点评 3. 对学生初步建立起来的建筑空间解析成果进行点评 4. 建筑语言分类及建筑语言库建立 5. 对总平面设计提出要求	1. 梳理学生的设计思路 2. 通过解析过程的完成，使学生对建筑的基本空间构成在“数”和“比例关系”方面有所认识 3. 避免设计“虚像化”、“大师化” 4. 将建筑形态的形成明确地分为两个过程，先有形（文化性），再变形（艺术性） 5. 解析建筑语言，内容包括：建筑风格、建筑思想、代表人物、主要作品研究
功能分析（一） 总平面设计	1. 对初步完成的总平面设计进行点评 2. 对所选择的设计语言进行点评 3. 对各功能空间的设计提出要求	1. 强调位置（地点、朝向）、周边环境（城市功能、生态）、用地条件（规划条件：退线、限高、交通、防火）等；对总平面设计的影响 2. 基于文化和艺术构成，对建筑创作的基本方法进行讲解 3. 对总平面设计提出建议
功能分析（二） 建筑空间组合	1. 对各功能空间设计进行点评 2. 结合总平面设计对初步完成的平面图进行点评 3. 结合公共设计原理梳理建筑空间组合形式 4. 建筑立意解析	1. 掌握建筑空间组合的基本方法 2. 注意将建筑历史、建筑思潮等内容融入于设计之中 3. 解析学习型设计、研究型设计、工作型设计之间存在的不同 4. 通过对学习型设计的强调，使学生充分地认识到建筑设计的复杂性和系统性
整体构思（一） 设计立意	1. 对总平面设计和平面功能组合设计进行点评 2. 设计立意点评 3. 对初步形成的建筑形态、建筑平、立、剖面设计提出针对性意见	1. 通过量化分析，对建筑的整体功能和基本空间形态能够有一个基本的把握 2. 结合案例分析，完善学生的设计立意 3. 及时纠正学生的“虚像”性的概念设计（完全主观性的设计），让学生走下“神坛”（将学习的重点并非集中在大师身上，而是放置在大师成为大师之前的阶段） 4. 结合设计立意及各种设计限定条件，不断地对各类房间进行深化分 5. [illegible]建筑历史、建筑设计原理、建筑结构等知识[illegible]

（续表）

教学单元	教学内容	教学要求（针对学生）
整体构想（二） 建筑空间组合	1. 结合设计立意对建筑形态进行点评 2. 结合使用功能、规划条件、环境要求等，进一步对平面、立面、剖面设计进行点评 3. 设计规范要求 4. 针对建筑设计所涉及到的文化性和艺术性等进行讨论 5. 强调建筑设计的“此时”和“此地”性	1. 使学生较为深刻地认识到各种约束条件对设计所具有的约束性 2. 对约束与创作之间所存在的对立性和暧昧性有充分的认识 3. 要求学生能够从设计语言、设计风格、设计立意等方面对所完成的工作进行比较系统性的叙述 4. 鼓励学生对所设计的建筑进行定义
整体构思（三）	1. 对整体构思所完成的成果作集中点评 2. 对学生初步建立的建筑概念进行点评 3. 对集中评图提出要求 4. 即将进入局部处理阶段，对学习设计规范提出要求	1. 要求学生对整体构思阶段结束以前的思考与工作进行梳理，阶段性地形成适合于自己的设计手法 2. 对学生的方案汇报表达给予必要的指导 3. 通过比较，使学生认识到自己的不足 4. 完成交通、消防分析图的绘制
集体教学	集中评图 1. 每个教学小组选出两个学生对前四周的工作进行汇报 2. 其他任课教师对四周来的教学成果进行点评	1. 针对汇报指导教师给予具体的指导 2. 平衡整体的教学进度 3. 总结教学成果 4. 对下一阶段的工作提出要求
局部处理（一）	1. 对整体构思阶段所完成的成果进行进一步的设计，使之更加合理和具有可建造性 2. 结合规范要求，对所完成的交通疏散的分析进行点评 3. 叙述局部设计的内容 4. 对建筑的“可建造性”进行强调	1. 对空间的交接关系进行处理 2. 对一些使用房间进行细化设计，如卫生间、楼梯间等的细化设计 3. 对结构问题进行分析，确定比较合理的结构形式 4. 学习相关规范 要将局部处理的重要性和在设计过程中所处于的位置讲清楚。一般而言，学生步入设计院后所面临的工作基本属于这一个阶段，但在教学中，这往往是一个不被重视的环节
局部处理（二）	1. 结合建筑防火等规范方面的要求，对不足之处提出修改意见 2. 消防楼梯间设计（包括平面、剖面设计、栏杆设计、踏步设计、节点构造设计等 3. 电梯设计	要从一般性防火规范要求和单体建筑设计规范要求两个方面对所设计建筑安全性进行分析，出入口的位置、宽度、门的开启方向、门的防火等级、楼梯的位置、楼梯的消防要求、防火分区的面积、喷淋布置等都是这一教学环节中必须要考虑的问题 关于建筑规范的学习是教学过程中的一个软肋。通常不能引起教师的注意，但这的确是一个必须注意的问题
局部处理（三）	现在许多学生对“可建造性”关注不够。设计过程往往忽视对建筑材料的选择 1. 对常用的建筑材料进行介绍 2. 结合实例对材料的使用范围进行介绍 3. 要求学生建立自己的“材料库”	1. 要求学生对材料的基本属性、肌理、色彩、适用范围等有所认识 2. 通过立面图、剖面图、平面图，或以表格的形式对所适用的材料进行标注 3. 对相同类型建筑的材料适用性进行调研，可参照性地选用 4. 在这个阶段里要求学生将建筑材料的有关知识融于设计之中
局部处理（四）	1. 强调构造设计在建筑设计过程中的重要性 2. 强调构造设计与“可建造性”之间的关联性 3. 对楼梯、卫生间、地面、外墙等进行构造设计	1. 通过对构造设计的强调，可以使学生变得越来越关注到细部。认识不到细部，谈“可建造性”就是一句空话 2. 对前面一段的工作进行小结
自我完善（一）	1. 对上一阶段所完成的工作再进行整体调整 2. 对再次形成的建筑的定义进行点评 3. 强调设计思路、经验的总结 4. 强调对建筑进行定义 下定义过程是一个由个性升华到共性的发展过程，不断地下定义，不仅可以将工作进一步推动和持续下去，更重要的是可以将对事物本质的认识逐步提高	设计工作进行到这一个阶段的时候，应该说设计者对建筑的功能和空间构成（包括结构、材料、安全、使用、风格定位等）已经有了比较充分的把握，以此为基础，设计者所要做的工作是： 1. 能够较为熟练地利用建筑空间语言，对整体构思阶段所形成的立意（具有情节的内容）表达更加充分 2. 培养学生自由表达自己立意的能力 3. 反思整个设计过程，总结经验，找出这次设计中所存在的不足 4. 再次要求每一个学生结合设计对所设计的建筑下一个定义
自我完善（二）	1. 对所完成成果再次点评 2. 对设计汇报（展览）提出要求	1. 组织学生集体讨论对建筑的认识 2. 后期制作 3. 打图、布展
展览评图	1. 集体展览 2. 集体点评	从建筑立意、建筑功能、建筑语言、建筑形象、可建造性、设计完成深度等几个方面，对所完成的设计成果进行评判

（1）系统建立

系统建立是实现过程控制的基础，表1的系统构成大致分为空间解析、功能分析、整体构思、局部处理、自我完善五个段落。其中，①空间解析与学习和建立初步概念相对应，基本方法是解构分析，见图2，目标是对所研究建筑的组织结构、空间关系、使用功能等有比较充分的认识。②功能分析与所设计的建筑相对应。工作的重点是因时因地的梳理出对设计具有影响的各种约束，初步确定建筑的功能形态，见图3。③整体构思与建筑设计定位相对应。从实际出发，将建筑进行点、线、面的划分可能更有益于对建筑进行把握。“面”上的建筑是指大量建造的建筑，由于建造量大、实用性强、重复率高，对城市的文化性的构成会有很大影响。“线”上的建筑是指对传统文化有所表现的建筑，脉络性强，继承是关键。

"点"上的建筑以艺术表现为核心，革命性强，所追求的是用建筑的形态语言对社会、城市、建筑的发展进行阐述。④局部处理与建造相对应，学校教育对于这个环节通常注意力不够，以至于对"将设计进行到底"的意识培养产生了不良的影响。⑤自我完善与逻辑整理和概念建立相对应，其中，逻辑整理是指将前面所完成的工作再按照一个逻辑关系重新梳理一遍，使建筑空间的组合变得更加连贯，畅通。概念建立是指有意识地将所积累下来的感性认识上升至理性认识，由于整个概念建立过程完全基于自己的经验，所以所形成的概念会有鲜明的具象性。

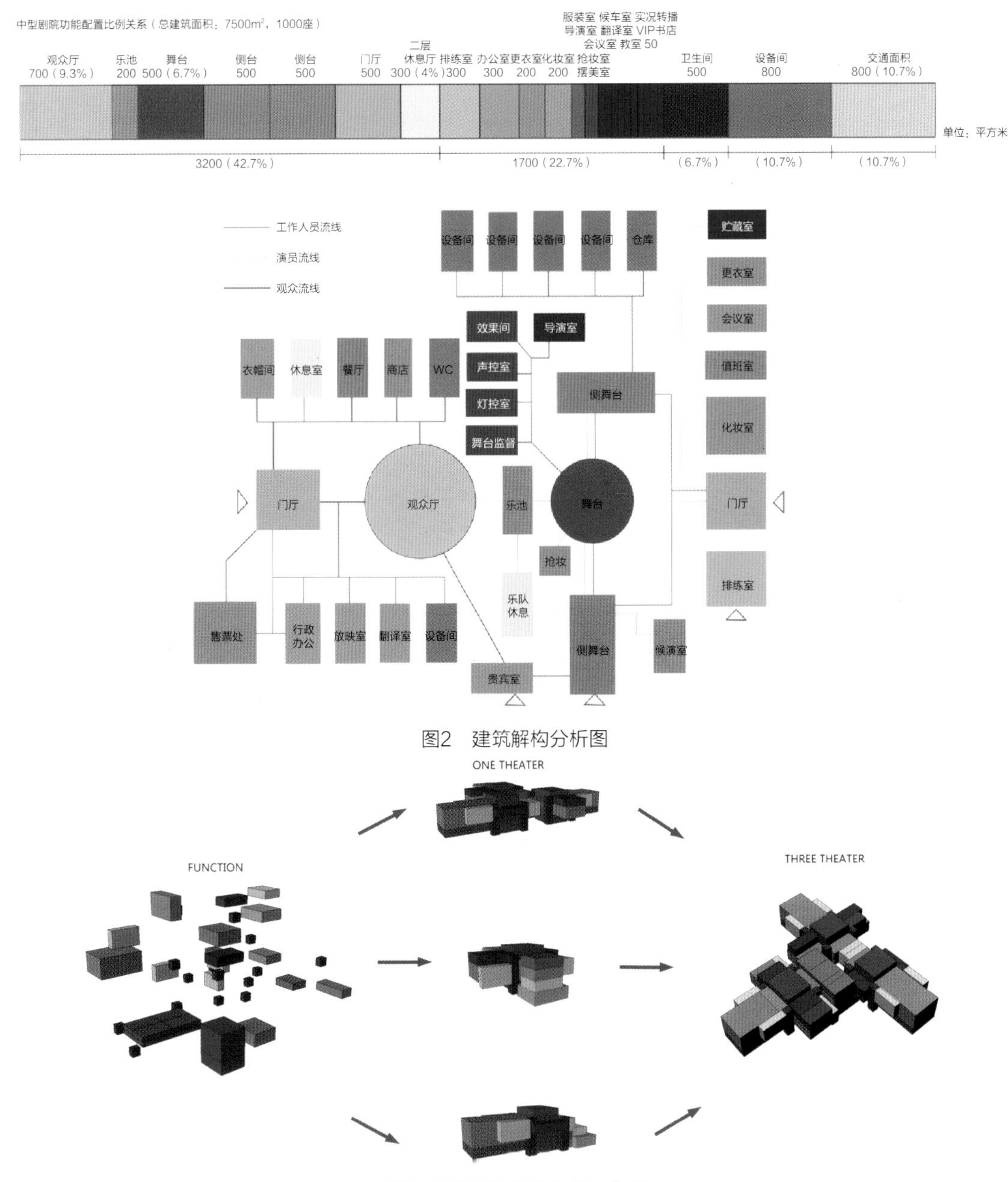

图2 建筑解构分析图

图3 建筑功能分析组合示意图

（2）细化控制内容

控制内容是结合教学计划、大纲和以往的教学经验确定下来的，与表1的教学内容和教学要求相对应。从控制质量方面看，教学内容和教学要求设定得越细致，控制的结果就会越理想。从认知结构的关系方面来看，表1具有两个功能。其一，具有承载积累的功能，基于这样一个平台，所学知识可以积累下来，积累多了灵感自然就会有了。其二，具有完善整体认识的功能，这是一个过程规定，如果按部就班地完成表1所规定的内容，“将建筑设计进行到底”的概念就有可能会初步地建立起来。

（3）成果展示

从教学角度来看，进行成果展览的经验值得推广。其一，可以提高学生的自我约束能力。如果设计做的不好，在众人面前展览一周的确是一件不太舒服的事情，迫于自我的压力，学生做设计会比较认真。其二，锻炼学生发现问题和解决问题的能力。由于课题相同，比较之中更容易发现自己的不足，这种“无缝对接”对于设计能力提高会很有帮助。其三，培养学生自觉建立自我展示的意识。如何在规定时间里充分地显示自己的能力，对于每个建筑学专业的学生来讲都是一个课题，由于无法回避，所以只有面对。

3. 控制过程中需要强调的几个概念

过程控制是一个基于概念的判断过程。由此说来，进行概念建立的准备应该是一个不可忽视的工作。

（1）人在建筑之前

人原本是建筑的主角，建筑为满足人的需求而建造，这时人是在建筑之前的。然而，在现实中，人与建筑的关系并非仅限于这一种形式。当人被“塞进”建筑的时候，人与建筑的关系就发生了转变，会由主角变成配角，这时建筑是在人之前的。表面来看，人被“塞进”建筑是一件让人感到不爽的事情，但实际上，人被“塞进”建筑是一件非常普遍的现象。这有点像去商店买衣服，你会因为衣服早已挂在那里而感到不爽吗？当然你也可以去订做，但订做的衣服和成批卖的衣服在属性上是完全不同的。前者会因唯一而和艺术联系在一起，后者则会因重复而和文化联系在一起。推理之，将人放在建筑之前是与建筑的艺术构成联系在一起的。

1）空间解构。空间解构所做的工作就是将人与建筑的关系细化到人与房间的关系。这样的深化，无形之中可以取得两方面的成果。一是比较表面的，通过解构建筑，使人对建筑的把握更加深刻。二是潜移默化的，通过更多次的“人与空间的对应”，将对人的关注逐步加以提高。值得强调的是，解构是与整体认识相对应的。通常，学生对于建筑的认识都是比较整体的，其形成可能会与生活经验和教育方式有关。从生活方面来看，由于人从小就生活在一个相对完整的建筑空间里，所形成的空间认识必然是完整、连续、不可拆的。从教育方面来看，风格、思想、流派谈论得多了，人对建筑的认识反而会变得模糊。这是由概念的“虚像性”所决定的。其实，这种“不可拆”和“虚像性”对于建筑设计来讲都是有障碍的。因为建筑设计过程是一个组合过程，没有拆分的能力，组合从何谈起。

2）时间量化。时间量化是指用建筑计划学的方法，将人的行为与时间对应起来。从道理上讲，这一过程的完成其实并不复杂，甚至所形成的结果有可能会完全在预料之中，但这一切并不重要，相对于“人在建筑之前”概念形成而言，过程完成可能远远比结果来得重要。之所以这样说，是因为只有在反复的与人的直接对应交流过程中，人的地位（相对于建筑的）才会逐步地凸显出来。例如，依据自己的生活经验，谁都会知道与邻里交往的意义所在，但仅依这种认识做设计显然是有问题的，原因是这时所具有的概念可能是比较“虚像”的。反之，如果在设计之前经历过一个时间量化的过程，针对性地进行一次建筑计划学的调研，结果则有可能会大不相同。理由是，过程之中所形成的概念会由早期的“虚像”转变为“具象”。尽管结果会大同小异，但有了具象，人被放到建筑之前便就有了可能。日本优秀建筑师层出不穷是否与强调建筑计划学的学习有关？从功能方面来看，建筑计划学的确是一个可以让人变得非常有“数”的学问。人有了“数”才有可能不失控。

（2）梳理约束与建筑创作

通常，可能有许多人会在思想上将创作与约束对立起来，认为创作就是要摆脱约束。但现在来看，这种认识可能是有问题的。关于这一点，基于文化和艺术的关联性便可以证明。众人所知，艺术（创作）是基于文化（约束）而形成的，如果没有了文化约束，所谓的艺术存在就会如同“对牛弹琴”一样没有意义。与之同理，创作是不可能完全脱离约束的，形象而言，创作就是一个游离于约束之间的过程，开始于进入约束、梳理约束，结束于摆脱约束（部分的、不能满足新的要求的）并再次进入约束。中国有句古话，叫做“情理之中、意料之外”。“情理之中”说明约束是存在的，而且是基础。“意料之外”说明立意超前，而且有突破。前者的约束是创作展开的基础。后者的约束是创作成立的条件。如图4所示，类似于荷花的建筑坐落于济南的大明湖畔。是一个让济南人感到意外但又容易接受的建筑形态。意外是由建筑的现代有机性所造成的，从来不曾见过。容易接受是由于建筑的形态由荷花演绎而来，荷花是济南的市花，其中充满了“情”字。

图4　济南的荷花

（3）思维模式建立

思维模式是一种基于逻辑学建立起来的思维形式。教学中强调思维模式建立有两个目的，其一，进行文化规定；其二，打破文化规定。

1）文化规定。学生被文化规定是教学的基本要求。虽然建筑设计专业讲究创作、追求艺术表现，但这并不意味着对文化规定不重视。关于这一点，比较一下书法创作或许会给人一点启示。写书法首先得会写字，字是由笔画、结构所规定的。接下来是确定风格，篆书、隶书或是草书。最后才是自我发挥，按照自己的领悟、认识、心境进行创作。总体来看，前两步属于文化规定，可以通过学习来实现，第三步则属于艺术创作，是基于文化的一种提升。所以说，没有必要因为涉及了创作就有意识地回避学习，或不学习，但在现实中，学生往往会在这方面犯错误。

2）文化规定的“点”和“线”。“点”指的是教学大纲所规定的专业基础知识，如构造、材料、设计原理、建筑历史、建筑思潮等。只要下功夫，几乎人人可以达到目的。“线”指的是思维模式，所针对的不是思维的内容，而是思维的形式，其系统构成由于特别强调规律而具有逻辑性。前文所提到的空间解析、功能分析、整体构思、局部处理、自我完善五步曲，就是基于这种理解建立起来的一个思维模式。与“点”的分别积累相比较，“线”的建立由于会涉及人的经验、认识、理解等诸多不可视因素，所以构筑起来会复杂一些。可能正因如此，在教学过程中，“线”的建立往往会被人所忽视。但这一过程却恰恰是特色构筑的一个重要环节。原材料一样，所做出来的菜的味道未必一样。在这里，重点是“做”，但在“做”的后面肯定会有一条“线”。有了“线”才会有控制。

3）打破文化规定。相对于文化规定，打破文化规定是一个进步，是较前者的又一个脚印。虽然相对于后者的成立前者有点“作茧自缚”的色彩，但前者毕竟是“破茧成蝶”的基础，没有前面的“作茧”，就不可能有后面的“破茧”。在通常，可能会有许多人会在意识和概念方面对“作茧自缚”比较排斥，认为明确按照一个规定模式（如前所述的设计控制五步曲）推进建筑设计是一个压抑想象力的过程，但实际并非如此，相反，正是因为有了可以让思维有所积淀的载体（思维模式、设计控制五步曲），设计经验的积累才变得明确起来，可视、可触、并可控。与此同时，建构新的具有文化规定属性的思维模式（打破或修正原有的文化规定）才会变得具有可能。

（4）概念建立

有意识地建立概念有三方面的意义。其一，通过一个理性思维过程，加强对建筑本质属性的认识。“概念的形成过程是人脑对感性认识材料进行加工的过程。由于客观事物反复多次作用于人的感觉器官，使得人们逐渐形成了对该事物的感觉、知觉、表象。人脑运用各种逻辑方法对这些感性认识成果进行不断地加工整理，特别是经过多次的抽象、概括，逐渐达到对该事物的深层认识。”从逻辑学的角度来看，建立概念与提高认识有直接的关系。否则的话，概念、判断、推理这一认识过程就会无法推动下去，因为，判断和推理两个过程均以概念的建立为条件和前提。 然而，这一个环节在大多数教学过程中却没有受到足够的重视。其二，有助于人逻辑思维的形成。由于概念是由逻辑关系所构成的一种思维形式。所以在概念建构时，无意识之中就会对人的思维方式产生影响。其三，可以让人变得具有自我。这是由概念的哲学属性所决定的。让·努维尔是一个善于给建筑下定义的人。他说：“建筑意味着转换，意味着对现存环境的转变进行组织。它意味揭示真相，意味着给出方向。它意味着延长有生命的历史，延续过去生命的轨迹。它意味着聆听一处有生命的场所的呼唤，感受它的脉搏，阐释它的韵律，从而进行创作。”由于有了这些概念，他渐渐地在世界建筑界有了地位。

4. 结语与今后的课题

基于以上几方面的分析，小结出以下四点。

（1）有意识地建立概念是学生逐步走向成熟的标志

在一般情况下，许多学生认为建立概念是一个与自己没有关系的事，是大师们的事，这种认识显然是有问题的。大师原本并不是大师，就是因为他们大胆地给建筑下了定义而成为了大师。另外，概念建立只不过是认识过程中的一个节点，一个片段，并非是终结和全部。勒·柯布西埃说过“建筑是住人的机器”，但这是结合特定时间和地点的关于建筑的解读，在进行朗香教堂设计的时候，他又有了关于建筑的新的定义，将建筑与“可见的声学”联系在了一起。

（2）有必要将设计教学明确地划分为文化学习和艺术创作两个阶段

这样做的结果可以使原本比较复杂的过程变得便于把握。文化学习阶段的教学重点是规定，通过对各种相关的约束进行梳理，使“从无形到有形”得以实现。艺术阶段的教学重点是突破，基于“有形”的成果，通过发现并建构出新的约束关系，再使“从有形到变形”变为现实。在这当中，“从无形到有形”是与“情理之中”相对应的，“从有形到变形”是与“意料之外”相对应的。“艺术家的技巧取决于他能否从我们丰富的视觉想象储藏室里把它们召唤出来，而他的意图又不曾为我们发觉。也许这也是他的下意识过程。”

（3）建立控制系统是将设计进行到底的根本保障

无论何种类型的艺术，其成立肯定是与“可控制”紧密联系在一起的。控制的重点有两个，一个是思维控制，是否能够将情节构成中所涉及的各种关系梳理得具有逻辑性、哲学性。二是技能控制，常言道“没有金刚钻就别揽瓷器活”可谓是关于技能控制的最为形象的表达。试想一下，你如果没有绘画基础，你的绘画能够成为艺术作品吗？建筑设计亦是同理。现在各校的设计课题均有些偏大，学生能够控制得住吗？

（4）“人在建筑之前”是一个值得强调的概念

让·努维尔在2008年普利策获奖演说中说过这样一段话：“在建筑历史上至关重要的议题——而且这个议题日益强化，就是全球化建筑师与情景化建筑的冲突，也就是，广普建筑与特定建筑的冲突。当今的现代性不应该仅仅是对20世纪现代主义运动不带任何批判的直接延续，它也不应该仅仅是把各种孤立的对象——‘单个对象’——空投到这个星球上。相反，它应该寻求设计理由，对场景的回应、与环境的和谐、彼此之间的差异，来创造一种特定的建筑，专属于此时此地……”看得出来，他是一个特别强调“此时此地”的建筑师。其实，即使是面对一个人，或是面对同一类型的建筑，时间和场所的不同，人与建筑的关系，或者说人对建筑的需求都会发生变化。只有将人放到了建筑的前面，建筑的“此时此地”才会顺理成章地被表现出来。

中央美术学院建筑学院概况

中央美术学院建筑学院是我国第一所著名的由造型艺术学院与大型建筑设计院联合办学的建筑学院，独创了崭新的建筑教育模式。中央美术学院建筑学院始终密切联系艺术界和建筑界，建立了集高水平教学、设计和艺术实践及理论研究为一体的教育平台，致力培养具有艺术家素质的建筑师与设计师。中央美院建筑学院教学资源多元化、多层次，与国际著名建筑、艺术院校建立校际交流关系，与北京市建筑设计研究院合作办学，多年参与国内院校联合设计课程，这些为建筑设计专业提供了开放的教学氛围，创造了较好的艺术和实践环境。

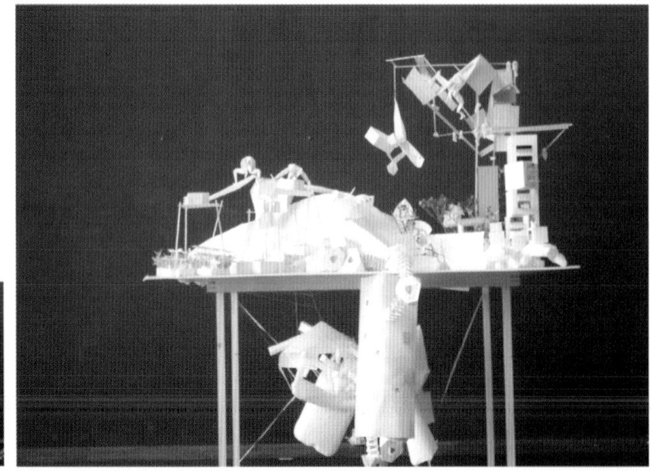

01 我-王朝

城市,是不能由设计师单独设计出来的,而应该是由每一个居住其中的居民共同设计的.设计师所设计的城市是他自己的,只有当每一个人都是城市的设计师和建造者时,这样的城市才能适应每一个人的需求,让人们在其中获得快乐和舒适

成员:
张明明 [中央美术学院建筑学院 建筑专业]
谢雪泉 [中央美术学院设计学院 平面专业]
彭尚文 [清华大学美术学院 汽车专业]
Lotta Douwes [埃因霍温设计学院 室内设计]
Camille Riboulleau [埃因霍温设计学院 室内设计]
Andrey Wang [埃因霍温设计学院 室内设计]

02 街道

街道的构成是丰富的，是社会互动的大熔炉——工作，交流，庆祝，抗议，贸易，运输和居住。街道是分享的场所，是让人们在一起的公共区域。我们可以通过城市街道来阅读一个城市，因为我们穿越的不是一个简单的界面，而是由它开始的一系列故事的起点。我们开始思考从城市街道到未来城市，它会带给我们怎样的期待。我们想像未来的街道生活的同时，也在期待它来带动、激发一个未来城市。

成员:
赵明思 [中央美术学院建筑学院　建筑设计]
陈瑶 [中央美术学院建筑学院　建筑设计]
王亮 [中央美术学院设计学院　平面设计]
Julie Wolsak [代尔夫特理工大学　建筑设计]
Steef Pootjes [代尔夫特理工大学　建筑设计]
Marta Relats [代尔夫特理工大学　建筑设计]

背景

未来城市的理论及实践内容是思考和反思我们现今社会与城市环境在不久的将来将面临的挑战。反思生存与生活方式的“未来”概念将是该工作室的重点。这意味着来自时装设计、平面设计、产品和工业设计及建筑领域的不同学科的设计师不仅仅将继续面临高科技、虚拟环境以及美学价值不断变化的问题，还将继续面临其他更多的棘手问题，如迅速变化的城市中环境、政治、经济、文化和社会转型等问题，其中暂时性不再将“未来”诠释为遥远的幻觉、“梦想”或“幻想”，而是“此时此刻”的巨大担忧。该联合设计课程基于以下假设：设计师不只是简单地以现状看待世界，而是要看到它能够成为的状态。世界是探索偶然性与选择的实验场。创新性设计、现代化、持续性以及对人造物、角色、身份、地点、基础设施和建筑物、服装、界面、符号等的替代性的政治、技术、社会或经济构成，其创造的主要源泉来自于与事实相悖的想象以及对欲望和需求的热衷。总之：我们将研究人口密度、社会差异、地域性与全球化特征、城市的生长和衰落、非正常的经济与居住状况、流动性、文化遗产以及现代化、标志化形象等主题的城市现象。

目的

该联合设计课程的目的是促进中国和荷兰之间的国际设计文化合作与交流，集合来自时装设计、产品设计、平面设计以及建筑等领域的知名研究与设计机构，以多样的定性及定量方式对“设计指导研究”与“研究指导设计”的思想方法进行跨文化交流与实践。未来城市——未来生存与生活方式的探索之旅是一个前瞻性的研究与设计课题，通过跨学科合作，汇聚不同学术机构、设计师和思想家，对当代城市的命题进行探讨。该课题向参与者机构提供了了解、体验与实践不同学科的研究及设计方法的机会。未来城市——未来生存与生活方式的探索之旅,试图研究当代城市的诸多话题：资源短缺、恐惧、价值、美学、欲望、机会……

挑战

该课题的挑战是如何在当下的城市语境中重新界定传统设计学科的领域和学科性，并将不同的诠释、视角与规模在未来城市生活的语境中融合在一起。一方面，该工作室旨在研究不同设计学科对未来的城市生存与生活方式的影响，另一方面，它挑战着时装设计、产品设计、平面设计以及建筑等领域的创新能力与设计能力。每个设计学科的灵感来源将会是什么？每个设计学科将在怎样的参照系中探索其设计潜力？

时间安排

该联合设计课程分为三个主要部分。第一部分是4-5周的初步研究阶段，对本课题所提出的问题和现象进行研究。第二部分将进行头脑风暴，通过在鹿特丹及北京两地进行的工作营、讲座和参观进行跨文化、跨学科的思维碰撞，参与者将集思广益，提出新的不同的生活方式，并在两个城市做实际的现场调研。展示参与者如何在两个城市就所选题目进行探索与体验的绘图将作为两个工作营的成果。展示所做的与绘图成果之后，将以小组的形式展示参与者们对未来生存与生活方式提出的概念设计方案。第三部分旨在将所做的探究与概念设计进行更加个人化的深化。将鼓励参与者基于先前阶段工作继续研究，并以他们的相关学科背景及方法来促进他们对鹿特丹和北京这两个城市的设计方法。

参加学校

建筑：　中央美术学院建筑学院，吕品晶、范凌；
　　代尔夫特理工大学（TU Delft），Winy Maas、Tihamér Salij
平面设计：　中央美术学院平面设计系，王敏、林存真；
　　桑德伯格艺术学院（Sandberg Institute），Hendrik-Jan Grievink/ Coralie Vogelaar
产品设计：　清华大学美术学院工业设计系，唐林涛；
　　埃因霍恩设计学院（Design Academy Eindhoven）产品设计系，Mara Skujeniece
时装设计：　北京服装学院，邹游；
　　阿纳姆学院（Arnhem Academy），Jeroen Teunissen
资助：　荷兰设计、时装、建筑基金会 / Dutch Design Fashion and Architecture

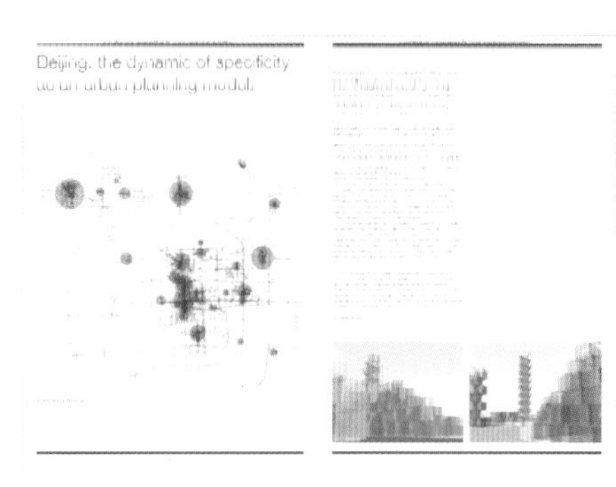

03 堵城

我们认为堵车在给人们带来不便的同时，也带来另一种新的生活方式，新的社会关系，新的交流方式。随着城市的发展，越来越多的人拥有自己的私家车，车不仅是人的代步工具，更是人临时性的私密空间、交往空间。

成员：
岳宏飞 [中央美术学院建筑学院 建筑设计]
綦娅明 [中央美术学院设计学院 平面设计]
吴倩君 [清华大学美术学院 工业设计]
张 菡 [北京服装学院 服装设计]
Denta Borgo [代尔夫特工业大学 建筑设计]
Janneke [桑德伯格艺术学院 平面设计]
Gladys Tumewa [阿纳姆学院 服装设计]
Sander Wassink [埃因霍温设计学院 家具设计]
Maartje Smits [桑德伯格艺术学院 数码影像]

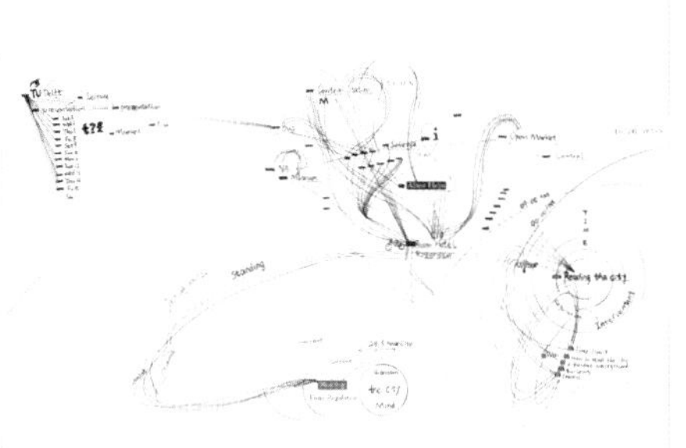

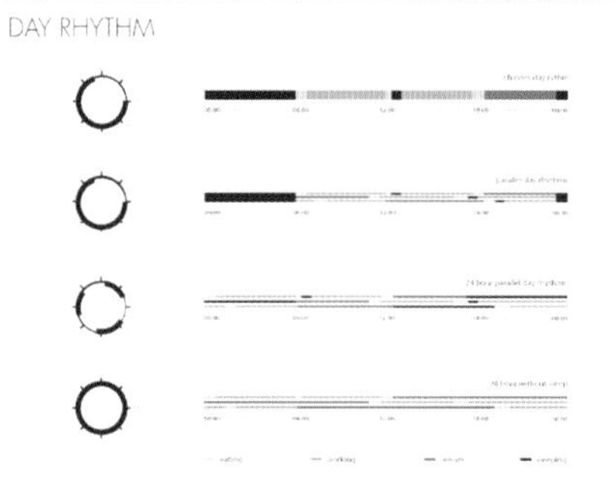

04 时差

在鹿特丹，我们是旅客；在北京，荷兰学生是旅客。在不同的地域、时间背景下，我们却同时对彼此国家的时间规则感兴趣。在北京，城市发展与人们的思维并不是一种匀速发展的关系；在鹿特丹，如何在均质城市系统下注入新的活力。时间差，在空间范畴之外，讨论时间问题。

成员：
刘静 [中央美术学院设计学院 视觉传达]
李思思 [中央美术学院建筑学院 建筑专业]
Renske van Dam [代尔夫特理工大学 建筑专业]
Simona Kicurovska [桑德伯格艺术学院 平面专业]
Brigiet [桑德伯格艺术学院 平面专业]
Yohji van der Aa [阿纳姆学院 服装专业]

05 牌子

从对于当下城市中大量视觉消费现象的观察开始，关注和研究城市的广告、品牌、标识和导示系统、商业化公共空间等形成城市独特视觉样貌的多个层面。如何塑造未来的品牌？如何为未来的城市树立一种品牌的新形式？甚至根本的问题是未来的品牌为谁而做？

成员：
柏鸣 [中央美术学院设计学院 视觉传达]
李林川 [北京服装学院 时装专业]
Romy Krautheim [代尔夫特工业大学 建筑专业]
Jonathan Telkamp [代尔夫特工业大学 建筑专业]
Ross Van Woudenberg [阿纳姆学院 服装专业]
Sabela Tobar [阿纳姆学院 服装专业]
Mattias [阿纳姆学院 服装专业]
Lauren Grusenmeyer [桑德伯格艺术学院 平面专业]

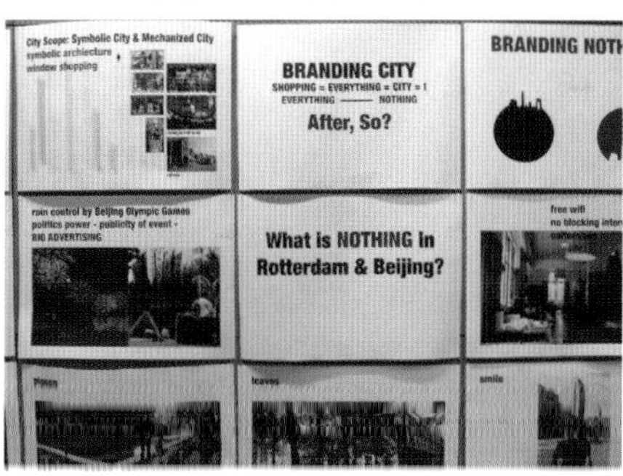

中央美术学院建筑学院　联合毕业设计课程

中央美术学院建筑学院已经连续五年参加了清华大学、同济大学、东南大学、天津大学、重庆大学、浙江大学、北京市建筑工程学院和中央美术学院联合举办的8校联合毕业设计课程的活动，在与这些国内优秀建筑院校师生的互动中，学习、借鉴了很多有益的教学方法，对于美院自己的毕业设计也是一种推动；同时，美院建筑学院的教学特色也引起其他院校师生的关注。

另外，国际合作也是毕业联合教学的一种形式，曾举办中央美院建筑学院王小红工作室与德国凯特斯特劳滕大学联合毕业设计教学，与日本建筑家六角鬼丈毕业工作室的合作，跨专业的艺术院校间的联合毕业教学活动，以及海峡两岸工作营等联合教学活动。

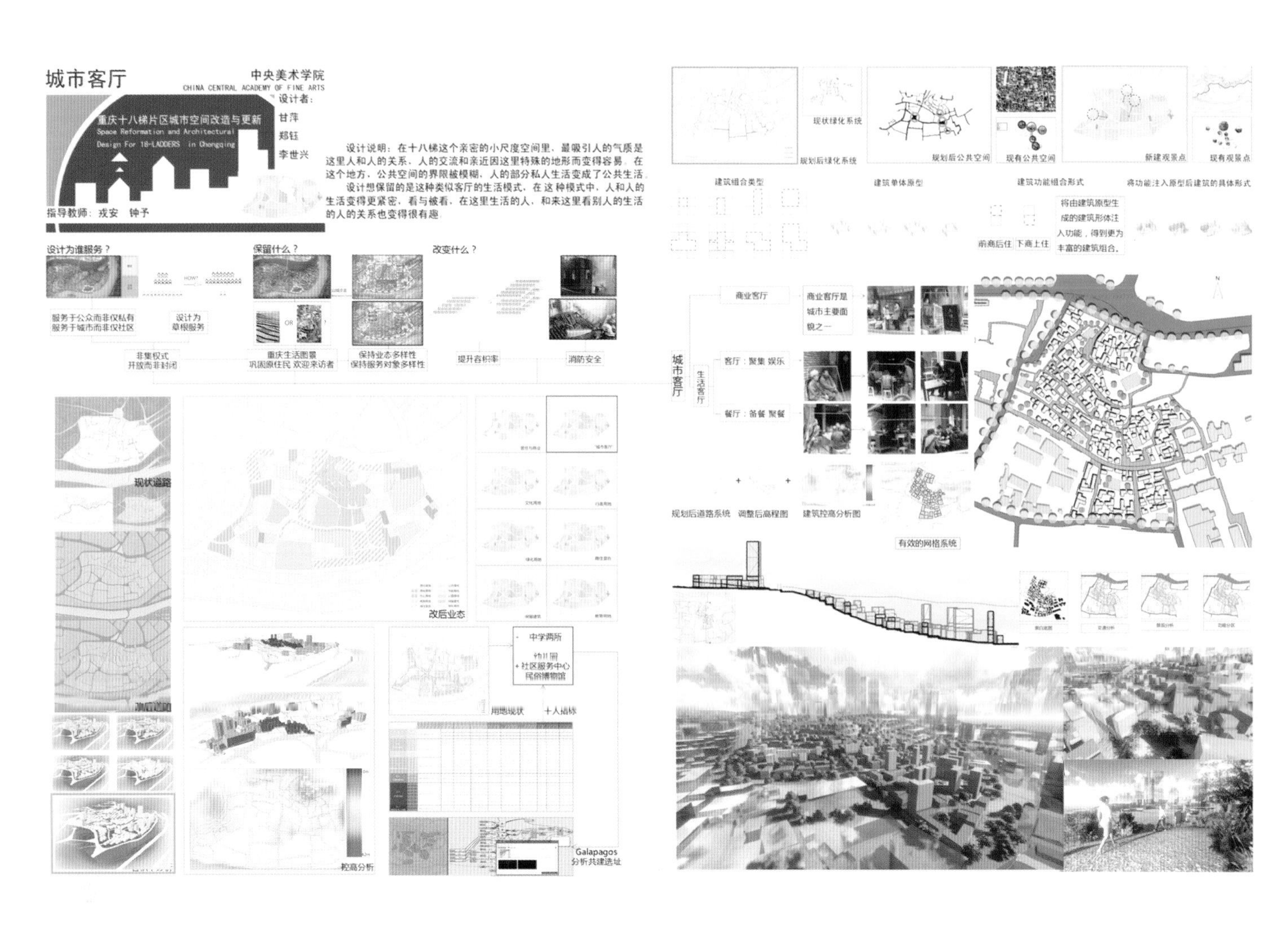

BEIJING SOUTH URBAN ECOSYSTEM

北京南城　未来城市研究　暑期联合课程 2010

中央美术学院建筑学院
美国哥伦比亚大学 CHINA LAB
香港中文大学建筑学院

URBAN FARMING SOLUTIONS

BIO INTENSIVE

-Double Aeration of soil for better soil nutrition & drainage
-Balance of Compost/carbon crops with nitrogen rich and calorie crops to sustainably maintain high density urban farming
-Encourage BioDiversity and wilderness areas

农村居民收入和消费支出（按功能区分组）
The income and expense of farmer in different area in Beijing

60% Carbon/Compost
10% Vegetable
30% Calorie

CITY EXPANSION AND GREEN SPACE

FARMING EFFICIENCIES

With reference to the size of the park, the size of the farmland is much bigger than people to experience. The size of the urban farm can refer to the size of the park, so that urban farm is not just a productive area but also a space which people can experience.

BUILDING SCALE SOLUTIONS

URBAN CENTER SNAPSHOT

1:1,000 COMPREHENSIVE

对话——南京老城南旧城改造

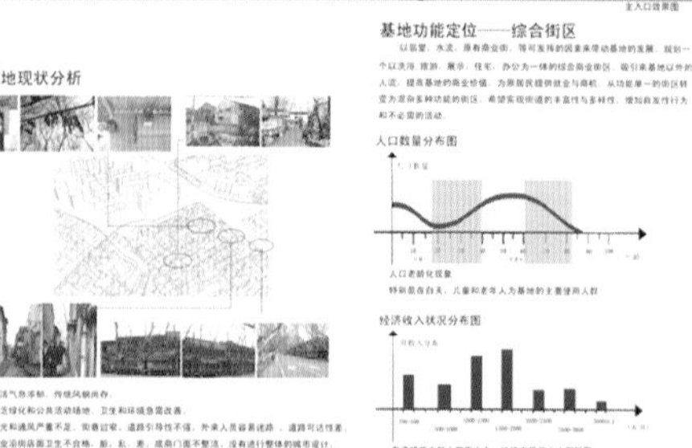

基地分析：

此次八校联合题目为旧城改造，基地在南京，位于护城河和城墙以南，俗称老城南。

该地段是低层的传统居住片区，建筑密度较高，质量较差，少量文物保护建筑在区域内零散分布，如明代所建的瓮堂。基地紧邻南京城市的主轴线雨花路，路东为著名的金陵报恩寺塔遗址。用地规模约为2.4公顷。

学生：曾旭

指导教师：程启明

完成日期：2010年5月27日

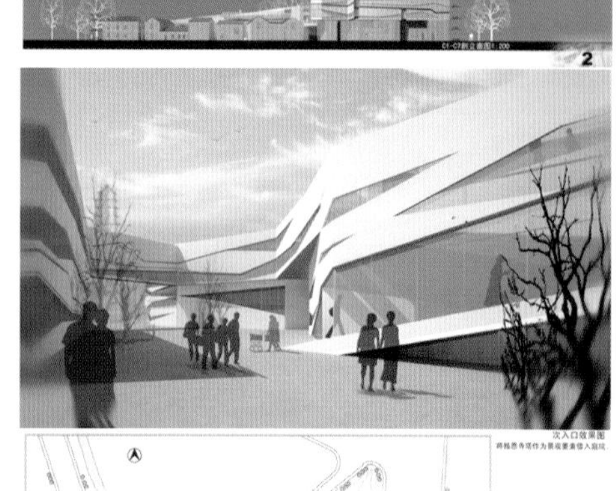

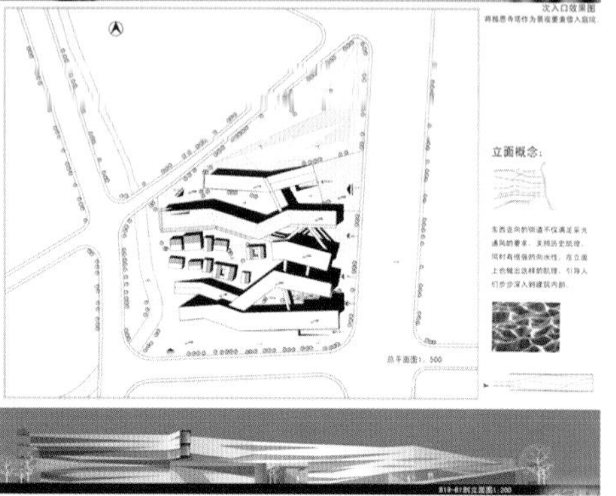

南京城南地区
改造与建筑设计
城市设计策略

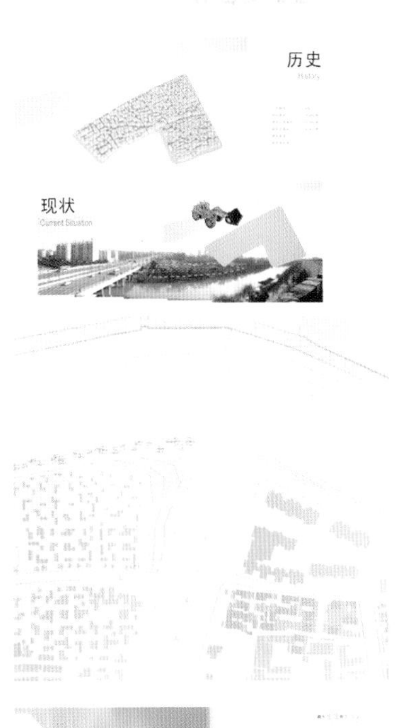

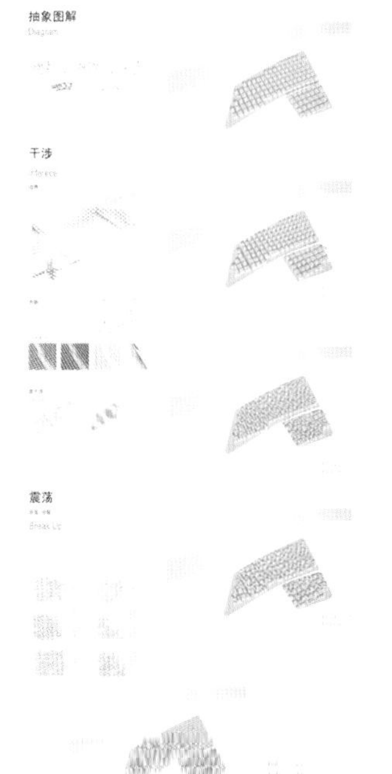

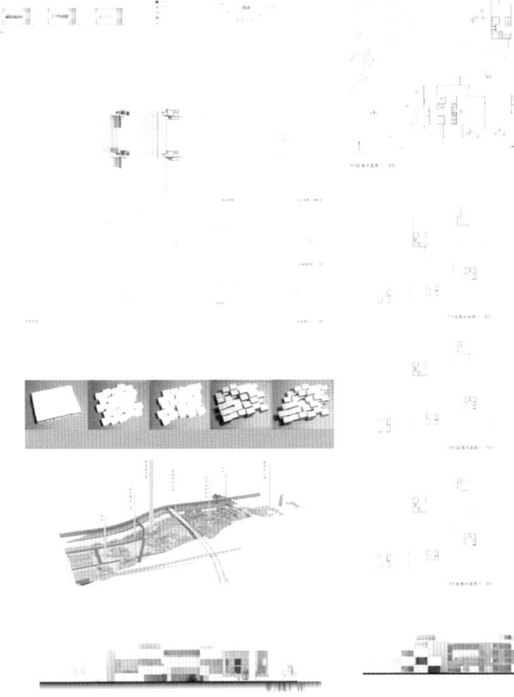

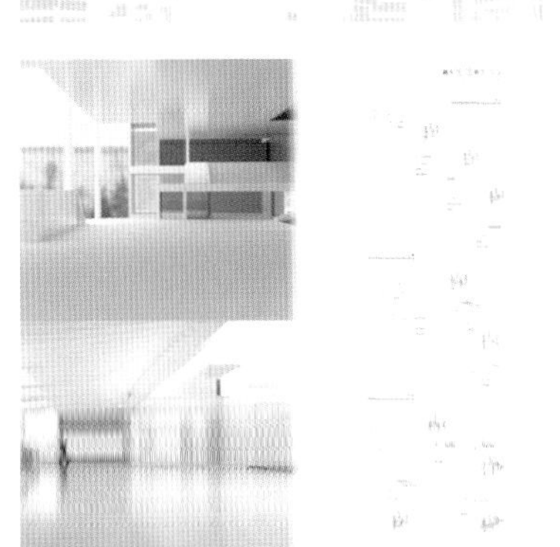

项目名称：北京永安里主题酒店设计 **学校：中央美术学院**

中央美术学院+德国凯泽斯劳滕大学毕业设计联合课程

导师：王小红　副教授

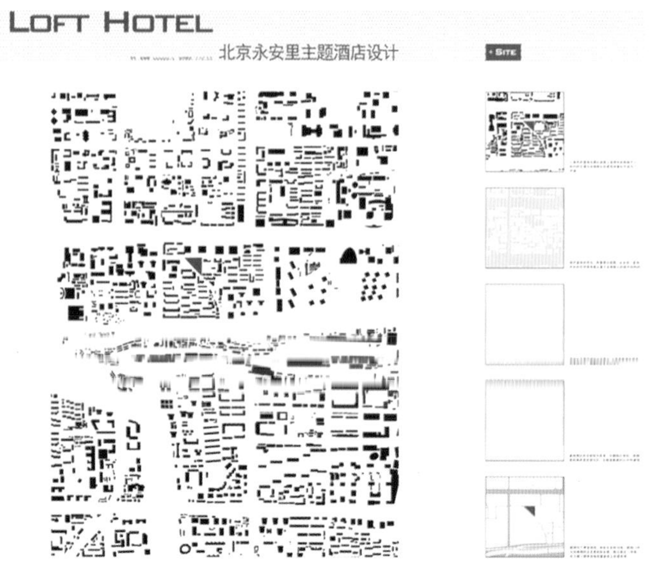

中央美术学院建筑学院　六角鬼丈毕业设计工作室

导师：日本著名建筑家　六角鬼丈　教授

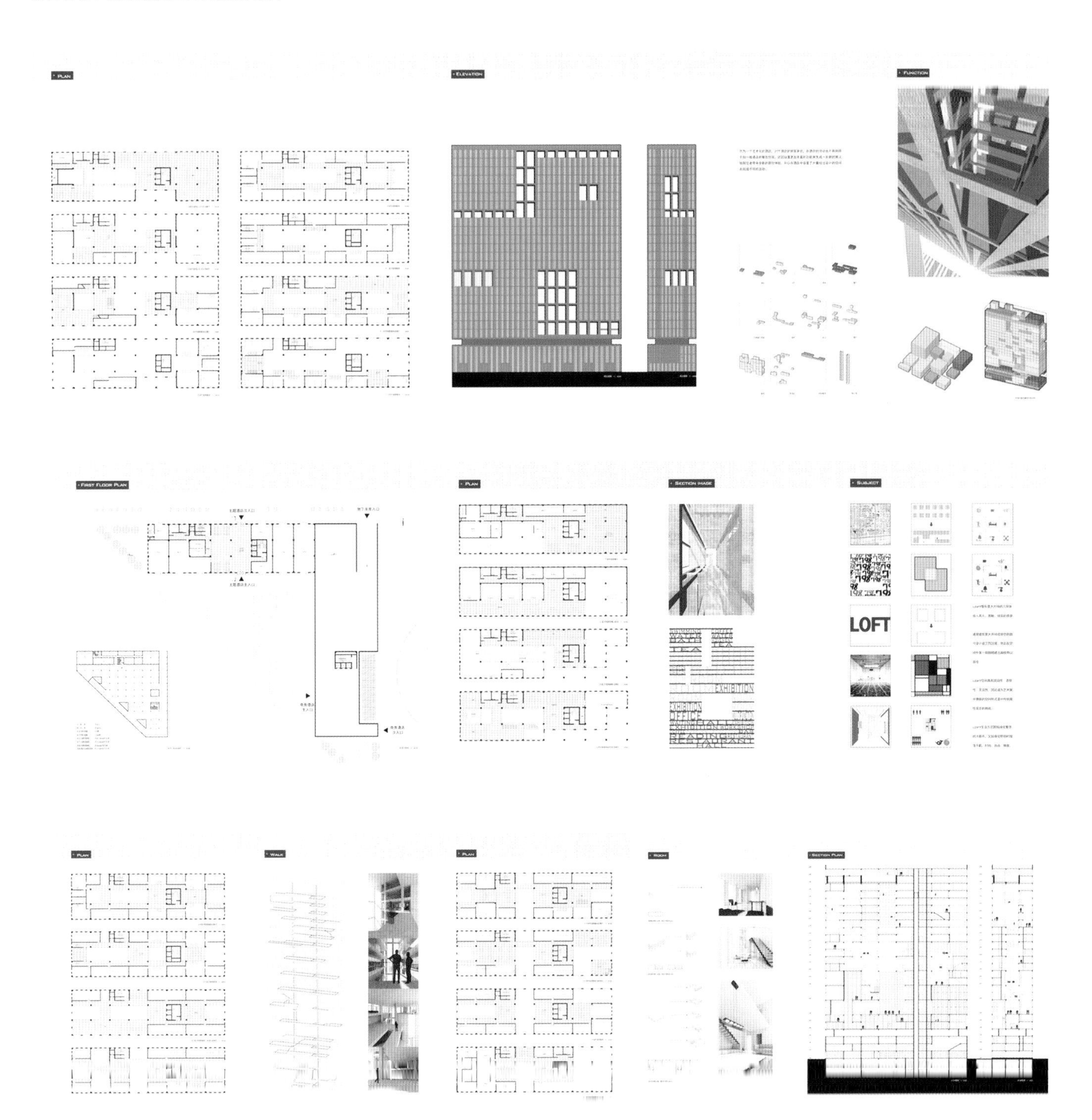
PLAN
ELEVATION
FUNCTION
FIRST FLOOR PLAN
PLAN
SECTION IMAGE
SUBJECT
LOFT
EXHIBITION
OFFICE
PLAN
WALK
PLAN
ROOM
SECTION PLAN

四相混合— 多功能建築的組合以及連續空間體驗的創造

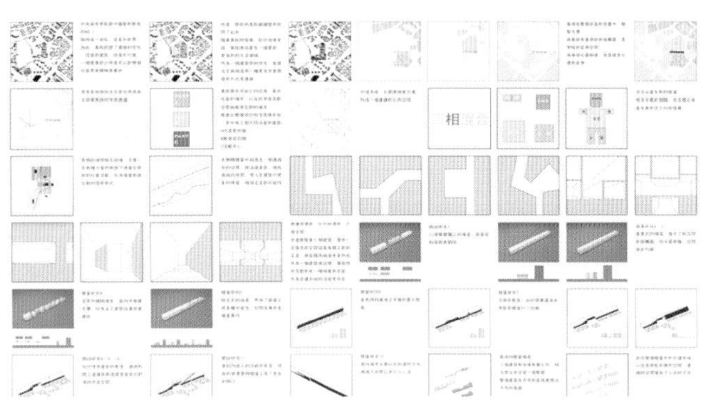

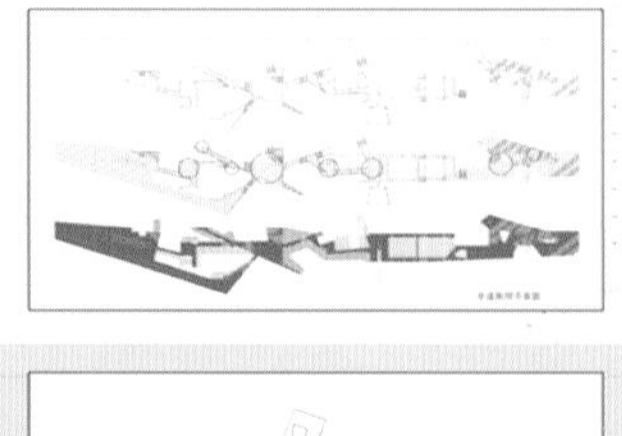

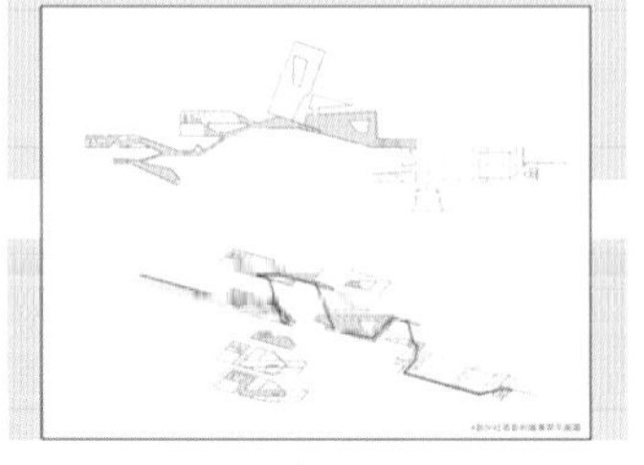

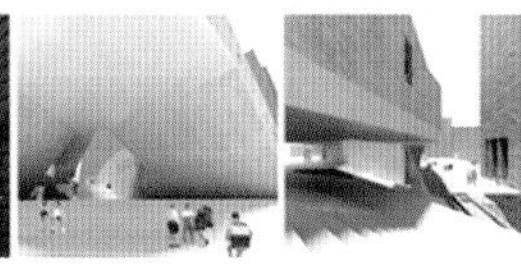